ELECTRÓNICA:
TÉCNICAS DIGITALES Y MICROCONTROLADORES

Para acceder GRATUITAMENTE a la VERSIÓN DIGITAL DE ESTE LIBRO, regístrese en PREMIUM.REDUSERS.COM y canjee el siguiente código:

>> FSOJ-EVNQ-GMXM <<

RedUSERS

USERS

TÍTULO: Electrónica: técnicas digitales y microcontroladores

AUTOR: Diego Aranda ... [et.al.]

COLECCIÓN: Manuales USERS

FORMATO: 17 x 24 cm

PÁGINAS: 320

ISBN 978-987-1949-55-7

Electrónica: técnicas digitales y microcontroladores / Diego Aranda ... [et.al.]. - 1a ed. -
Ciudad Autónoma de Buenos Aires: Fox Andina; Buenos Aires: Dalaga, 2014.
320 p.; 24x17 cm. - (Manual users; 263)

ISBN 978-987-1949-55-7

1. Informática. I. Aranda, Diego

CDD 005.3

GUÍA DE COMPRAS
All in One
RedUSERS
NOTICIAS REVIEWS PUBLICACIONES TRUCOS
Access 2013 (PRE-VENTA: Entrega desde 21/08)
Gestione información de la manera más productiva.
Hasta 55% off
Compralo y léelo desde cualquier PC
También eBook
Las más leídas
Preview Digital

Prólogo

Esta segunda entrega de la colección persigue objetivos que se complementan de manera adecuada con el conjunto de conocimientos que el lector irá adquiriendo. A los conocimientos teórico-prácticos, se agregan una serie de ejemplos y explicaciones prácticas que desarrollan técnicas que ayudarán a comprender, de manera cabal, los temas y las necesidades que debe tener en cuenta un técnico al manejarse con dispositivos y circuitos electrónicos.

Recomendamos que, a partir de este enfoque, cada uno pueda tomar los problemas y prácticas planteados como un desafío personal, para que los resultados no constituyan solo un conjunto de plaquetas y pequeños aparatos ensamblados, sino un camino hacia el aprendizaje, que incluya el entretenimiento y la diversión.

El lector de esta obra tendrá como objetivo encontrar la conexión entre los distintos temas que se van planteando y su relación con el entorno cotidiano. De esta forma, la teoría no será solo una cuestión de fórmulas y elementos conceptuales, sino una forma de comprender nuestro mundo y la tecnología que utilizamos a diario. Si nos detenemos un minuto a pensar, reconoceremos que todo el tiempo estamos interactuando con decenas de dispositivos electrónicos, desde un simple auricular o un teléfono celular hasta una PC, un monitor, un horno de microondas, una heladera, ¡de hecho, cualquier electrodoméstico! Comprender un poco más sobre el funcionamiento de todo aquello que utilizamos a diario nos cambia la perspectiva de muchas otras cosas, y esto, en algunas ocasiones, puede sernos muy útil en otros órdenes de la vida.

El libro de un vistazo

Un libro que ofrece un acercamiento a los microprocesadores y los microcontroladores PIC, las técnicas digitales y las compuertas lógicas, para avanzar tanto sobre la electrónica analógica como sobre la digital. Dos mundos aparentemente distanciados y casi antagónicos, pero donde su convivencia resulta fundamental.

*01 ELECTRÓNICA DIGITAL Y COMPUERTAS LÓGICAS

Nuestro primer acercamiento a la electrónica digital y las compuertas lógicas, con las técnicas que deben conocerse para trabajar con este tipo de señales. Los sistemas de numeración, la lógica binaria y álgebra de Boole. Veremos también software de simulación de circuitos digitales y los circuitos combinacionales: sus usos, diagramas, tablas de verdad y circuitos.

*02 TÉCNICAS DIGITALES APLICADAS

Las aplicaciones más complejas de las técnicas digitales, desde las memorias de un bit, hasta los circuitos secuenciales, los registros, contadores, y las llamadas máquinas de Mealy y Moore. También, las conversiones, y la digitalización y compresión de datos. Además, analizaremos los osciladores, entre los que mencionaremos el clásico 555. Finalmente, nos introduciremos en el tema de la lógica programable, CPLD y FPGA, y veremos software específico para la electrónica digital.

*03 SENSORES Y TRANSDUCTORES

Qué son los sensores y cuáles son sus características. Cuáles son los diferentes tipos de sensores según la tecnología utilizada. La telemetría, el mando a distancia y la adquisición de datos remota. Hablaremos de transductores, que implican la transformación o representación de una magnitud o variable de entrada en otra diferente de salida.

*04 MICROPROCESADORES Y MICROCONTROLADORES

Desde la arquitectura de computadoras, los modelos de Von Neumann y de Harvard, la unidad de control, unidad de punto flotante, bus de control y de datos, así como también los conjuntos de instrucciones CISC y RISC. También, la arquitectura clásica, llamada x86, con los mecanismos de entrada y salida de los microcontroladores y las interrupciones, los registros y la palabra de estado. Además, conoceremos el famoso lenguaje Assembler y lenguaje de máquina, con sus instrucciones y nemónicos, que permiten transformar código escrito en ejecutable.

*05

MICROCONTROLADORES PIC

Una familia de microcontroladores tipo RISC. Su evolución, arquitectura, set de instrucciones y usos comunes. También, el programador PIC, requisito para que pueda utilizarse el microcontrolador y que le da gran parte de su flexibilidad de uso. Analizaremos en particular la familia PIC16, PIC18, y finalmente el más moderno de ellos, el PIC32. Por último, estudiaremos el entorno MPLAB, que es el software que se utiliza como entorno para programación de los PIC.

*ApA

ANALIZADOR DE ESPECTRO CON PIC

Este proyecto propone la construcción de un analizador de espectros realizado en base a microcontroladores PIC. Esta tecnología nos permitirá flexibilizar ciertos parámetros del diseño, para que sea más versátil y simple la selección y uso de los componentes.

*ApB

MODIFICADOR DE VOZ

Diagrama esquemático, lista de materiales y descripción del circuito. Un interesante proyecto que permite entender que el dominio de la frecuencia es fundamental para cualquier técnico electrónico. También hablaremos de las alternativas digitales actuales.

*ApC

LUCES AUDIORRÍTMICAS

Un circuito de luces audiorrítmicas para utilizarlas en espacios donde se quiere lograr que un conjunto de luces se enciendan y se apaguen al ritmo de un sonido determinado.

*ApD

MICRÓFONO INALÁMBRICO ON WEB

La construcción de un micrófono inalámbrico por FM para monitoreo de cunas, para adicionar a los sistemas de alarmas, etc.

INFORMACIÓN COMPLEMENTARIA

A lo largo de este manual podrá encontrar una serie de recuadros que le brindarán información complementaria: curiosidades, trucos, ideas y consejos sobre los temas tratados. Para que pueda distinguirlos en forma más sencilla, cada recuadro está identificado con diferentes iconos:

- CURIOSIDADES E IDEAS
- ATENCIÓN
- DATOS ÚTILES Y NOVEDADES
- SITIOS WEB

Contenido

Prólogo 4

El libro de un vistazo 6

Información complementaria 7

Introducción 12

*01 Electrónica digital y compuertas lógicas

Fundamentos de las técnicas digitales 14

Sistema binario 14

Lógica binaria y álgebra de Boole 21

Mapas de Karnaugh 27

Compuertas lógicas 33

Funcionamiento 38

Familias lógicas 40

Circuitos combinacionales 44

Generador y detector de paridad 45

Multiplexor y demultiplexor 47

Codificador y decodificador 49

Conversores de código 51

Comparadores 52

Resumen 53

Actividades 54

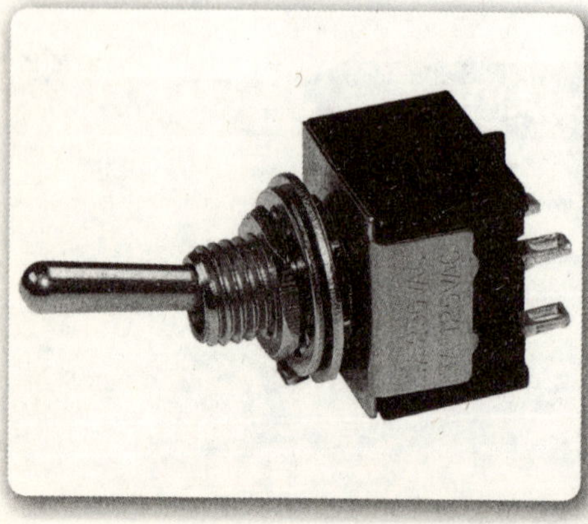

*02 Técnicas digitales aplicadas

Memorias de un bit 56

Circuito 59

Registro y contador 61

Circuitos secuenciales 62

Introducción a los contadores 65

Máquina de Mealy y de Moore 67

Conversores AD 69

Oscilador 78

Configuración interna del 555 81

Lógica programable 82

Software para electrónica digital 85

FPGA y lógica programable 87

Dispositvo semiconductor FPGA 88

Resumen 91

Actividades 92

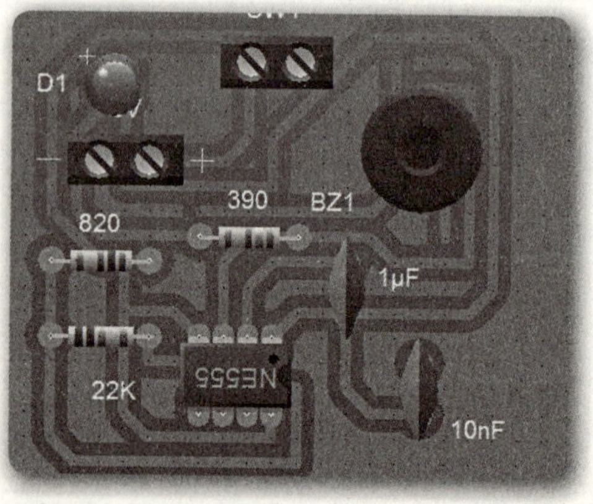

*03 Sensores y transductores

Sensor electrónico 94

Elección de un sensor 96

Tipos de sensores 97

Sensores de posición 98

Sensores de deformación....102
Sensores de velocidad....103
Sensores de aceleración....104
Sensores de presión....105
Sensores de caudal....106
Sensores de temperatura....107
Sensores de proximidad....108
Sensores acústicos....109
Sensores lumínicos....111
Sensores táctiles....113
Aplicaciones de los sensores....115
Mando a distancia....117
Las aplicaciones del control remoto....118
Características....118
Adquisición de datos....123
Resumen....125
Actividades....126

*04

Microprocesadores y microcontroladores

Arquitecturas de computadoras....128
Funciones básicas....129
Estructura....129
RISC vs. CISC....131
Microprocesadores y microcontroladores....135
Arquitecturas x86....137
Características y avances....139
Elementos de un microcontrolador....140
CPU....143
Lenguaje ensamblador....149
Visualización de registros y memoria....152
Resumen....157
Actividades....158

*05

Microcontroladores PIC

Evolución del PIC....160
Tipos de PIC....164
El programador de PIC....169
Programar un PIC....171
PIC16....173
Arquitectura....175
PIC18....179
Modelos....182
PIC16F por dentro....186
PIC32....188
Alimentación de un PIC....189
Oscilador....190
Puertos de Entrada/Salida (I/O)....192
Programación....192

Entorno MPLAB ... **194**
Resumen ... **195**
Actividades ... **196**

*ApA

Analizador de espectro con PIC

Analizador de espectro de audio ... **198**
Introducción al proyecto ... 200
Consideraciones de diseño ... 201
Características ... 205
Componentes electrónicos ... **208**
Filtros activos con Microchip FilterLab ... 211
Sección de procesamiento digital ... 216
Sección de salida ... 223
Prueba del AE digital ... **232**
Conclusiones ... 237
Resumen ... **239**
Actividades ... **240**

*ApB

Modificador de voz

Modificador de voz ... **242**
Potencia, energía y valor medio ... 243
Espectro de una señal ... 248
Transformada de Fourier ... 250
Características de la voz humana ... 251
Usos y aplicaciones del proyecto ... 253
Presentación del circuito ... **256**
Materiales necesarios ... 261
Funcionamiento del circuito ... **268**
Entrada de audio ... 269
Procesamiento de la señal ... 269
Amplificación de la señal ... 270
Salida de la señal de audio ... 271
Alimentación de los integrados ... 271
Montaje del circuito ... **272**
Alternativas digitales ... 282
Conclusiones finales ... 285
Resumen ... **287**
Actividades ... **288**

*ApC

Luces audiorrítmicas

Introducción al proyecto ... **290**
Aplicación de las luces audiorrítmicas ... **293**
Funcionamiento del circuito ... **296**
Micrófono ... 297
Amplificación ... 298
Sistema de canales ... 298
Montaje y ensamblado ... **302**
Resumen ... **310**

*

Servicios al lector

Índice temático ... **312**

*ApD ON WEB

Micrófono FM

Usos del transmisor y sus aplicaciones
Descripción básica del circuito
Materiales y herramientas
Montaje y ensamblado
Algunos detalles de interés
Verificación y problemas comunes
Cambios circuitales y mejoras avanzadas
Resumen

Introducción

Esta obra propone un acercamiento a las técnicas digitales y las compuertas lógicas, para avanzar tanto sobre la electrónica analógica como sobre la digital. Dos mundos aparentemente distanciados y casi antagónicos, donde pareciera que todo lo que nos rodea es digital. A lo largo de la obra, y como complemento de la entrega anterior (*Electrónica: conceptos básicos y diseño de circuitos*), nos enfocaremos en la electrónica desde los dos aspectos, demostrando que la convivencia entre ambos existe, y no es necesario adoptar posturas extremas para sentirnos en sintonía con las nuevas tendencias.

Además, desarrollaremos uno de los temas más apasionantes de la electrónica digital en la actualidad: los microprocesadores y los microcontroladores PIC que que revolucionaron la electrónica por su aporte de versatilidad para el control de periféricos.

Este libro no pretende convertir al lector en un experto sobre temas específicos, sino más bien, ofrecer un panorama general y actualizado de todos los temas que se relacionan con la electrónica. Luego, cada uno, de manera opcional y acorde a sus intereses, podrá profundizar sobre aquellos aspectos que necesite para especializarse, tal como ocurre en cualquier formación profesional. Tampoco es necesario ser un gran entendido en ninguna materia antes de leerlo. Sí se recomienda tener conocimientos básicos sobre matemáticas y física, para aprovechar mejor los contenidos desarrollados.

El desarrollo de cada tema está acompañado de material gráfico como infografías, guías visuales y galerías de imágenes que ayudarán a comprender aquellos conceptos más complejos de manera más intuitiva. Se ofrecen también procedimientos prácticos para mejorar la comprensión de aquellas operaciones que resulten más complejas y así guiar al lector en cada uno de los pasos.

Además se ponen a disposición contenidos online que refuerzan el carácter práctico de esta obra, ofreciendo el desarrollo de proyectos completos explicados minuciosamente.

*01

Electrónica digital y compuertas lógicas

La electrónica digital usa señales digitales y sistemas binarios que codifican información que luego será interpretada y procesada. Conoceremos las compuertas lógicas, sus tablas de verdad, sus características y las combinaciones posibles para armar circuitos lógicos más complejos. Finalmente, veremos los circuitos combinacionales, sus usos y diagramas.

- **Fundamentos de las técnicas digitales 14**
  - Sistema binario 14
  - Lógica binaria y álgebra de Boole 21
  - Mapas de Karnaugh 27
- **Compuertas lógicas 33**
  - Funcionamiento 38
  - Familias lógicas 40
- **Circuitos combinacionales 44**
  - Generador y detector de paridad 45
  - Multiplexor y demultiplexor 47
  - Codificador y decodificador 49
  - Conversores de código 51
  - Comparadores 52
- **Resumen 53**
- **Actividades 54**

Fundamentos de las técnicas digitales

La electrónica digital se diferencia de la analógica por no trabajar con señales analógicas. Se basa en el uso de señales del tipo digital y sistemas del tipo binario que codifican la información que luego será interpretada y procesada.

Sistema binario

Antes de empezar a entender el funcionamiento de nuestros equipos digitales, necesitamos conocer su lenguaje de comunicación. Los seres humanos nos comunicamos mediante lenguajes predeterminados, como lo son el español, inglés, portugués, francés, entre otros. Las máquinas, en cambio, utilizan como lenguaje el sistema binario.

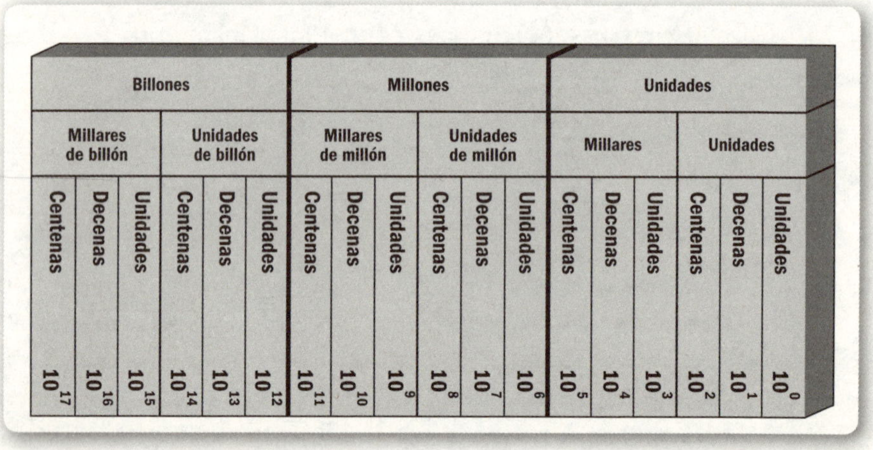

Figura 1. El **sistema decimal** es el primer sistema numérico que aprendemos y el más usado en el ámbito de la educación.

Para entender el sistema binario, necesitamos introducir los sistemas de numeración que fueron aplicados previamente (y que incluso algunos sistemas aún emplean) para concluir en el binario.

Uno de los primeros sistemas utilizados es el decimal, que es el que manejamos a diario. Posee, como base, 10 dígitos diferentes que le corresponden al 0, 1, 2, 3, 4, 5, 6, 7, 8 y 9. Recibe el nombre de **sistema**

decimal por herencia de los árabes e hindúes, quienes aplicaron este sistema a la numeración, basándose en los dígitos de la mano principalmente para establecer una relación fácil de recordar. Este sistema es denominado **posicional**, ya que el dígito representa el valor que se le asigna, dependiendo de su posición. El sistema decimal es un sistema en el que el valor de cada dígito depende de su lugar dentro del número.

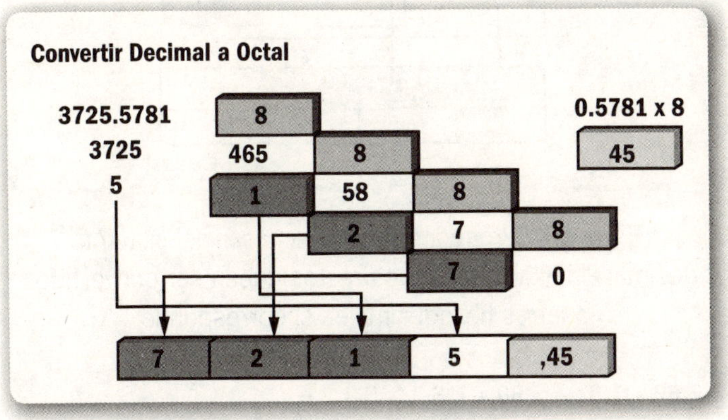

Figura 2. Diagrama de conversión decimal a octal mediante sustitución por restos.

A partir de esta configuración, obtenemos los números enteros. Por ejemplo, para obtener el 695 realizamos la siguiente operación:

102.6 + 101.9 + 100.5 =
= 600 + 90 + 5 =
= 695

El sistema numérico utilizado como variante del decimal fue el **sistema octal**. Está basado en 8 dígitos (0, 1, 2, 3, 4, 5, 6 y 7). Posee dos caracteres menos que el decimal, lo que permite agruparlos en menores combinaciones. El valor de este sistema es el mismo que el del decimal, y se lo utilizaba para evitar contar los dedos de la mano.

También es utilizado en informática para reemplazar al sistema **hexadecimal**, para utilizar números enteros en lugar de letras, como veremos más adelante. Se utiliza, además, para abreviar los números binarios que emplean caracteres de 6 bits. Cada 3 bits, es convertido en un único dígito octal.

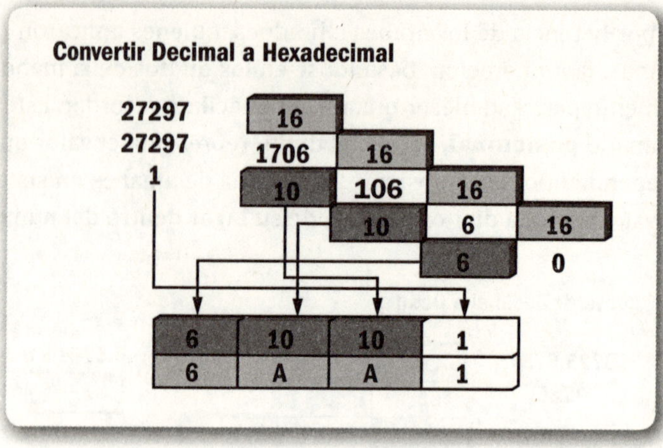

Figura 3. Procedimiento para pasar del sistema decimal al hexadecimal. Los restos deben ser convertidos a letras hexadecimales si corresponde.

$7.8^3 + 2.8^2 + 1.8^1 + 5.8^0 + 4.8^{-1} + 5.8^{-2} =$

$= 7.512 + 2.64 + 5.1 + 4.0{,}125 + 5.0{,}015625 =$

$= 3584 + 128 + 5 + 0{,}5 + 0{,}078125 =$

$= 3725{,}578125$

7215,45q = 3717,578125d (La letra 'q' indica que es un número expresado en octal).

Como mencionamos antes, el sistema octal se utiliza para reemplazar, en determinadas ocasiones, al sistema hexadecimal. Este último sistema utiliza 16 símbolos sin repetir (de ahí el prefijo **hexa** representativo). Se usa principalmente en el mundo de la informática, ya que la unidad de trabajo es el byte, que representa al octeto de bits como unidad de memoria.

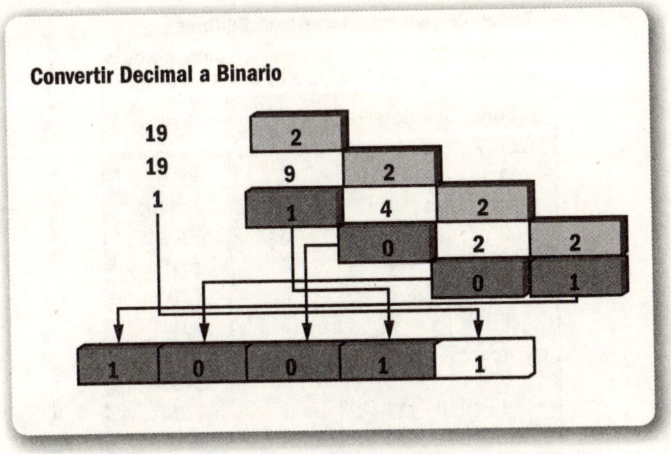

Figura 4. Conversión de decimal a números binarios. Siempre se debe comprobar la conversión tanto en un sentido como en el otro.

Por lo tanto, posee, por convención, 16 caracteres (0, 1, 2, 3, 4, 5, 6, 7, 8, 9, A, B, C, D, E, F) y está basado en el sistema decimal, conformado por diez dígitos y seis letras.

Las letras seleccionadas corresponden a las primeras seis del alfabeto latino, a las que se les asigna el correspondiente valor de: A=10, B=11, C=12, D=13, E=14, F=15.

También es un sistema de numeración posicional. En él, el valor de cada factor numérico se ve alterado dependiendo de la posición que este ocupe dentro de la cadena de números, multiplicado por la base del sistema (en este caso, se multiplica por 16) y elevado al exponente de la posición que ocupe.

> LAS CONVERSIONES DE SISTEMAS NUMÉRICOS AGRUPAN INFORMACIÓN EN BYTES

A continuación, ejemplificamos lo expuesto con 6AA116:

6.163 + A.162 + A.161 + 1.160 =
= 6.4096 + 10.256 + 10.16 + 1.1 =
= 24576 + 2560 + 160 + 1 =
= 27297
6AA116 = 27297

Tablas de sistemas numéricos digitales

Comparativas

Decimal	Octal	Hexa-decimal	Binario
1	1	1	00001
2	2	2	00010
3	3	3	00011
4	4	4	00100
5	5	5	00101
6	6	6	00110
7	7	7	00111
8	10	8	01000
9	11	9	01001
10	12	A	01010
11	13	B	01011
12	14	C	01100
13	15	D	01101
14	16	E	01110
15	17	F	01111
16	20	10	10000
17	21	11	10001
18	22	12	10010
19	23	13	10011
20	24	14	10100

Figura 5. Comparación de los cuatro sistemas estudiados. Se puede continuar su llenado utilizando los métodos ya descriptos.

Para realizar operaciones con sistema hexadecimal, al igual que con el octal, debemos tener en cuenta determinadas consideraciones. Recordemos que existe un límite, al igual que en el decimal, para realizar operaciones. Veamos el ejemplo de una operación de suma:

7 + 7 = 14 = E

B + 1 = 11 = C

9 + 8 = 17

(17 no está en la escala hexadecimal, recordemos que el máximo es F=15). Corregimos 17 – 16 = 1; como superamos una vez el límite, tenemos 1 excedente. Entonces 9 + 8 = 11 (En hexadecimal 17 = 11).

7 + 7 = 14 = E

F + E = (15 + 14 = 29; 29 – 16 = 13; 1 13; 1D) 1D

En la actualidad, podemos realizar estas operaciones con calculadoras científicas, reduciendo el engorroso trabajo de recordar todos los métodos, pero, aun así, es importante entender cómo funciona.

Quizás el sistema numérico más utilizado en el mundo de la computación sea el **sistema binario**, ya que toda la codificación electrónica y de programación se encuentra basada en este sistema.

EL SISTEMA BINARIO ES EL SISTEMA NUMÉRICO MÁS UTILIZADO EN COMPUTACIÓN

Para representar los números en el sistema binario, utilizamos solo dos caracteres: el 0 y el 1. En electrónica, los valores de 0 y 1 los utilizamos para establecer dos estados, encendido y apagado, dos niveles. Este es el principio de funcionamiento de la mayoría de los dispositivos actuales.

El sistema de representación está basado, al igual que los sistemas anteriores, en el formato posicional de la base elevado al exponente que representa su posición en la cadena numérica. Por ejemplo, un número en binario 10011b lo convertimos de la siguiente forma:

1.24 + 0.23 + 0.22 + 1.21 + 1.20 =
= 16 + 0 + 0 +2 + 1 =
= 19

Recordemos las reglas previamente comentadas y, al realizar operaciones numéricas, no olvidemos que los dos únicos valores permitidos serán 1 y 0. Por lo que la suma se resumirá a:

0 + 0 = 0
0 + 1 = 1
1 + 0 = 1
1 + 1 = 10 (2 no es un valor permitido, por lo que el primer valor volverá a 0 y se le asignará un segundo lugar, al que se le adiciona el 1).

Con estas condiciones, se pueden realizar las operaciones aritméticas de la siguiente figura, respetando las reglas.

Existen sistemas binarios que difieren en algunas reglas en particular que definen nuevos sistemas o códigos. Son utilizados, generalmente, en teorías digitales. Uno de estos es conocido como **Código Gray**.

	Binario	Decimal	Octal	Hexadecimal
Binario	———	Fórmula Polinómica Pot. 2	Agrupar de a 3 bits	Agrupar de a 4 bits
Decimal	Entera/2 Fraccionaria/2	———	Entera/8 Fraccionaria/8	Entera/16 Fraccionaria/16
Octal	C/dígito en binario 3 bits	Fórmula polinómica Pot. 8	———	Pasar por binario
Hexadecimal	C/dígito en binario 4 bits	Fórmula polinómica Pot. 16	Pasar por binario	———

Figura 6. Aquí vemos un cuadro con un pequeño ayuda memoria para recordar las operaciones por realizar.

El sistema Gray (o **sistema binario reflejado**) es un código binario en el que dos valores sucesivos solo se diferencian en uno de sus dígitos. Se utilizó para prevenir señales erróneas en los switches electromecánicos. Hoy se utiliza en sistemas de televisión por cable y telecomunicaciones, como sistema de corrección de errores. El sistema surge a partir del código binario convencional mediante un proceso reflejante que permite generar una secuencia de permutación cíclica.

El **código Gray** consiste en tomar señales analógicas y convertirlas a grupos de códigos binarios, modificando solo un valor; se trata de que cualquier transmisión varíe solo en un bit. La ventaja de este método reside en que tiene un diseño eficiente, práctico y veloz.

Los sistemas de computación utilizan un estándar para representar números decimales en binario, conocido como **BCD** (**Binary-Coded Decimal**), en el que cada decimal es representado por un binario de 4 bits y no como un número binario puro. Con los decimales codificados, podemos realizar todas las operaciones matemáticas sin incurrir en las tediosas conversiones que, por lo general, nos acarrean demasiados errores al momento de hacer operaciones complejas. Remarcamos que las operaciones en BCD entregan decimales en binarios de 4 bits por separado y no una cadena de números binarios, por lo que el sistema sirve para representar cifras, no al número en su totalidad.

El código **Exceso 3** es un derivado de BCD donde se le suma **3** (en binario) a cada dígito decimal y, posteriormente, se lo convierte en un número binario de 4 bits. Los distintos códigos surgen a partir de la necesidad de simplificar las operaciones y las posteriores codificaciones. La tecnología se aceleró gracias a los métodos cada vez más eficaces para realizar operaciones aritméticas y, así, llevar a cabo operaciones digitales tales como las conocemos hoy.

Lógica binaria y álgebra de Boole

Las operaciones donde se implican números binarios comprenden ciertas reglas. Como en aritmética, llamamos **álgebra** a la suma, resta, multiplicación y división, pero la lógica binaria realiza estas operaciones según sus propias reglas. Los procesadores de los dispositivos electrónicos realizan estas operaciones, denominadas **lógicas**, con los datos contenidos en los programas que lo soliciten. A diferencia de las operaciones aritméticas en las que los resultados son valores numéricos, las operaciones lógicas nos entregan dos resultados, que pueden ser leídos como **VERDADERO** o **FALSO**.

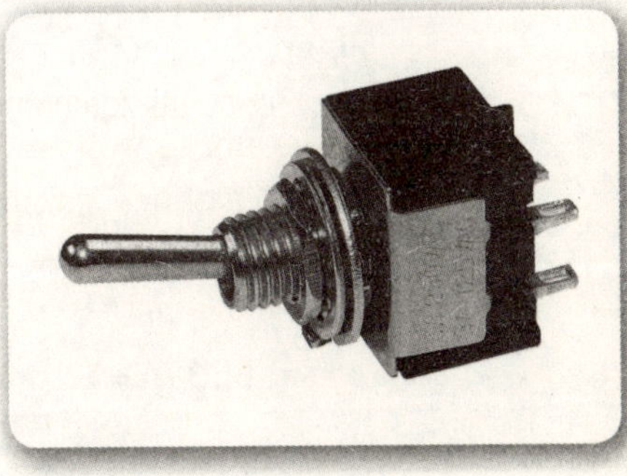

Figura 7. Los interruptores de dos posiciones cumplen la función de verdadero y falso, o abierto y cerrado, que en binario será 0 y 1.

Operación unitaria: También conocida como complemento. Se refiere a todo elemento (a) de un conjunto A que le corresponda otro elemento distinto (b) del mismo conjunto A tal que se cumpla que el segundo sea el complemento del primero.

a = - b .Ej: 8 = -8

Operación binaria: Se la denomina también suma y producto, y es el resultado de todo par ordenado (a, b) de elementos únicos de un conjunto A que le corresponda un único valor c como resultado de sumar los elementos del par ordenado.

a + b = c .Ej: 3 + 4 = 7

Propiedades	Intersección	Unión
Conmutativa	$A \cap B = B \cap A$	$A \cup B = B \cup A$
Asociativa	$A \cap (B \cap C) = (A \cap B) \cap C$	$A \cup (B \cup C) = (A \cup B) \cup C$
Idempotente	$A \cap A = A$	$A \cup A = A$
Simplificación	$A \cap (B \cup A) = A$	$A \cup (B \cap A) = A$
Distributiva	$A \cap (B \cup C) = (A \cap B) \cup (A \cap C)$	$A \cup (B \cap C) = (A \cup B) \cap (A \cup C)$
Elementos neutros	$A \cap E = A$	$A \cap \emptyset = A$
Absorción	$A \cap \emptyset = \emptyset$	$A \cup E = E$

Figura 8. Simbólicamente, las leyes se representan según su función; no se utilizan números, se utilizan símbolos representativos.

Al producto del resultado c, como la multiplicación de los elementos del par ordenado.

a . b = c .Ej: 3 . 4 = 12

Operaciones nulas: Se define como operación nula al único resultado de multiplicar cualquier elemento del conjunto A por el número 0 que resulta siempre igual a 0.

a . 0 = 0 .Ej: 3 . 0 = 0

CALCULADORAS CIENTÍFICAS

La calculadora base del sistema operativo Windows viene con una configuración básica. Sin embargo, mediante el menú **Ver/Programador**, obtendremos nuevas opciones para el cálculo en distintos sistemas numéricos: hexadecimal, decimal, octal y binario. La ventaja de esta calculadora es que podemos realizar operaciones aritméticas sin realizar ningún tipo de conversión previa.

Tablas de verdad

Las tablas de verdad son utilizadas para mostrar el valor de verdad de una proposición compuesta, es decir, determina el grado de verdad que posea cierta expresión para cada combinación de valores que se le pueda asignar a los componentes.

p	q	r	¬r	p→q	((p→q) v¬r)
V	V	V	F	V	V
V	V	F	V	V	V
V	F	V	F	F	F
V	F	F	V	F	V
F	V	V	F	V	V
F	V	F	V	V	V
F	F	V	F	V	V
F	F	F	V	V	V

Figura 9. Las tablas de verdad basadas en proposiciones son utilizadas para organizar los resultados de las operaciones algebraicas.

Para armar la tabla de verdad, se establece el sistema o definición, y las variables se asumen según el resultado.

Ley de Identidad	$A = A$ $\overline{A} = \overline{A}$
Ley Conmutativa	$A . B = B . A$ $A + B = B + A$
Ley Asociativa	$A . (B . C) = B . A . C$ $A + (B + C) = B + A + C$
Ley idempotencia	$A . A = A$ $A + A = A$
Ley doble negativo/involución	$\overline{\overline{A}} = A$
Ley de Absorción	$A + 1 = 1$ $A . 0 = 0$
Ley de Identidad	$A . 1 = A$ $A + 0 = A$
Ley de Morgan	$\overline{AB} = \overline{A} + \overline{B}$ $\overline{A + B} = \overline{AB}$
Ley Distributiva	$A . (B + C) = (A . B) + (A . C)$ $A + (B . C) = (A + B) . (A + C)$

Figura 10. Aquí vemos las leyes más importantes que debemos tener a mano para recordar el álgebra de Boole.

Axiomas

Las operaciones booleanas responden a determinados **axiomas** que siempre deben respetar.

Para definir una operación como perteneciente al álgebra de Boole, debe cumplir con lo siguiente:

- Ley asociativa de la suma: Si **a**, **d** y **c** pertenecen al conjunto **A**, entonces se debe cumplir que **(a + b) + c = a + (b + c)**.
- Ley asociativa del producto: Si **a**, **d** y **c** pertenecen al conjunto **A**, entonces se debe cumplir que **(a * b) * c = a * (b * c)**.
- Existe elemento nulo en la suma. Si **a** pertenece al conjunto **A**, entonces se debe cumplir que **a + 0 = a**.
- Existe elemento neutro en el producto. Si **a** pertenece al conjunto **A**, entonces se debe cumplir que **a * 1 = a**.
- Ley conmutativa de la suma. Si **a** y **b** pertenecen al conjunto **A**, entonces se debe cumplir que **a + b = b + a**.
- Ley conmutativa del producto. Si **a** y **b** pertenecen al conjunto **A**, entonces se debe cumplir que **a * b = b * a**.
- Ley distributiva de la suma respecto del producto. Si **a**, **b** y **c** pertenecen al conjunto **A**, entonces se debe cumplir que **a + (b * c) = (a + b) * (a + c)**.
- Ley distributiva del producto respecto a la suma. Si **a**, **b** y **c** pertenecen al conjunto **A**, entonces se debe cumplir que **a * (b + c) = (a * b) + (a * c)**.
- Existe elemento complemento para la suma. Si **a** pertenece al conjunto **A**, entonces existe un **–a** , que cumple **a + (-a) = 1**.
- Existe elemento complemento para el producto. Si **a** pertenece al conjunto **A**, entonces existe un **-a** , que cumple **a * (-a) = 0**.

UN POCO DE HISTORIA...

Se denomina Álgebra de Boole en honor a George Boole (1815-1864), un matemático inglés autodidacta, que fue el primero en definirla como parte de un sistema lógico, inicialmente en un pequeño folleto: "The Mathematical Analysis of Logic", publicado en 1847, en respuesta a una controversia entre Augustus De Morgan y Sir William Hamilton. Claude Shannon fue el primero en aplicarla en el diseño de circuitos de conmutación eléctrica biestables, en el año 1948.

Operaciones de Álgebra de Boole

Operaciones	
Y	**AND**
0 . 0 = 0 0 . A = 0 A . 0 = 0 A . A = A	0 . 0 = 0 0 . 1 = 0 1 . 0 = 0 1 . 1 = A
O	**OR**
A + 0 = A A + 0 = 1 1 + A = A 1 + 1 = 1	0 + 0 = 0 1 + 0 = 1 0 + 1 = 1 1 + 1 = 1
NO	**NOT**
$A'' = A$ $A' = \overline{A}$	$\overline{0} = 1$ $\overline{1} = 0$

Figura 11. Comparación entre las funciones del álgebra de Boole para un sistema cualquiera y un sistema binario. La variable **A** puede ser de cualquier valor.

A partir de los axiomas, podemos demostrar los teoremas fundamentales del álgebra:

- **Ley de idempotencia para la suma**: implica que, para todo **a** perteneciente al conjunto **A**, se aplica **a + a = a**.
- **Ley de idempotencia para el producto**: implica que, para todo **a** perteneciente al conjunto **A**, se aplica **a * a = a**.
- **Ley de absorción para la suma**: implica que, para todo **a** perteneciente al conjunto **A**, se aplica **a + 1 = 1**.
- **Ley de absorción para el producto**: implica que, para todo **a** perteneciente al conjunto **A**, se aplica **a * 0 = 0**.
- **Ley de identidad para la suma**: implica que, para todo **a** perteneciente al conjunto **A**, se aplica **a + 0 = a**.
- **Ley de identidad para el producto**: implica que, para todo **a** perteneciente al conjunto **A**, se aplica **a * 1 = a**.
- **Ley de involución**: implica que, para todo **a** perteneciente al conjunto **A**, se aplica que **- (-a) = a**.
- **Ley del complemento**: implica que, para todo **a** perteneciente al conjunto **A**, se aplica que **-1 = 0 ; -0 = 1**.

- **Leyes de De Morgan**: implican que, para todo **a** y **b** pertenecientes al conjunto **A**, se aplica que **– (a + b) = -a * -b ; - (a * b) = -a + -b**.

Otorgamos jerarquía a los operadores siempre que cumplan que **a < b**, si se cumple que:

a + b = b
a . b = a
-a + b = 1
a . -b = 0

Según el conjunto de números binarios, a = 0 y b = 1; entonces, comprobamos que las afirmaciones anteriores son correctas.

> LOS MAPAS KARNAUGH AYUDAN A RESOLVER LAS OPERACIONES EN LOS CIRCUITOS LÓGICOS

Circuitos digitales

El equivalente, en los circuitos digitales, al álgebra de Boole son las compuertas lógicas que responden en función a la programación. La equivalencia entre una forma y la otra se traduce en el diseño de los circuitos electrónicos que, posteriormente, son impresos en los circuitos integrados que casi siempre utilizaremos. Los símbolos representan las compuertas que actúan según el diseño específico.

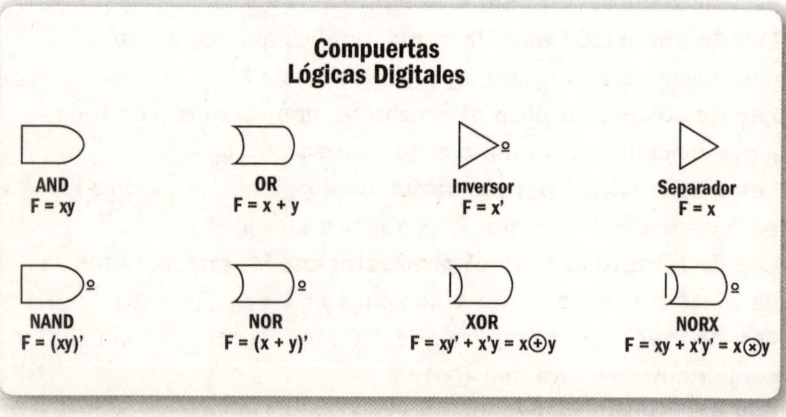

Figura 12. Tabla de equivalencia entre álgebra de Boole y circuitos digitales.

Mapas de Karnaugh

En ocasiones, cuando se hace el cálculo de funciones booleanas, las operaciones pueden volverse muy tediosas y complejas. Los **mapas de Karnaugh** se empezaron a aplicar ante la necesidad de facilitar la resolución de estos inconvenientes y se convirtieron en una herramienta muy utilizada para la simplificación de circuitos lógicos.

El sistema utiliza técnicas que realiza el cerebro humano para detectar patrones y formas analíticas de reconocer, identificar y eliminar condiciones determinadas, minimiza expresiones del tipo suma de productos y producto de sumas. Simplifica expresiones booleanas a mínimas cadenas, minimizando la cantidad de variables, de modo que no exista otra con menor número de operaciones.

Previo a los mapas de Karnaugh (en adelante, los llamaremos **MK**) se utilizaban las tablas de verdad para obtener la función expresada por suma de productos. Con los MK, representamos la función deseada para obtener la respuesta directamente utilizando una **tabla de verdad bidimensional** (de dos entradas, verticales y horizontales).

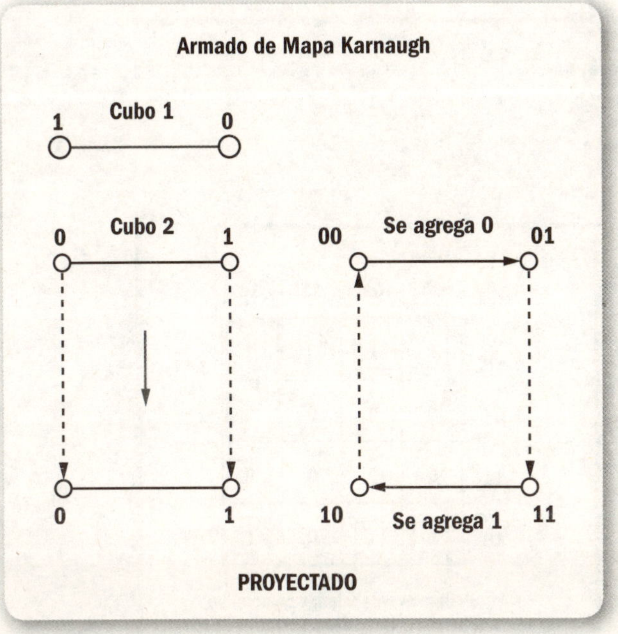

Figura 13. Armado de los primeros enlaces a partir de un número binario de 2 bits, que se proyecta hacia más variables.

PAP: PRÁCTICO DEL DIAGRAMA

01 Para comenzar, arme la tabla de verdad y posicione los valores de Fn en el MK.

Tabla de 4 variables

A	B	C	D	Fn
0	0	0	0	1
0	0	0	1	
0	0	1	0	1
0	0	1	1	
0	1	0	0	1
0	1	0	1	
0	1	1	0	1
0	1	1	1	
1	0	0	0	1
1	0	0	1	1
1	0	1	0	1
1	0	1	1	
1	1	0	0	
1	1	0	1	
1	1	1	0	
1	1	1	1	

16 cuadros, 8 posibles resultados

CD	00	01	11	10
00	1	1	0	1
01	0	0	0	1
11	0	0	0	0
10	1	1	0	1

02 A continuación, agrupe los **1** más próximos en grupos de 2 en 2, solo vertical y horizontalmente, con la menor cantidad de grupos posibles.

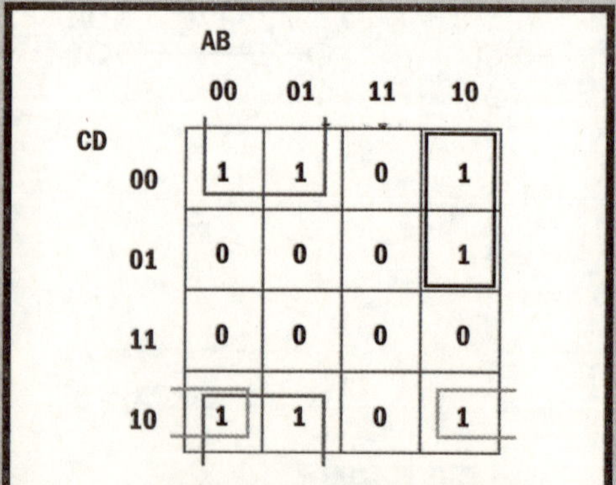

Podemos seleccionar como si se pudiese dar la vuelta y cerrar la figura

03 Lea qué variables cambian dentro del rango seleccionado. Hay tres rangos seleccionados, tres minitérminos. Compare con el programa.

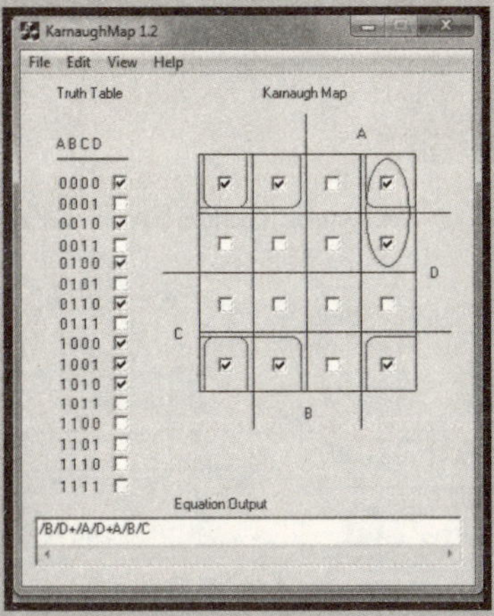

Para entender con claridad, una tabla de verdad de una función cualquiera de N variables posee 2^N filas, mientras que, para un MK, debe poseer 2^N cuadrados. Se ordenan según su peso y el código Gray para que solo una de las variables cambie entre las celdas adyacentes.

LOS MAPAS KARNAUGH PERMITEN DISEÑAR CIRCUITOS COMBINACIONALES DE BAJO COSTO

Cuando trabajamos con circuitos, una suma de productos se realiza con dos niveles de compuertas donde cada término representa una compuerta, y cada letra del producto es una entrada de la compuerta. Es más costoso adicionar una compuerta al circuito que incluir una única compuerta con múltiples entradas. Si podemos reducir un circuito mediante MK, tendremos dos circuitos equivalentes, de los cuales el reducido será más económico ya que poseerá menos compuertas o menor número de entradas.

La propiedad más destacable de los MK es la adyacencia de las celdas (dos celdas son adyacentes si no difieren en más de un bit) debido a que, si en las dos celdas adyacentes existe un valor 1, se puede realizar la operación “factor común” de estas celdas, eliminando una variable.

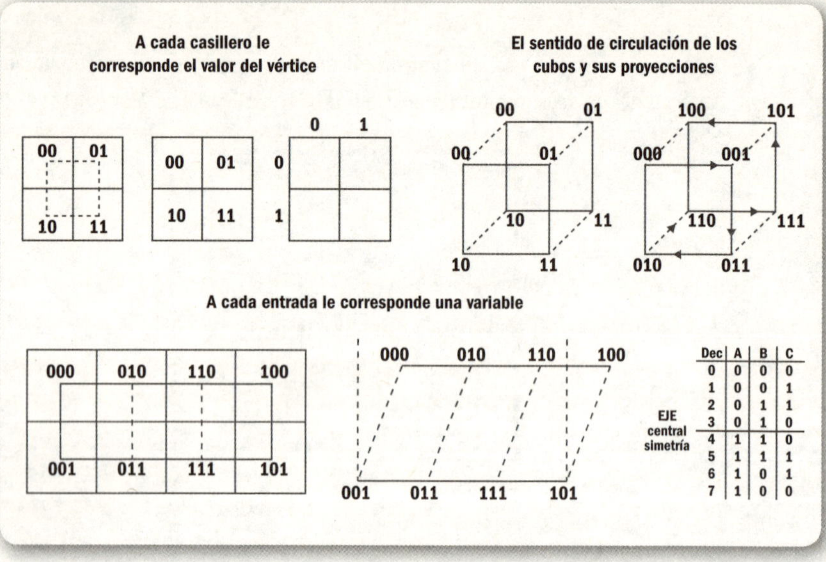

Figura 14. A partir del segundo cubo, el trabajo empieza a ser más complicado, pero todo empieza a girar en torno a un mismo eje de simetría.

Los MK son representaciones geométricas de los números binarios; un número binario de n bits se puede representar por un punto en el espacio N. Si representamos en un plano un número binario de un bit 0 y 1, y podemos unir ambos puntos mediante una línea que los conecte, a esta unión la llamaremos **cubo 1**. Si ahora reflejamos esta figura, obtendremos un cuadrilátero. Si al primer segmento superior le agregamos un 0 a la izquierda, y al segmento inferior (el reflejado) le agregamos un 1 a la izquierda, obtenemos un nuevo **cubo 2** con cuatro vértices, correspondiente a la combinación de dos variables **(22 = 4)**. Si recorremos los nuevos vértices, iremos observando cambios de una sola cifra; recorreremos el código Gray.

EL PRIMER PASO, EN FORMA VISUAL

Al armar un MK a partir de la tabla de verdad, el primer paso suele ser difícil, por lo que vamos a dar una ayuda para posicionarnos en el cuadro. Tomamos una función de dos variables, **x e y. F = xy + x'y' + xy'**. Leemos: es una función de solo dos variables en binario que puede ser 1 o 0. Traducimos: F = 11 + 00 + 10. Estas serán las coordenadas donde ubicaremos el 1 para empezar a reducir.

Podemos seguir proyectando más cubos repitiendo las condiciones de ir agregando 0 y 1 en los nuevos vértices hasta obtener el resultado deseado.

La sucesión de proyecciones de cubos irá describiendo nuevas variables. Tengamos presente que, por cada nuevo cubo que obtenemos de una nueva proyección, se llega a determinado límite en el que no podremos realizar más cálculos manuales y deberemos recurrir a un software alternativo.

La aplicación **KarnaughMap** nos permite introducir los valores directamente sobre la matriz para obtener la función designada para ella. . 13
Las opciones que nos permite manejar el programa son bastante sencillas y podremos trabajar llenando o vaciando totalmente los casilleros, e incluso cargar un ejemplo para probar su funcionamiento. Una vez completada la matriz, tendremos la ecuación escrita en la parte inferior del programa.

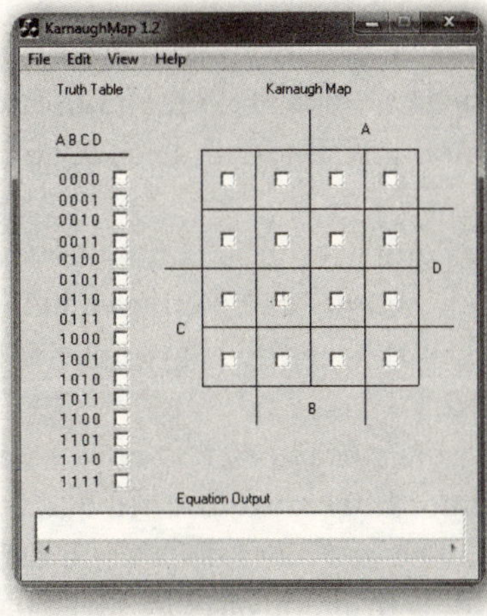

Figura 15. KarnaughMap 1.2 es un software de simulación de mapas Karnaugh con el que podremos probar funciones y reducirlas para economizar circuitos.

KARNAUGHMAP

Por lo general, la simplificación y resolución mediante MK puede ser complicada si lo hacemos manualmente. Existen en la Web algunos aplicativos que nos ayudan a desarrollar estos complejos cálculos con mayor facilidad. Uno de ellos es la aplicación llamada **KarnaughMap** que, en versión freeware educacional, se puede descargar del siguiente sitio: **http://puz.com/sw/karnaugh/index.htm**.

Aunque el aplicativo se encuentre en inglés, podremos obtener instrucciones fáciles de seguir directamente desde la página del autor, junto con una pequeña guía introductora del programa en sí.

Para resolver cualquier MK sin importar la cantidad de variables, primero debemos llegar a la forma **canónica** (todo producto o suma en la cual aparecen todas las variables en su forma directa). A partir de estas, analizamos cuáles son los **minitérminos** (cada una de las variables aparece una sola vez, es una expresión lógica que consiste de un operador lógico de conjunción **AND** y el complemento **NOT**) y les asignamos un 1, y cuáles son los **maxitérminos** (consiste en el operador lógico de disyunción **OR** y el complemento **NOT**), a los que les asignamos un 0.

Una vez identificados estos términos, realizamos enlaces que abarquen el mayor número de términos, según:

- Cantidad de términos enlazados: deben seguir la regla de formación de números binarios (1, 2, 4, 8, 16, etcétera).
- Simetría con eje central y secundario: se debe considerar y mantener.

Podemos utilizar cualquier término como nuevo enlace. La función reducida tendrá tantos términos como enlaces hemos realizado. Obtenemos estos enlaces al hacer dos barridos sobre el MK: uno horizontal y otro vertical.

En cada barrido nos concentramos en la zona seleccionada. Sobre una zona aleatoria, leemos **horizontalmente** qué variable ha cambiado (recordemos que esto lo leemos fuera del MK, no dentro); si ha pasado, por ejemplo, de 01 a 00, la primera variable no se ha modificado, pero la segunda sí; entonces, seleccionamos la primera variable como resultado.

En áreas grandes, puede llegar a confundirnos, pero las variables intactas se reducen. Si seleccionamos una variable como 0, debemos escribir como solución la variable **NEGADA**.

REDUCCIÓN, EL PRIMER INTENTO

Para realizar una correcta reducción, debemos tener en claro que, en la tabla de verdad de la función que deseemos reducir, las variables se ordenan según código Gray y se agrupan siempre de 2 en 2 (2, 4, 8, etcétera). Al leer las agrupaciones: si no cambia, se mantiene la variable.

Compuertas lógicas

Una puerta lógica o **compuerta lógica** es un dispositivo electrónico que representa la expresión física de un operador booleano en la lógica de conmutación. Cada puerta lógica consiste en una red de dispositivos interruptores que cumple las condiciones booleanas para el operador particular. Son, esencialmente, circuitos de conmutación integrados en un chip.

Es necesario que aclaremos que las compuertas lógicas se comunican entre sí (incluidos los microprocesadores) usando el sistema binario, que consta de solo dos indicadores: 0 y 1.

Así pues, encontramos gran variedad de compuertas estándares, cada una con un comportamiento perfectamente definido, y es posible combinarlas entre sí para obtener funciones nuevas. Desde el punto de vista práctico, podemos considerar cada compuerta como una caja negra, en la que introducimos valores digitales en sus entradas y el valor del resultado aparece en la salida.

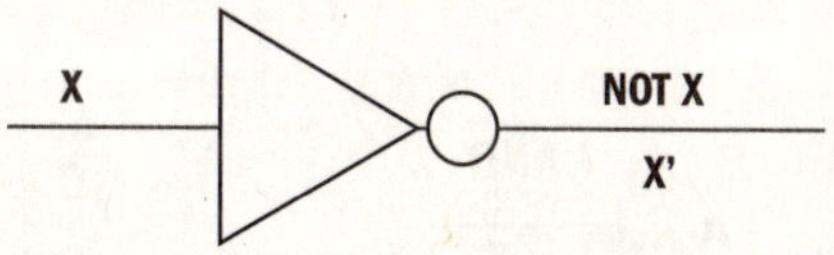

X	NOT X
0	1
1	0

Figura 16. La puerta lógica **NOT** realiza la función booleana de inversión o negación de una variable lógica. Proporciona el estado inverso del que está en su entrada.

Cada compuerta tiene su tabla de verdad, que expresa en forma de lista el estado de su salida para cada combinación posible de estados en las entradas.

La compuerta **IF** (**SI**, en español) realiza la función booleana de la igualdad. En los esquemas de un circuito electrónico se simboliza mediante un triángulo, cuya base corresponde a la entrada, y el vértice opuesto, a la salida.
Su tabla de verdad es sencilla: la salida siempre toma el valor de la entrada. Esto significa que, si en la entrada hay un nivel de tensión alto, también lo habrá en su salida; y, si la entrada se encuentra en un nivel bajo, su salida

también será el mismo estado. Las compuertas IF se utilizan como amplificadores de corriente para poder manejar dispositivos que tienen consumos de corriente elevados, desde otros que solo pueden entregar corrientes más débiles.

La compuerta **NOT** presenta, en su salida, un valor que es el opuesto del que está presente en su única entrada. Se simboliza en un esquema eléctrico en el mismo símbolo que la compuerta IF, con un pequeño círculo agregado en su salida. Su función es la de negar, y comparte con la compuerta IF la característica de tener solo una entrada. Se utiliza cuando es necesario tener disponible un valor lógico opuesto a uno dado.

La compuerta **AND** (**Y**, en español), con dos o más entradas, realiza la función booleana de multiplicación. Su salida será un 1 cuando todas sus entradas también estén en nivel alto. En cualquier otro caso, la salida será un 0. El resultado de multiplicar entre sí diferentes valores binarios solo dará como resultado 1 cuando todos ellos también sean 1.

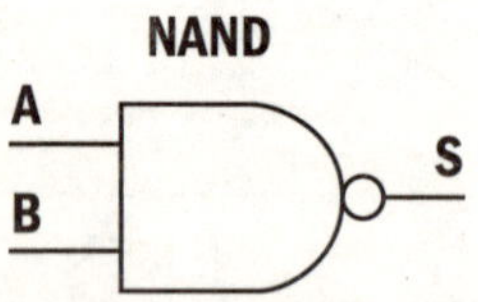

A	B	S
0	0	1
0	1	1
1	0	1
1	1	0

Figura 17. Podemos definir la puerta **NO-Y**, o **NAND**, como aquella que proporciona a su salida un 0 lógico únicamente cuando todas sus entradas están a 1.

CONJUNTO DE COMPUERTAS

Un conjunto de puertas lógicas completo puede implementar cualquier función lógica (puertas AND, OR y NOT; AND y NOT; OR y NOT; puertas NAND y puertas NOR). Es completo si puede efectuar todas las puertas de otro conjunto completo. Esta equivalencia funcional es importante, dado que un tipo de compuerta lógica puede tener mejores características operativas que otro, según la tecnología utilizada.

La función booleana que realiza la compuerta **OR** (**O**) es la asociada a la suma, y, matemáticamente, la expresamos como **+**. Presenta un alto estado en su salida cuando al menos una de sus entradas también está en estado alto. En cualquier otro estado, la salida será 0. Tal como ocurre con las compuertas AND, el número de entradas puede ser mayor a dos.

La compuerta **NAND** (**NO Y**) es la negación de la compuerta AND. Cualquier compuerta lógica se puede negar agregando una compuerta NOT que realice esta tarea. Debido a que es una situación muy común, se han fabricado compuertas que ya están negadas internamente, como es el caso de la NAND. Esto modifica su tabla de verdad, y la salida solo será un 0 cuando todas sus entradas estén en 1. El número de entradas debe ser de dos, como mínimo, pero no nos será extraño encontrar NAND de tres o más entradas.

La compuerta **NOR** (**NO O**) es de forma similar a la NAND; una compuerta NOR es la negación de una compuerta OR, obtenida agregando una etapa NOT en su salida.

La salida de una compuerta NOR es 1 solamente cuando todas sus entradas son 0. Igual que en casos anteriores, la negación se expresa en los esquemas mediante un círculo en la salida. El número de entradas también puede ser mayor a dos.

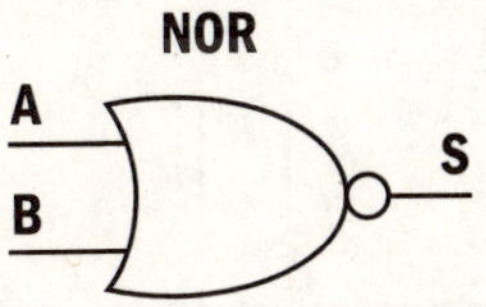

A	B	S
0	0	1
0	1	0
1	0	0
1	1	0

Figura 18. La compuerta **NOR** proporciona, a su salida, un 1 lógico solo cuando todas sus entradas están a 0. Constituye un conjunto completo de operadores.

Una compuerta **XOR** (**OR exclusiva**) realiza la función booleana de A'B + AB. Esta compuerta da como resultado 1 cuando los valores en las entradas son distintos (por ejemplo, en una puerta de dos entradas). Si la puerta tuviese tres o más entradas, la XOR tomaría la función de suma de paridad: cuenta el número de unos a la entrada y, si resulta un número impar, pone un 1 a la salida para que el número de unos pase a ser par. Esto se debe a que la operación XOR es asociativa.

Finalmente, mencionaremos la compuerta **NXOR** (**No** o **Exclusivo**), que no es más que una compuerta XOR con su salida negada, por lo que esta estará en estado alto solo cuando sus entradas sean iguales y, en estado bajo, para las demás combinaciones posibles.

La **máquina de Turing** es un dispositivo de reconocimiento de lenguajes que manipula símbolos de acuerdo con una tabla de reglas. A pesar de su simplicidad, puede ser adaptada para simular la lógica de cualquier algoritmo de computadora.

Dicha máquina tiene un control finito, una cabeza lectora y una cinta donde puede haber caracteres y donde, eventualmente, viene la palabra de entrada. La cinta es de longitud infinita hacia la derecha, hacia donde se extiende en forma indefinida, y los espacios se llenan con el carácter blanco. La cinta no es infinita hacia la izquierda, por lo que hay un cuadro de la cinta que es el extremo izquierdo; la cabeza lectora es de lectura y escritura, por lo que la cinta puede ser modificada en curso de ejecución. Además, la cabeza se mueve bidireccionalmente (izquierda y derecha), por lo que puede pasar repetidas veces sobre un mismo segmento de la cinta.

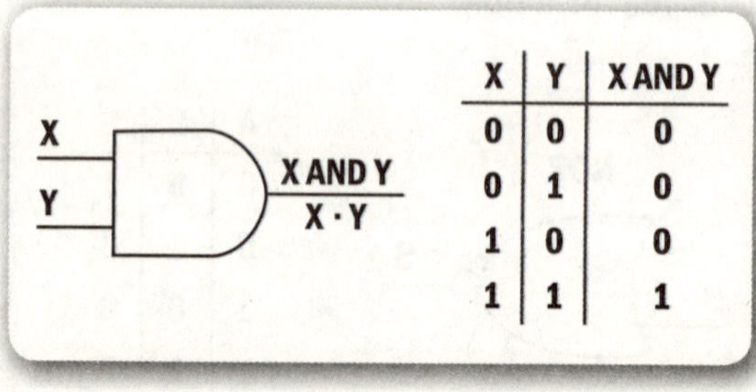

Figura 19. Conocida por su nombre en inglés **AND**, la compuerta **Y** realiza la función booleana de producto lógico. Su símbolo es un punto, aunque se suele omitir.

Este modelo está conformado por un alfabeto de entrada y uno de salida, un símbolo especial llamado blanco, un conjunto de estados finitos y un conjunto de transiciones entre dichos estados.
Su funcionamiento se basa en una función de transición, que recibe un estado inicial y una cadena de caracteres (la cinta, que es finita por la izquierda) pertenecientes al alfabeto de entrada. Luego va leyendo

una celda de la cinta, borrando el símbolo, escribe el nuevo símbolo perteneciente al alfabeto de salida y, por último, avanza a la izquierda o a la derecha (solo una celda a la vez), repitiendo esto según se indique en la función de transición, para finalmente detenerse en un estado final o de aceptación, que represente la salida.

La máquina de Turing consta de un cabezal lector/escritor y de una cinta infinita en la que el cabezal lee el contenido, borra el contenido anterior y escribe un nuevo valor. Las operaciones que se pueden realizar en esta máquina se limitan a: avanzar el cabezal lector/escritor hacia la derecha y avanzar el cabezal lector/escritor hacia la izquierda. El cómputo es determinado a partir de una tabla de estados de la forma: (estado, valor) (nuevo estado, nuevo valor, dirección)

> LAS COMPUERTAS LÓGICAS SE COMUNICAN ENTRE SÍ USANDO EL SISTEMA BINARIO: 0 Y 1

Esta tabla toma como parámetros el estado actual de la máquina y el carácter leído de la cinta, y da la dirección para mover el cabezal, el nuevo estado de la máquina y el valor que será escrito en la cinta.

Mediante este modelo teórico y el análisis de complejidad de algoritmos, fue posible la categorización de problemas computacionales de acuerdo con su comportamiento; así, aparece el conjunto de problemas denominados **P** y **NP**, cuyas soluciones en tiempo polinómico son encontradas según el determinismo y no determinismo, respectivamente, de la máquina de Turing.

De hecho, se puede probar en forma matemática que, para cualquier programa de computadora, es posible crear una máquina de Turing equivalente.

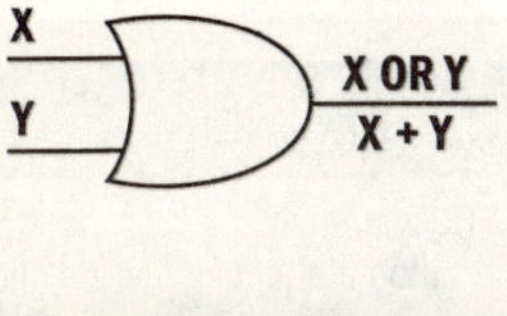

X	Y	X OR Y
0	0	0
0	1	1
1	0	1
1	1	1

Figura 20. Podemos definir la compuerta **OR** como aquella que proporciona a su salida un 1 lógico si, al menos una de sus entradas, está a 1.

Funcionamiento

Ahora nos preguntamos: ¿cómo funciona? Es un dispositivo que transforma un INPUT en un OUTPUT. Tanto el INPUT como el OUTPUT constan de números en código binario (ceros y unos). En su versión original, la máquina de Turing consiste en una cinta infinitamente larga con unos y ceros, que pasa a través de una caja. La caja es tan fina que solo el trozo de cinta que ocupa un bit (0 o 1) está en su interior. La máquina tiene una serie de estados internos finitos que también se pueden numerar en binario.

> UNA COMPUERTA LÓGICA ES LA EXPRESIÓN FÍSICA DE UN OPERADOR BOOLEANO

Para llevar a cabo algún algoritmo, la máquina se inicializa en algún estado interno arbitrario. A continuación, se pone en marcha, y la máquina lee el bit que se encuentra en ese momento en su interior; luego, ejecuta alguna operación con ese bit (lo cambia o no, dependiendo de su estado interno). Después, se mueve hacia la derecha o hacia la izquierda y vuelve a procesar el siguiente bit de la misma manera.

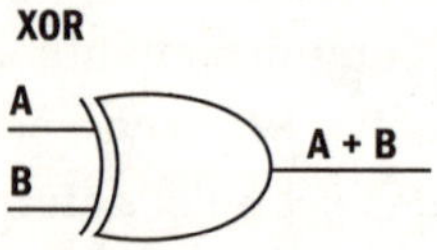

Entrada A	Entrada B	Salida A + B
0	0	0
0	1	1
1	0	1
1	1	0

Figura 21. La compuerta **XOR** es aquella que proporciona un 1 lógico, solo si las dos entradas son iguales. Es verdadero si ambos componentes tienen el mismo valor lógico.

MÁQUINA DE TURING

La **máquina de Turing** puede considerarse como un autómata capaz de reconocer lenguajes formales. Es capaz de reconocer los lenguajes recursivamente enumerables, de acuerdo a la jerarquía de Chomsky. Su potencia es, por tanto, superior a otros tipos de autómatas, como el autómata finito o el autómata con pila, o igual a otros modelos con la misma potencia computacional.

PAP: AHUYENTADOR DE MOSQUITOS

01 Observemos el diagrama circuital del ahuyentador: el corazón de este circuito consta de dos transistores NPN BC547, que se consiguen fácilmente en cualquier casa de electrónica.

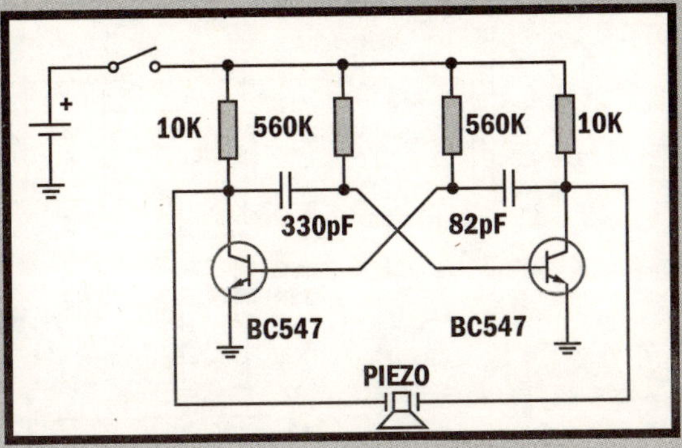

02 Veamos ahora cómo sería el diseño para PCB, de fácil implementación en un PCB virgen de 2,5 x 2,5 cm.

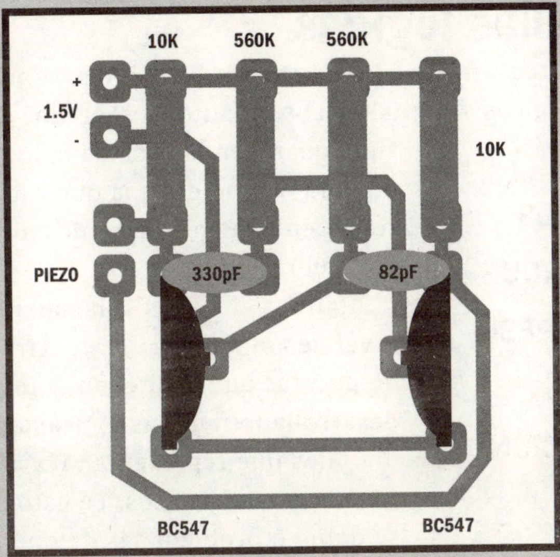

03 Ahora observemos el circuito PLUS. Se puede ver otro diseño de un ahuyentador; en este caso, implementado con un CI 555 en el que las resistencias regulan la oscilación del circuito.

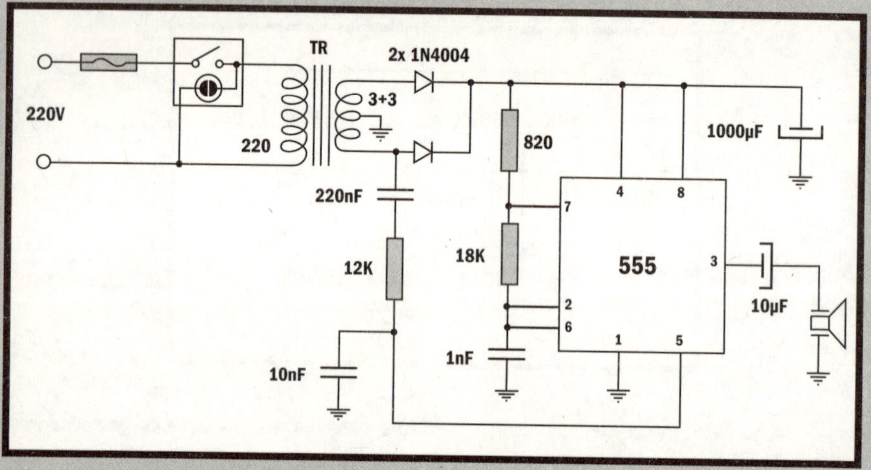

Familias lógicas

Los circuitos integrados, como ya sabemos, se pueden clasificar en analógicos y digitales. Los circuitos integrados digitales funcionan con la base de la lógica booleana o algebra de Boole, en la que cada operación es representada en electrónica digital por una compuerta lógica.

> LA FAMILIA TTL ES SATURANTE PORQUE SUS TRANSISTORES TRABAJAN EN CORTE-SATURACIÓN

Algunos circuitos son considerados por su nivel de complejidad, es decir, por el número de puertas que contienen, y los fabricantes han desarrollado familias lógicas de dispositivos digitales que representan 0 y 1 por medio de parámetros eléctricos. En estos dispositivos se definen propiedades de operación, como niveles de tensión y corriente, disipación de potencia, retardos de propagación, fan-out, entre otras.

Figura 22. Set de cuatro compuertas **NAND (TTL)**, una de las primeras diseñadas en el mercado de la electrónica digital. Más tarde, fueron remplazadas por las **NAND CMOS**.

Una **familia lógica** es un conjunto de circuitos integrados compatibles entre sí, que se alimentan con el mismo voltaje y entienden los mismos niveles lógicos. Como consecuencia, las salidas de las puertas pueden conectarse directamente a las entradas de otras puertas de la misma familia sin ningún problema de adaptación ni de comunicación.

Una familia lógica va a estar determinada por el tipo de componente con que está construida y por la estructura básica con que se construyen las compuertas lógicas, así como sus valores.

Según el diseño y el montaje del sistema digital, el tipo de transistor u otros componentes electrónicos utilizados, se conocen dos tipos de familias lógicas. Por lo general, el tipo de componente usado en la construcción del circuito lleva el nombre de la tecnología utilizada, y cada familia está formada por subfamilias.

La primera familia que mencionaremos es la **bipolar**; esta emplea transistores bipolares (BJT), resistencias y diodos, es decir, dispositivos de unión. De esta familia, la más representativa es la **familia TTL**.

La familia TTL es caracterizada por su rapidez. Es saturante porque los transistores que la forman trabajan en corte-saturación (conmutación). Esa corriente de base elevada lleva a que, cuando se desea pasar al corte, el exceso de carga acumulada en la base tarda en desalojarse, lo que contribuye a tiempos de conmutación mayores. Una de las mejoras introducidas en la familia TTL estándar es la utilización de un transistor de entrada multiemisor, que favorece el paso de saturación al de corte, retirando la carga almacenada en la base del transistor durante la saturación.

Figura 23. Decodificador de tres líneas (**HIGH-CMOS**) de rápida conmutación, muy utilizado en direccionamiento de memoria.

De esta familia surgen variadas series, como la **74Sxxx**; esta trata de evitar que los transistores alcancen el estado de saturación, reduciendo así el exceso de carga en la zona de base. De esta forma, tarda menos en conmutar de saturación a corte, aumentando considerablemente la velocidad. La serie **74LSxxx** es una mejora de la familia 74Sxxx, la cual obtenía un gran aumento de velocidad respecto de la TTL estándar, a costa del aumento de las corrientes circulantes por las puertas.

La segunda familia por nombrar es la **MOSFET**. Esta familia emplea transistores MOSFET (transistores de efecto campo). Las más representativas son las familias NMOS, PMOS y CMOS. Puntualmente, hablaremos de la familia CMOS.

MÁRGENES DE RUIDO

El ruido es una fluctuación no deseada de la tensión real de una señal lógica ocasionada por la variación en la alimentación, perturbaciones electromagnéticas externas, etcétera. Si los niveles de tensión están muy próximos entre sí, sería relativamente fácil que una variación en la tensión provocada por ruido pase de un estado lógico a otro, o se quede en la zona de transición.

Existen varias series en la familia CMOS de circuitos integrados digitales. La serie **4000** y la **14000** fueron las primeras. También existe la serie **74C**, cuya característica principal es ser compatible terminal por terminal y función por función con los dispositivos TTL. Esto hace posible reemplazar algunos circuitos TTL por un diseño equivalente CMOS.

La serie **74HC** está integrada por los CMOS de alta velocidad, que tienen un incremento de diez veces en la velocidad de conmutación. La serie **74HCT** es también de alta velocidad y compatible en lo que respecta a los voltajes con los dispositivos TTL.

Los voltajes de alimentación en la familia CMOS tienen un rango muy amplio; estos valores van de 3 a 15 V para los 4000 y los 74C, y de 2 a 6 V para los 74HC y 74HCT.

Por lo tanto, los márgenes de ruido se pueden determinar y llegan a ser de 1,5 V. Esto es mejor que los TTL, ya que los CMOS pueden ser utilizados en medios con mucho más ruido. Los márgenes de ruido pueden hacerse todavía mayores si aumentamos el valor de VDD, ya que es un porcentaje de este.

En lo que concierne a la disipación de potencia, tenemos un consumo de potencia de solo 2,5 nW cuando VDD = 5 V y, cuando VDD = 10 V, la potencia consumida aumenta a solo 10 nW.

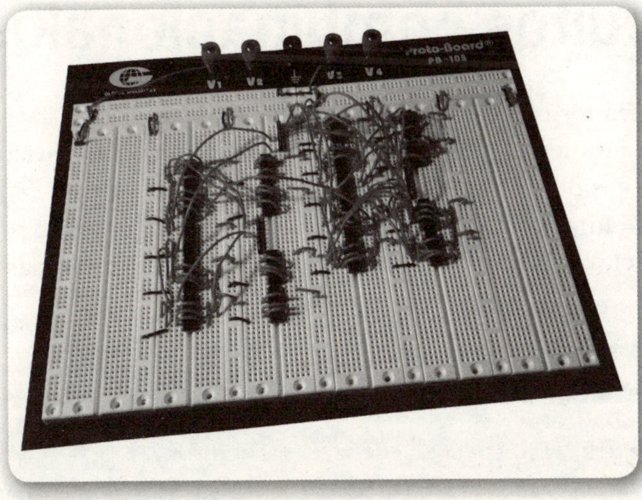

Figura 24. Full Adder de 4 bits implementado mediante compuertas lógicas del tipo CMOS y montado sobre un protoboard. Hoy en día, todo esto se implementa en un CI.

Sin embargo, la disipación de potencia será baja mientras estemos trabajando con corriente directa. La potencia crece en proporción con la frecuencia. Una compuerta CMOS tiene la misma potencia de disipación en promedio que un 74LS en frecuencia de alrededor de 2 a 3 MHz.

Otra característica muy importante que debemos considerar siempre es que las entradas CMOS nunca deben dejarse desconectadas; todas tienen que estar conectadas a un nivel fijo de voltaje, porque los CMOS son, al igual que los MOS, muy susceptibles a cargas electrostáticas y ruido, lo que podría dañar los dispositivos.

El **fan-out** se define como el máximo de compuertas lógicas que pueden conectarse a la salida de otra compuerta lógica, esto es: si una compuerta posee un fan-out igual a 10, se podrán conectar, como máximo, diez compuertas a la salida de esta. El fan-out es una característica especificada por cada fabricante de dispositivos lógicos. Es un parámetro muy importante para tener en cuenta, ya que excederlo podría dañar de forma irreversible el dispositivo lógico. La familia CMOS posee un fan-out generalmente diez veces mayor que el de la familia TTL; esto se debe al bajo consumo de corriente (uA) de la familia CMOS respecto de la TTL (mA).

Circuitos combinacionales

Los circuitos combinacionales son circuitos lógicos, en los cuales el estado de sus salidas depende de la combinación de los valores instantáneos de sus respectivas entradas.

Por lo tanto, se denomina sistema combinacional o lógica combinacional a todo sistema digital en el que sus salidas son

TIPOS DE SALIDA

La salida **Totem Pole** consiste en dos transistores que se activan excluyentemente; no pueden conectar dos o más salidas a un mismo punto. La salida en **colector abierto** deja el conductor del transistor conectado al terminal de salida y habrá que conectar una resistencia externa de colector. La salida **triestado** tiene un terminal que habilita/deshabilita la salida con alto–bajo–alta impedancia.

función exclusiva del valor de sus entradas en un momento dado, sin que intervengan, en ningún caso, los estados anteriores de las entradas o de las salidas.

Generador y detector de paridad

Este tipo de circuitos lógicos es muy utilizado y necesario en la transmisión de datos digitales, y nos permite verificar la fiabilidad de la información enviada. Cuando trasmitimos y recibimos datos, es necesario comprobar si hubo algún error en la información enviada. Para esto, se chequean, mediante algunos mecanismos o métodos, los bits transmitidos, para corroborar si encontramos cambios en algunos de ellos. Existe el método de generación que verifica la paridad par o impar del código enviado. Este método consiste en generar, mediante un circuito lógico, un bit con paridad par o impar en el dato que queremos transmitir y, luego, chequear en el receptor que la suma de los bits que conforman el dato concuerde con lo predefinido en el transmisor.

En el circuito lógico que utilizaremos para detectar algún error en la información enviada, vamos a aplicar el uso de las compuertas lógicas; precisamente, las compuertas OR exclusivo o XOR, que contienen la siguiente tabla de verdad y su respectivo símbolo:

LOS CIRCUITOS CHEQUEAN LA INFORMACIÓN Y DETECTAN ERRORES PRODUCIDOS EN ELLA

X	y	XOR
0	0	1
0	1	0
1	0	0
1	1	1

Como podemos observar, N compuertas XOR pueden conectarse en cascada y así formar un circuito de n entradas y una sola salida. De esta forma, podemos diferenciar los circuitos de paridad impar como aquellos cuya salida es 1 si un número impar de sus entradas es 1. Si la salida de cualquier circuito es invertida, se obtiene un circuito de paridad par, que se caracteriza porque su salida es 0 si un número par de sus entradas es 1.

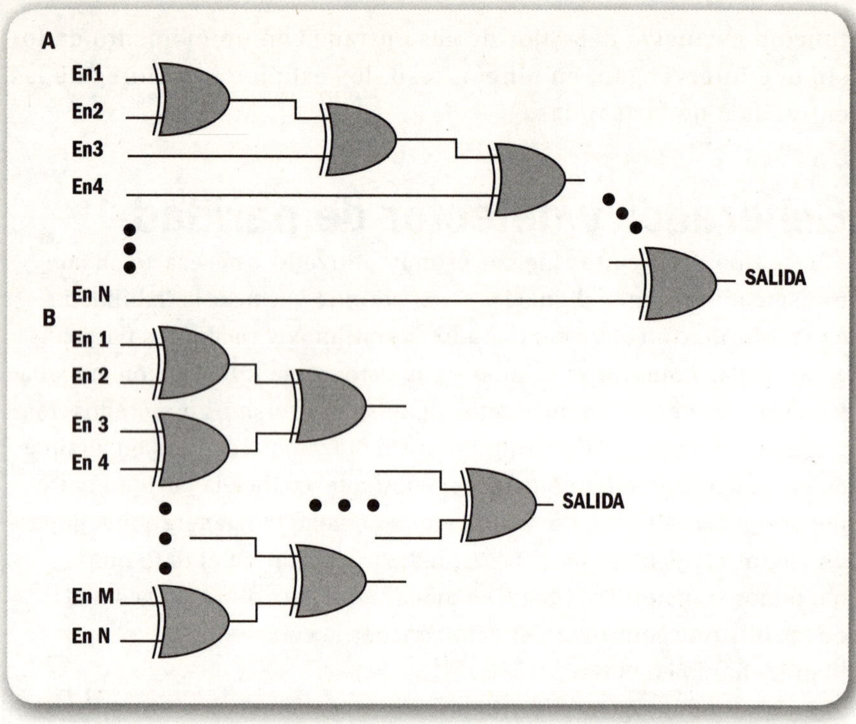

Figura 25. Dos modelos de circuito con paridad impar; el circuito B es mucho más rápido ya que posee una estructura en árbol.

Observemos un ejemplo en el cual verificaremos tres bits mediante un circuito lógico. Para eso, realizamos la siguiente tabla de verdad:

X0	X1	X2	Fp	Fi
0	0	0	0	1
0	0	1	1	0
0	1	0	1	0
0	1	1	0	1
1	0	0	1	0
1	0	1	0	1
1	1	0	0	1
1	1	1	1	0

El circuito de la figura también es utilizado como receptor para verificar la paridad de un dato. Es necesario acoplar dos de estos circuitos para obtener, al final, un sistema de generación y verificación de paridad.

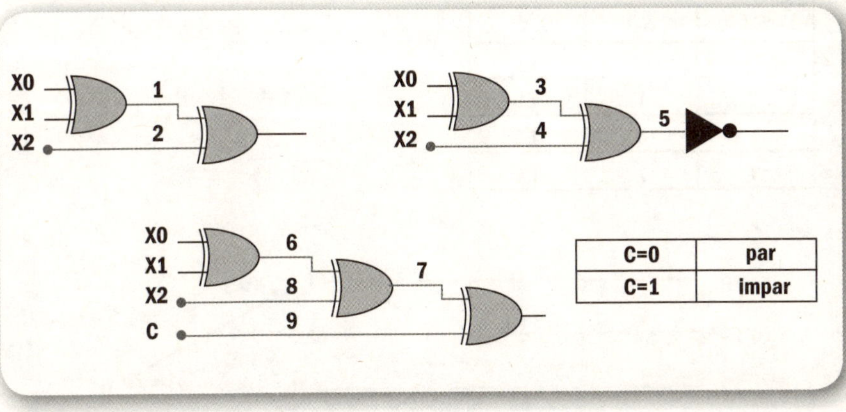

Figura 26. Sumamos la señal de control C que, en cero lógico, genera una función par y, cuando toma el valor uno lógico, genera la función impar.

Multiplexor y demultiplexor

Los **multiplexores** son dispositivos que poseen varias señales de entrada y una sola señal de salida que toma el mismo valor que el de una entrada seleccionada. Se lo podría interpretar básicamente como una llave rotativa que selecciona una entrada.

Un multiplexor posee señales de habilitación o de selección, que son las encargadas de seleccionar el valor de una de las entradas que se transmitirá a la salida. Por ejemplo, un multiplexor de ocho líneas de entrada necesita, como mínimo, tres señales de selección. En cambio, un multiplexor de cuatro líneas necesita dos señales de habilitación y posee la siguiente tabla de verdad:

> LAS LÍNEAS DE HABILITACIÓN HACEN QUE LA LÍNEA DE SALIDA TRANSMITA LA SEÑAL DE ENTRADA

INTEGRADOS

En vez de construir circuitos de paridad lógicos con compuertas XOR discretas, es más económico colocar todas estas compuertas dentro de un encapsulado MSI que dispone de las entradas y salidas necesarias en terminales externas. Uno de estos integrados es el conocido 74x280, que permite controlar 9 bits de paridad y que posee nueve entradas y dos salidas.

S1	SO	Y
0	0	L1
0	1	L2
1	0	L3
1	1	L4

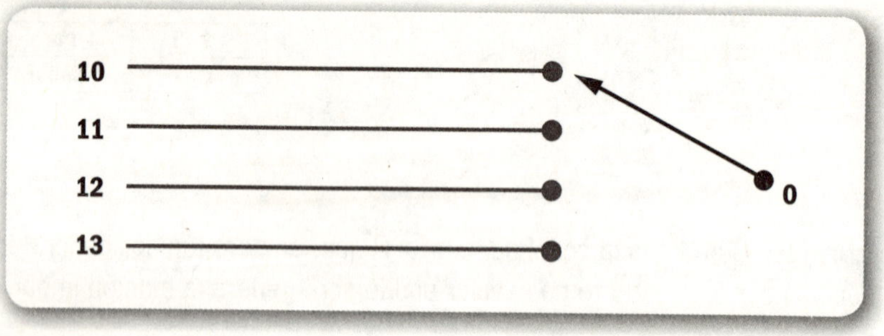

Figura 27. Este es un esquema en bloque de un multiplexor de cuatro entradas y dos líneas de selección. Solo sirve para señales digitales.

El tamaño de un multiplexor comercial no posee un límite en la cantidad de líneas de entrada que puede tener, ya que estos se expanden en una típica configuración tipo árbol, donde conectamos tres o más multiplexores en forma conjunta. Por ejemplo, si contamos con cinco multiplexores de cuatro líneas de entradas cada uno, mediante las conexiones correspondientes, podemos tener un dispositivo de 16 líneas de entrada.

Los **demultiplexores** son dispositivos que realizan la función inversa a las de un multiplexor: reciben una única señal de entrada que aplican a una de sus varias salidas, aquella que fue seleccionada para recibirla. Podemos interpretarlo como una entrada que elige un camino de salida entre varias opciones.

En el uso real del demultiplexor, al igual que en el del multiplexor, se utilizan líneas de habilitación que permiten a la línea de salida transmitir la señal de entrada. Los fabricantes de circuitos integrados generan internamente esta señal de habilitación con ayuda de un decodificador que se encarga de recibir los códigos que corresponden a cada salida del demultiplexor.

La relación que existe entre las líneas de selección y las líneas de entrada en el multiplexor y las de salida en un demultiplexor está dada por la siguiente ecuación:

$P = 2^q$, donde **P** corresponde a las salidas o entradas y **q**, a la cantidad de líneas de selección.

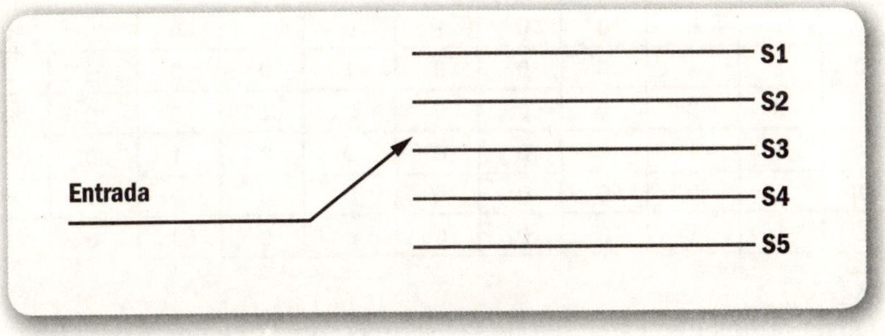

Figura 28. Las líneas de salida están limitadas por la cantidad de líneas de habilitación que disponemos. El demultiplexor de la imagen es 4x2.

Codificador y decodificador

Los **decodificadores** son dispositivos con una circuitería lógica en los cuales sus entradas presentan una combinación de ceros y unos, que identifican y seleccionan a una de las varias salidas que poseen. Las salidas que son seleccionadas pasarán a un nivel activo, y todas las salidas restantes que no fueron seleccionadas pasarán a un nivel inactivo. Las líneas de entrada también son llamadas **líneas de selección o de dirección**.

Un decodificador que posee ocho salidas necesitará tener, al menos, tres entradas de selección para que, a partir del estado de estas entradas, pueda identificarse una salida. Un decodificador con estas características se denomina **decodificador de 3 líneas a 8**. La tabla de verdad que corresponde a este tipo de dispositivo es la siguiente:

MUX Y DEMUX ASOCIADOS

Los demultiplexores se asocian a multiplexores. Esto resuelve el problema de tener, en un equipo digital, varias unidades que transmitan información a varias unidades receptoras. Por lo tanto, se utiliza un MUX para seleccionar la señal proveniente de un trasmisor y colocarla en una línea, y un DEMUX para seleccionar un receptor para recibir dicha información.

A2	A1	A0	O0	O1	O2	O3	O4	O5	O6	O7
0	0	0	1	0	0	0	0	0	0	0
0	0	1	0	1	0	0	0	0	0	0
0	1	0	0	0	1	0	0	0	0	0
0	1	1	0	0	0	1	0	0	0	0
1	0	0	0	0	0	0	1	0	0	0
1	0	1	0	0	0	0	0	1	0	0
1	1	0	0	0	0	0	0	0	1	0
1	1	1	0	0	0	0	0	0	0	1

Observamos que cada una de las salidas toma el valor 1 para una única combinación de entrada.

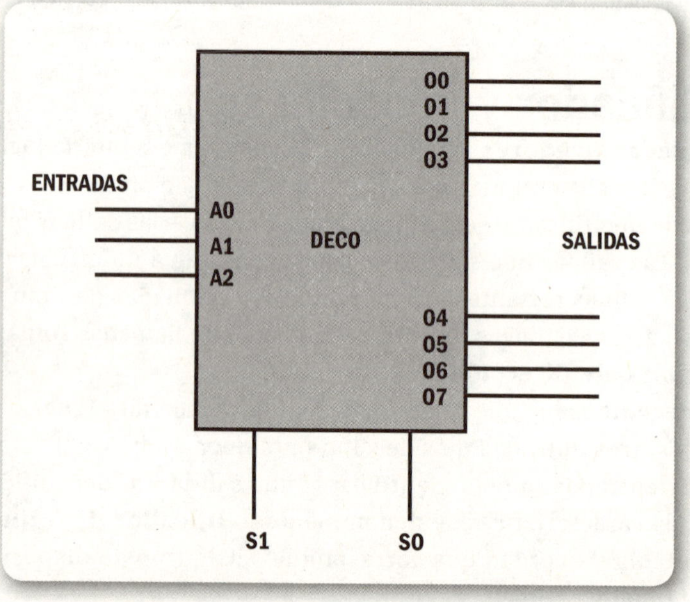

Figura 29. Un decodificador de 3 líneas a 8. Este responde a la ecuación $p = 2^q$, donde **p** es líneas de salida, y **q** es líneas de selección.

Los **codificadores** realizan la función contraria de los decodificadores. Poseen varias entradas de las cuales solo una va a estar en el estado de activo y, en los terminales de salida, aparece la combinación binaria que identifica a la única entrada activa. Por ejemplo, un codificador de 8 líneas a 3 presenta la siguiente tabla de verdad:

I0	I1	I2	I3	I4	I5	I6	I7	A2	A1	A0
1	0	0	0	0	0	0	0	0	0	0
0	1	0	0	0	0	0	0	0	0	1
0	0	1	0	0	0	0	0	0	1	0
0	0	0	1	0	0	0	0	0	1	1
0	0	0	0	1	0	0	0	1	0	0
0	0	0	0	0	1	0	0	1	0	1
0	0	0	0	0	0	1	0	1	1	0
0	0	0	0	0	0	0	1	1	1	1

Podemos observar que esta tabla de verdad de 8 entradas independientes requiere 256 renglones, pero, teniendo en cuenta que solo una entrada puede estar activa, las posibilidades son solo ocho.

Un codificador que podemos encontrar en el mercado y que posee las características del antes descripto, es decir, 8 líneas de entrada a 3 de salida, es el 74x148, que posee todas sus entradas y sus salidas activas en bajo. Se deberían invertir los valores de la tabla de verdad antes expuesta.

Conversores de código

El **conversor de códigos** es un circuito combinacional lógico utilizado en los sistemas digitales. Como sabemos, las máquinas manejan el lenguaje de ceros y unos que es difícil de entender para las personas. Por esta razón, necesitamos los conversores de códigos para traducir el lenguaje de máquina al lenguaje de los humanos y viceversa. Entre los códigos más utilizados y conocidos, podemos nombrar: BCD, octal, hexadecimal, decimal, etcétera.

Podemos desarrollar un conversor de códigos con el uso de dos dispositivos anteriormente vistos: el decodificador y el codificador. Citamos un ejemplo: podemos tener un código BCD recibido por un decodificador que, en sus salidas, habilitará en total diez salidas (S0-S9) que representarán los números decimales; estas salidas se colocarán en las entradas de un codificador de siete segmentos. Hemos realizado, así, la conversión de código BCD a uno de siete segmentos.

La función básica de un conversor consiste en realizar la transformación de un código de **n** bits en otro de **m** bits, que pueden ser independientes uno del otro.

Otro conversor muy utilizado es el conversor de BCD a 7 segmentos. El código BCD es representado con 4 bits y hace su analogía con los diez dígitos decimales como si fueran binarios naturales. Es decir, cada símbolo decimal se sustituye por su correspondiente binario natural. Y el código de 7 segmentos es aquel que se utiliza para encender los displays, muy utilizados en electrónica. Observamos la tabla de verdad que corresponde a un conversor de este tipo:

A	B	C	D	a	b	C	d	e	F	g
0	0	0	0	1	1	1	1	1	1	0
0	0	0	1	0	1	1	0	0	0	0
0	0	1	0	1	1	0	1	1	0	1
0	0	1	1	1	1	1	1	0	0	1
0	1	0	0	0	1	1	0	0	1	1
0	1	0	1	1	0	1	1	0	1	1
0	1	1	0	1	0	1	1	1	1	1
0	1	1	1	1	1	1	0	0	0	0
1	0	0	0	1	1	1	1	1	1	1
1	0	0	1	1	1	1	0	0	1	1

Podemos advertir que solo utilizamos las diez primeras combinaciones del código BCD; las seis restantes pueden ser utilizadas por el usuario para representar algún símbolo que necesite.

Comparadores

Los **comparadores** son dispositivos que en sus entradas reciben dos números, generalmente binarios, e informan a su salida el resultado de la comparación entre estos números recibidos. Esta actividad es muy utilizada en sistemas de cómputos y en la interfaz de dispositivos.

Podemos tener, por ejemplo, un comparador que dispone de hasta seis salidas para indicar si es verdadero o falso el resultado de las siguientes comparaciones entre A y B.

A > B
A = B
A < B
A ≤ B

A ≠ B
A ≥ B

Se observa que, de las seis combinaciones posibles, las tres últimas son opuestas a las tres primeras.

Un comparador de magnitudes de dos bits que tenga en sus salidas los resultados de mayor, menor o igual presentaría la siguiente tabla de verdad:

A	B	A>B	A<B	A=B
0	0	0	0	1
0	1	0	1	0
1	0	1	0	0
1	1	0	0	1

Un comparador de magnitud interpreta las palabras de entradas como números con signo o sin signo y, también, indica una relación aritmética.

Entre los comparadores comerciales podemos encontrar el 74x682 y el 74x85. El primero es un comparador de magnitud de 8 bits, con salida de mayor e igual únicamente, activas en bajo. El 74x85 es un comparador de magnitud 4 bits y posee la cualidad de tener, además de las salidas de mayor y menor, una salida de igual realizada mediante una compuerta NOR a partir de la salida de mayor y menor.

RESUMEN

En este capítulo, vimos los sistemas de numeración decimal, octal, hexadecimal y binario, distintos sistemas binarios como Gray, BCD y exceso 3, y la forma de realizar conversiones entre los diferentes sistemas. Luego nos enfocamos en la lógica binaria y el álgebra de Boole. Para esto, fue necesario conocer algunos axiomas y teoremas fundamentales que nos llevaron a entender y trabajar con circuitos digitales. Vimos también software de simulación de circuitos digitales y sus funciones principales. Además, explicamos las compuertas lógicas, sus tablas de verdad, simbología y características, y la combinación de compuertas para armar circuitos lógicos más complejos. Esto nos llevó a tener que comprender las familias lógicas más comunes, sus diferencias y características. También conocimos los Mapas de Karnaugh, una excelente herramienta para trabajar con las compuertas lógicas y, finalmente, vimos los circuitos combinacionales, sus usos, diagramas, tablas de verdad y circuitos.

Actividades

TEST DE AUTOEVALUACIÓN

1	¿Cómo está conformado el **sistema decimal**?
2	¿Cuál es el sistema numérico más utilizado en el mundo de la computación?
3	¿Cuál es la principal diferencia entre el **código binario** y el **código Grey**?
4	¿Cómo funcionan y para qué sirven los **mapas de Karnaugh**?
5	¿Qué son las **compuertas lógicas**, cuáles son las principales y qué funciones booleanas realizan?
6	¿Qué es la **máquina de Turing** y qué tipo de reconocimientos realiza?
7	¿Por qué tipos de criterio son clasificados los **circuitos**?
8	¿Qué es una **familia lógica** y cuáles son las más relevantes?
9	¿Cómo podemos definir un **circuito combinacional**?
10	¿Para qué sirve un **conversor de código**?

*02

Técnicas digitales aplicadas

Veremos aplicaciones y usos más complejos de las técnicas digitales, los circuitos secuenciales, los conceptos de registro, contadores sincrónicos y asincrónicos, y las llamadas máquinas de Mealy y Moore. Además, analizaremos los osciladores, la lógica programable, CPLD y FPGA, y veremos software específico para la electrónica digital, que funciona de manera análoga a la simulación de circuitos.

▼ **Memorias de un bit..................56**

Circuito..59

Registro y contador..........................61

▼ **Circuitos secuenciales.............62**

Introducción a los contadores 65

Máquina de Mealy y de Moore 67

▼ **Conversores AD........................69**

Oscilador..78

Configuración interna del 555..........81

▼ **Lógica programable.................82**

Software para electrónica digital.....85

FPGA y lógica programable.............87

Dispositvo semiconductor FPGA 88

▼ **Resumen..................................91**

▼ **Actividades..............................92**

Memorias de un bit

De acuerdo a la cantidad de estados estables, un multivibrador recibe distintos nombres; si tiene dos estados estables, se denomina **multivibrador biestable** o **flip-flop**. A un multivibrador con un estado estable único, lo conocemos como **multivibrador monoestable**, y uno que no tiene ningún estado estable y cambia de forma permanente es un **astable** u **oscilador de ondas cuadradas**.

Un elemento básico de memoria, el **multivibrador biestable**, **biestable** o **flip-flop** (en inglés, **Latch**), tiene dos estados estables y, a partir de estos elementos básicos de memoria, construimos otros más complicados, como registros de desplazamiento y contadores. De acuerdo a la lógica utilizada y al tipo de disparo, tenemos cuatro tipos principales de flip-flop conocidos como **RS**, **JK**, **D** y **T**. En un biestable podemos realizar un cambio de estado por nivel de tensión o por cambio entre niveles lógicos (disparo por flanco). También, de modo sincrónico, mediante pulsos de reloj, o asincrónicamente si las salidas cambian solo cuando cambian las entradas.

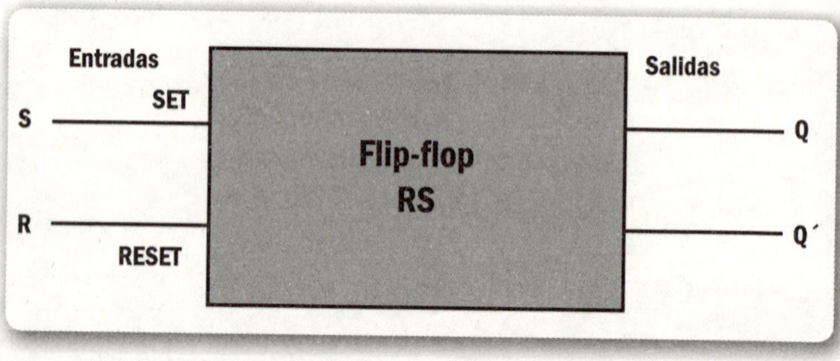

Figura 1. El esquema general de un **flip-flop RS** muestra sus entradas, denominadas **S** (**Set**) y **R** (**Reset**), de las que deriva su nombre, y dos salidas **Q** y **Q'** (inversa de **Q**).

ESTADO METAESTABLE

Ocurre cuando las entradas toman valores inválidos. Las salidas Q y Q' pueden comportarse de manera inestable, lo que requiere de medidas en el diseño digital. Se evita manteniendo constantes las entradas durante un tiempo antes y después del pulso de reloj, **setup time (tsu)** y **hold time (th)** respectivamente.

S	R	Q	Q´
0	0	memoria	
0	1	0	1
1	0	1	0
1	1	prohibido	

Figura 2. Tabla de verdad con el comportamiento de un flip-flop RS, en la que observamos los valores de las salidas en función de la combinación binaria de las entradas.

Explicamos el funcionamiento de un flip-flop RS con una tabla de verdad, considerando la realimentación de salidas a entradas. En el estado **SET**, **S = 1** y **R = 0**, **Q' = 0** y con **R = 0**, **Q = 1**. En el estado **RESET**, **S = 0** y **R = 1** ocurre lo contrario: **Q = 0** y **Q' = 0**. Si ahora **S = 0** y **R = 0**, el biestable RS se comporta como una memoria elemental de un bit que conserva la última configuración de salida. Finalmente, si **S = 1 y R = 1**, las salidas Q y Q' tomarían el valor 0, valor prohibido, puesto que el estado de Q y Q' debe ser inverso.

Un flip-flop RS asíncrono contiene dos puertas NOR que realimentan las salidas entre sí y que se modificarán ante cambios en las entradas. Así, representamos cualquier tipo de flip-flop mediante símbolos específicos; para un flip-flop RS, por ejemplo, empleamos un rectángulo especial.

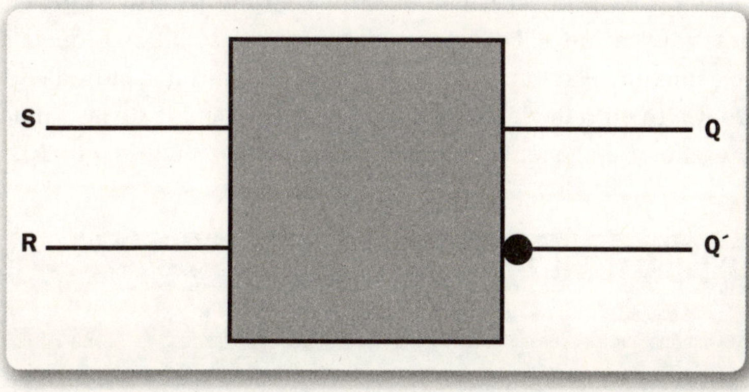

Figura 3. Simbolizamos un **flip-flop RS** mediante un rectángulo que contiene las entradas **S (Set)** y **R (Reset)**, y las salidas **Q** y **Q'**, representadas con un círculo pequeño.

Un flip-flop asíncrono tiene algunas desventajas; entre ellas, la posibilidad de generar estados de salida ambiguos, baja inmunidad al ruido y sensibilidad a las carreras lógicas (problema frecuente en circuitos con relés en los que, cuando varias señales lógicas indican cerrar simultáneamente varios relés, los más rápidos cierran primero sus contactos y los más lentos lo hacen un tiempo después; por eso, durante ese lapso, el circuito lógico se descontrola y se torna impredecible el resultado final).

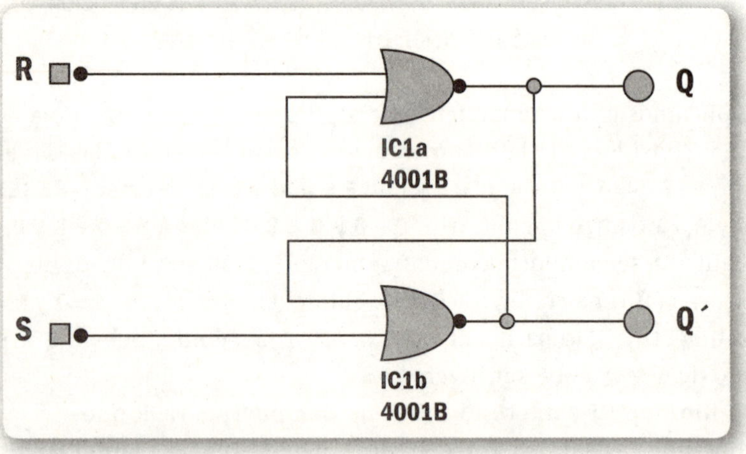

Figura 4. Flip-flop RS asíncrono construido mediante compuertas **NOR**, donde observamos las entradas **R** (**Reset**) y **S** (**Set**), y las salidas **Q** y **Q'**.

De esto proviene la necesidad de utilizar **flip-flops síncronos** en diferentes aplicaciones. Podemos construir un biestable síncrono a partir de uno asíncrono. Para un flip-flop RS, incorporamos una entrada de disparo (C). La entrada de disparo (C) permite el cambio de las salidas si está presente y, en general, proviene de un **reloj** (en inglés, **clock**).

TRATAMIENTO DE LA INFORMACIÓN

Podemos tratar la información almacenada de diferentes modos: podemos introducirla y extraerla en serie, introducirla y obtenerla en paralelo, o una combinación de ambas. Si cada flip-flop almacena 1 bit de información, un registro de desplazamiento almacenará la información correspondiente a n bits. Por ejemplo, para almacenar 1 byte (8 bits), vinculamos ocho flip-flops en serie.

En los biestables síncronos, también se produce el estado metaestable si una de las entradas del flip-flop está cambiando cuando llega el pulso de reloj a la entrada del mismo nombre.

Circuito

El **circuito electrónico** encargado de generar los pulsos de reloj es el **multivibrador astable**. Como su nombre lo indica, no tiene estados estables, por lo que es capaz de generar una señal de reloj u onda cuadrada, es decir, una sucesión continua de niveles altos (1) y bajos (0) de tensión que se repiten en el tiempo. Si definimos la frecuencia de oscilación del astable mediante un circuito RC externo, el circuito electrónico se conoce como **oscilador RC** (Resistencia-Condensador).

La **onda cuadrada** resultante del oscilador tiene un período T, que es la suma de dos períodos T1 y T2. Si T1 = T2, la onda cuadrada es simétrica, y, si son diferentes, la onda cuadrada resultante es asimétrica.

PODEMOS CONSTRUIR UNA MEMORIA DE UN BIT CON UN FLIP-FLOP RS

La ventaja de un **oscilador astable RC** reside en la simplicidad, mientras que la mayor desventaja es la estabilidad, del orden de 0,1%. Esto implica que, si estamos generando una onda cuadrada de 1 KHz (1000 Hz), la frecuencia real de la onda estará comprendida entre 1000 Hz – 0,1 % de 1000 Hz y 1000 Hz + 0,1 % de 1000 Hz, es decir, entre 999 Hz y 1001 Hz, un rango de frecuencias demasiado grande para circuitos digitales que requieran de una señal de reloj más estable, la que logramos si recurrimos al uso de un oscilador controlado mediante cristal de cuarzo.

Del mismo modo, podríamos construir un oscilador astable mediante el conocido 555, que utiliza tecnología de transistores bipolares, es compatible con lógica TTL y CMOS y funciona con amplias condiciones de tensión de alimentación (desde 4.5 V hasta 18 V). El ciclo de trabajo, es decir, la relación entre los períodos de la onda cuadrada cuando está en alto y cuando está en bajo (D%), depende de los valores de las resistencias utilizadas. Para un ciclo de trabajo del 50 %, tenemos que seleccionar cuidosamente los valores de estas resistencias.

C	D	Q	Q´
0	0	memoria	
0	1		
1	0	0	1
1	1	1	0

Figura 5. Representación de un flip-flop D mediante la tabla de verdad. La entrada de reloj es una onda cuadrada que cambia de nivel alto a nivel bajo en forma constante.

Finalmente, además de las alternativas mencionadas, podemos utilizar otros circuitos integrados como, por ejemplo, generadores de pulsos de reloj, como el conocido CD 4047B (CMOS), configurable tanto astable como monoestable, o el circuito integrado especializado XR-2240, capaz de generar distintas formas de onda (entre otras, ondas cuadradas).

Otro tipo de biestable ampliamente utilizado es el **flip-flop D**, basado en el flip-flop RS síncrono, con algunas modificaciones. Podemos comprender el funcionamiento de un flip-flop D con la tabla de verdad, y la relación entre entradas y salidas del biestable.

Un **flip-flop JK** permite modificar la condición de indeterminación de sus salidas cuando la entrada R y la entrada S están en 1. Para ello, modificamos el flip-flop RS asíncrono, agregando dos compuertas AND y dando origen a dos nuevas entradas llamadas **J** y **K**. Si incorporamos un detector de flanco al flip-flop JK asíncrono, lo transformamos en un flip-flop JK síncrono disparado por flancos. Además de salvar la indeterminación existente en un flip-flop RS cuando S = R = 1, tenemos una entrada de reloj, C, que recibe la señal de reloj para sincronización.

FLIP-FLOP T

Utilizamos un multivibrador biestable T en contadores y divisores. Una de sus aplicaciones más importantes es en la construcción de divisores de frecuencia, cuya utilidad reside en que, partiendo de una señal de reloj de una frecuencia determinada, se obtienen diferentes señales de frecuencias menores para utilizar en la sincronización de otros circuitos electrónicos digitales.

Obtenemos un **multivibrador T** síncrono a partir de otros flip-flops; por ejemplo, utilizando un flip-flop JK con sus entradas J y K unidas para obtener el nuevo flip-flop.

A diferencia de otros flip-flops, un multivibrador T (en inglés, **toggle**) nos permite modificar el estado de las salidas frente a variaciones en sus entradas, y un flip-flop T construido a partir de un flip-flop RS puede utilizarse en contadores y divisores, entre otros dispositivos.

Un circuito integrado TTL que nos permite construir un divisor de frecuencia por dos es el 7473, que contiene dos flip-flops JK. Uniendo las entradas J y K, obtenemos un flip-flop T y, conectándolo a + V (5 volt) –es decir, 1 lógico–, obtenemos un divisor por dos.

De esta manera, por cada dos pulsos de reloj que logran ingresar a la entrada de reloj, obtenemos como resultado un pulso en cada una de las salidas del CI 7473.

Registro y contador

Un **registro de desplazamiento** (en inglés, *shift register*) tiene n células básicas de memoria –RS o JK– que almacenan información.

Un registro de desplazamiento es una memoria de acceso secuencial serie tanto para su lectura como para su escritura.

Un contador binario es una aplicación que utiliza flip-flop y puede contar todos los pulsos recibidos en una entrada específica.

El conteo se muestra en un código binario determinado; si, por ejemplo, agregamos un decodificador BCD a 7 segmentos, podemos leerlo en un display.

Los contadores utilizan flip-flops JK, RS, D y T.

Existen dos tipos de contadores: uno serie (o asíncronos) y otro paralelo (o síncronos).

En un contador asíncrono, cada flip-flop activa al siguiente; mientras que, en un síncrono, los flip-flops cambian al mismo tiempo. Un contador puede ser ascendente, si se incrementa el valor contado con la llegada de pulsos, o descendente, en caso contrario. El circuito integrado 7490 contiene cuatro flip-flops JK síncronos y, a la salida, nos entrega una combinación de 4 bits en código BCD.

Un flip-flop JK asíncrono corrige la indeterminación en los flip-flops RS con las entradas R y S en 1; así, evita estados prohibidos.

Circuitos secuenciales

Como sabemos, es común en los circuitos digitales la necesidad o la función de almacenar, en forma temporaria, cierta información. Para que quede más claro el concepto que detallaremos más adelante, supongamos que, por ejemplo, un equipo genera una información que tiene como destino otro equipo; si este segundo equipo no está disponible en ese momento, se debe colocar en el camino de ambos equipos un almacenamiento temporario, que permita retener esta información y liberar al primer equipo para que siga trabajando con normalidad. Este tipo de almacenamiento temporario se denomina **registro**.

La cantidad de información que puede almacenar un registro se suele indicar según la cantidad de bits que va a almacenar. Los registros poseen un biestable D o un flip-flop para almacenar cada bit por separado, por lo que el número de estos iguala a la cantidad de bits que manejamos.

A su vez, los registros se clasifican en: registros de entrada en paralelo y salida en paralelo, y registros de desplazamiento.

La forma más fácil de hacer un registro de entrada en paralelo y salida en paralelo es usando un conjunto de biestables D con habilitación conjunta por una única señal de habilitación. Este utiliza cada biestable para almacenar cada bit.

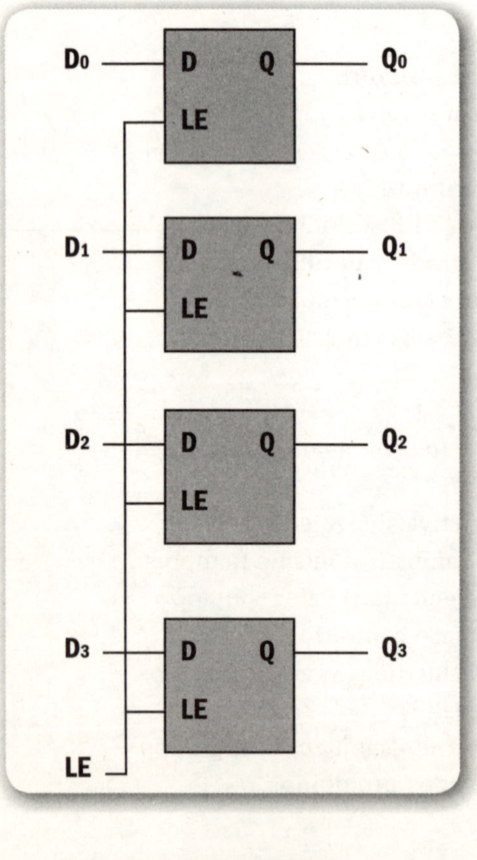

Figura 6. Cuando está presente la señal (LE), el latch ordena su carga en paralelo de los datos. Cada biestable recibe el dato y lo manda a la salida por acción transparente.

Los **registros de desplazamiento** son dispositivos que trabajan de forma sincrónica, cuya configuración más básica es la de entrada serie y salida serie. Se caracterizan por estar fromados por conjuntos de flip-flops en cadena y conectados de tal forma que todos comparten los mismos pulsos de reloj.

De esta manera, la conexión permite que los pulsos de reloj que reciben todos los flip-flops ingresen en forma de transmisión serie el bit presente en la entrada serie, cuya información se guarda en el primer flip-flop. Para no perder su información, transfiere esta información al flip-flop siguiente y este, al siguiente, y así sucesivamente. Concretamente, podemos decir que el ingreso de un
bit comandado por el reloj ocasiona un desplazamiento de la información almacenada en el registro y saca, por el último registro, la información almacenada. Por este corrimiento de la información que estos registros almacenan, llevan el nombre de **registros de desplazamiento**.

PAP: CONTADOR/TEMPORIZADOR

01 En esta imagen podemos ver el esquemático. En él, se muestran todos los componentes necesarios para fabricar el circuito.

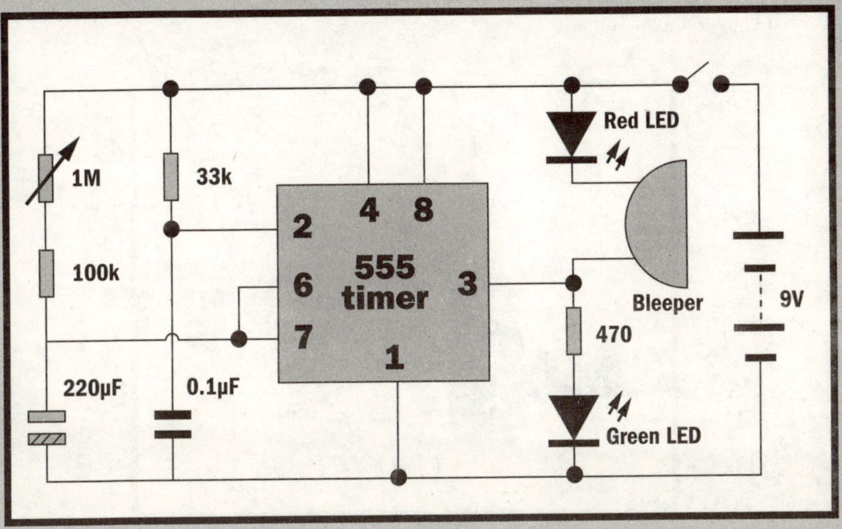

02 En la plaqueta, disponga los componentes de tal manera que resulten prácticos a la hora de soldar. Lo más recomendable es dejar un espacio mayor entre ellos, para facilitar el trabajo.

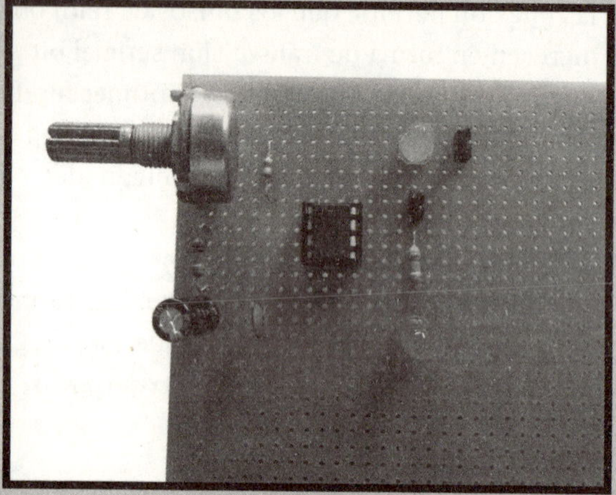

03 Recuerde que, al momento de soldar, es fundamental tener un orden sobre los componentes utilizados. De esta manera, conviene soldar los componentes de menor a mayor tamaño.

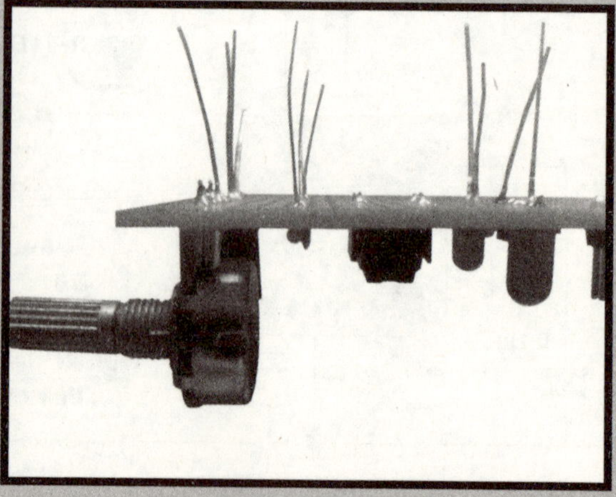

Introducción a los contadores

Un contador es un circuito secuencial cuya característica radica en que cambia su estado cada vez que recibe un pulso de reloj a la entrada, por lo que una cadena de pulsos lo hará pasar de un estado inicial a un estado final. Lleva este nombre debido a que estos circuitos permiten contar la cantidad de pulsos que llegan a la entrada sabiendo en qué parte de la secuencia se encuentra. Su utilización más frecuente se da en los contadores de eventos, de pulsos de reloj o en casos particulares, como divisores de frecuencia. Los contadores se realizan con flip-flops debidamente conectados, y el número que se utiliza es limitador del valor que puede tomar el módulo de un contador, ya que con n flip-flops solo puede alcanzarse el valor de 2^n estados, por lo que no se puede formar un contador mayor a ese valor. El conjunto de salidas de los flip-flops que forman el contador se encarga de dar el estado del contador; por lo tanto, también registra la cantidad de pulsos contados.

Los contadores se pueden clasificar según su estructura interna:

Contadores sincrónicos: son aquellos en que todos los flip-flops que lo componen son disparados sincrónicamente por los pulsos de entrada.

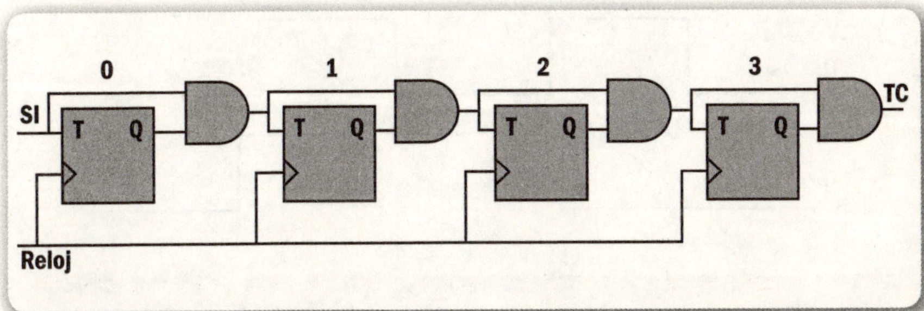

Figura 7. Diagrama y esquema de un contador sincrónico de módulo 16, con la posibilidad de seguir expandiéndolo. Está compuesto de flip-flop T.

APLICACIONES DE LOS REGISTROS

Los registros de desplazamiento se pueden utilizar para: detección y corrección de errores en encriptación de mensajes, como retardos digitales; conversores paralelo-serie y serie-paralelo, ya que algunos poseen entrada o salida paralelo, como contadores; generadores de secuencia seudoaleatoria; y operaciones aritméticas en serie.

Contadores asincrónicos: son aquellos en los que no todos los flip-flops son disparados sincrónicamente por los pulsos de entrada, sino que algunos de ellos reciben su disparo por otro mecanismo como, por ejemplo, la salida de otro flip-flop del contador.

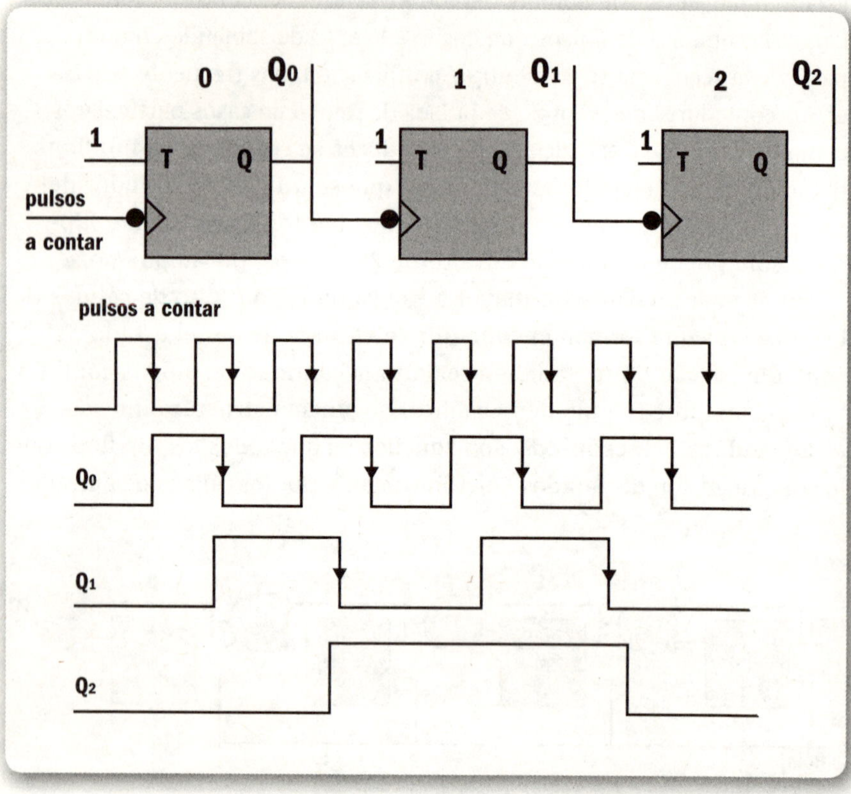

Figura 8. Diagrama y esquema de un contador asincrónico con flip-flop T en donde se puede apreciar el cambio de salida para cada pulso de reloj.

COMPARACIÓN ENTRE AMBAS MÁQUINAS

La máquina de Mealy depende del estado actual y de las entradas. Tiene menor número de estados, es menos estable, y las salidas se encuentran en las aristas. En cambio, la máquina de Moore solo depende del estado actual. El número de estados es mayor o igual al de la máquina de Mealy. Es más estable y las salidas se encuentran dentro del estado.

Máquina de Mealy y de Moore

Las máquinas de Mealy y de Moore son circuitos sincrónicos. La máquina de Mealy se caracteriza por ser una máquina de estados finita, por lo que las salidas están determinadas por el estado actual y el valor de la entrada.

A causa de esto, en el diagrama de estados se tiene que incluir una señal de salida por cada punto de transición. Para que se entienda, lo haremos sobre la base de un ejemplo: supongamos que, en la trayectoria de un estado 1 a un estado 2, la entrada es cero; entonces, la salida puede ser tanto 0 como 1, por lo que, en punto de transición, se le pone "0/1".

En cambio, la máquina de Moore –que también es una máquina de estados finita– solo depende del estado actual y no de la entrada actual. Por lo tanto, los estados de una máquina de Moore son la unión de los estados de la máquina de Mealy, el producto cartesiano de estos estados y las letras que hacen referencia a la entrada (las posibles entradas).

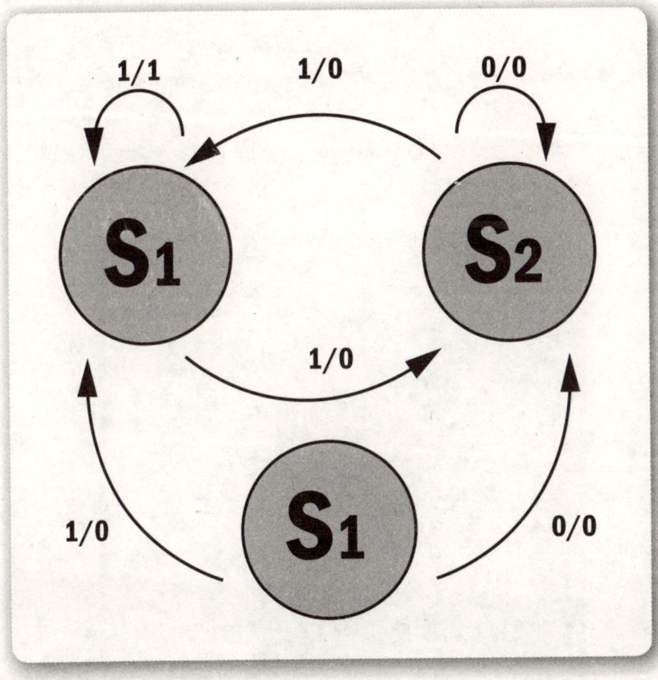

Figura 9. Esquema de una representación de **una máquina de Mealy** con cada uno de sus estados y sus posibles salidas.

PAP: DETECTOR DE METALES

01 En esta imagen se puede ver el esquemático con todos los componentes necesarios para fabricar el circuito.

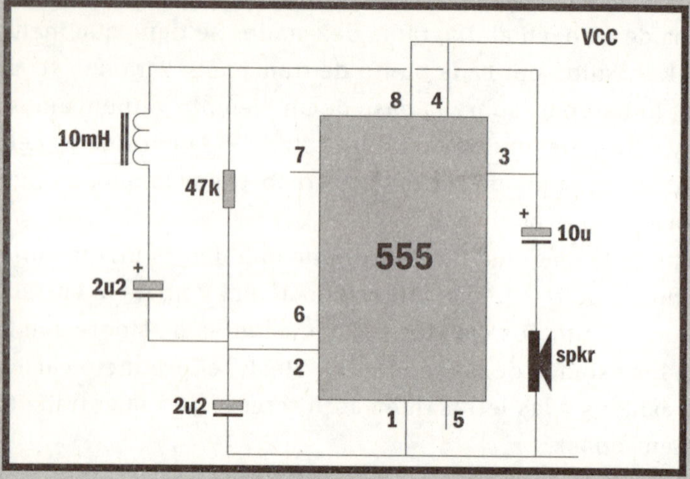

02 Organice los componentes en la plaqueta y compruebe que no falte ninguna perforación o componente necesario.

03 Esta imagen muestra la plaqueta terminada. Se puede ver claramente la interconexión con alambres de un punto a otro.

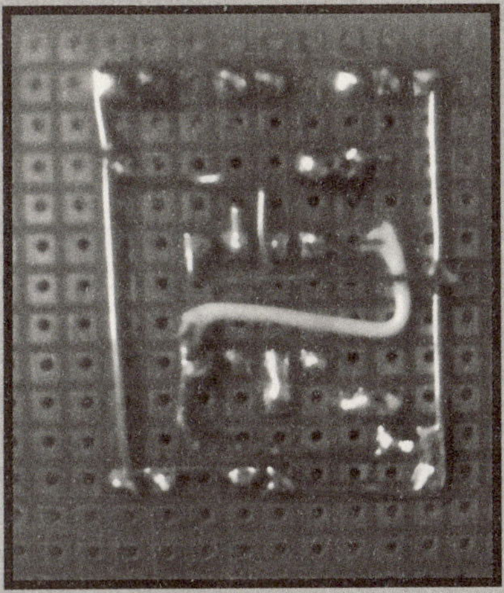

Conversores AD

Antes de hablar de la conversión analógico-digital, es necesario tener en cuenta varios conceptos y saber por qué se debe convertir una señal a otra. Por esta razón, tenemos que definir qué es una señal analógica y una señal digital, y compararlas entre ellas para, así, comprender el porqué de dicha conversión.

Una señal analógica es un tipo de señal generada por algún fenómeno electromagnético que se representa mediante una función continua (matemática) en la cual las variables presentadas son la amplitud y el período; todo esto es en función del tiempo.

La señal digital también es una señal generada por un fenómeno electromagnético en el que cada signo que codifica el contenido de la señal puede ser analizado en función de ciertas magnitudes y permite representarlas mediante valores discretos. Esto no significa que la señal sea discreta, ya que los campos electromagnéticos suelen ser continuos, por lo cual, al ser representados matemáticamente, pueden tomar infinitos valores; esto depende del dominio en el que se evalúa dicho campo. Un ejemplo claro de esto podría ser el de un interruptor que prende o apaga la luz de una habitación. Este puede tomar dos valores: prendido o apagado, que, en forma discreta, se representarían con el 1 y el 0, respectivamente.

LA CONVERSIÓN ANALÓGICA-DIGITAL FACILITA EL PROCESAMIENTO DE LA INFORMACIÓN

Una vez que tenemos bien en claro estos conceptos, podemos compararlos entre sí y determinar para qué situaciones es mejor utilizar una señal o la otra.

Las señales analógicas presentan un grave problema en cualquier circuito o comunicación electrónica, ya que son susceptibles de ser modificadas de diversas maneras mediante otro tipo de señal analógica que se llama **ruido**. Esta señal distorsiona la información de nuestra señal de forma no deseada; por lo tanto, la información cambia. Se convierte, así, en la principal causa por la que se utiliza una señal digital en vez de la analógica.

La señal digital ofrece varias ventajas respecto de la analógica, pero también hay que aclarar que no está exenta de desventajas, como veremos enseguida. Cuando una señal digital es perturbada o atenuada, puede ser reconstruida o volver a su forma original mediante sistemas digitales que se encargan de su regeneración. Se pueden detectar y corregir errores en la transmisión de datos. Esto facilita el procesamiento de la señal, ya que es fácil de manipular y de realizar operaciones mediante programas dedicados para la operación necesaria. También se la puede comprimir sin tener pérdidas de datos.

Al mismo tiempo, la señal digital presenta ciertos inconvenientes que detallaremos a continuación. Para convertir una señal en digital, es necesario realizar dos pasos: una conversión analógica-digital primero y, posteriormente, cuando llegue a destino, una decodificación. Además, si no se emplean suficientes niveles de cuantificación en el proceso de digitalización (este término lo detallaremos más adelante, en conversión AC), la relación que existe entre la señal de ruido y la señal analógica se ve modificada y se reduce. De esta manera, introduce un error de cuantificación y ocasiona que luego tengamos que sumar una señal de ruido conocida como **dither** para asegurarnos de que la señal de ruido no interfiera en la información y no se convierta en una distorsión propiamente dicha.

Cuando se emplean los niveles suficientes de cuantificación, la relación que existe entre la señal de ruido y la señal original se conserva, porque el error de cuantificación quedará por debajo del nivel de ruido de la señal original. También es necesario utilizar un filtro pasabajos activo en la señal analógica por muestrear, con el fin de evitar que ciertos componentes que funcionan a otra frecuencia fuera de la de trabajo queden incluidos como componentes de la señal resultante. Este fenómeno es conocido como **aliasing**. Asimismo, durante el proceso mediante el que se reconstruye la señal analógica, se utiliza otro filtro del mismo tipo, que lleva el nombre del proceso del que se encarga, que es la reconstrucción de la señal. Este filtro debe funcionar en la banda de frecuencia de trabajo, y su fase tiene que ser lineal. Por la frecuencia de Nyquist (la mitad de la tasa de muestreo), se debe dejar un margen del 10 % aproximadamente.

Ahora, una vez conocidos todos estos datos, podemos explicar el concepto de conversión analógica-digital y cómo son los pasos para realizarla.

La conversión analógica-digital radica en la transcripción de señales analógicas en señales digitales para, así, facilitar el procesamiento de la información que lleva dicha señal. La señal resultante es más resistente a perturbaciones del medio de transmisión y al ruido propiamente dicho.

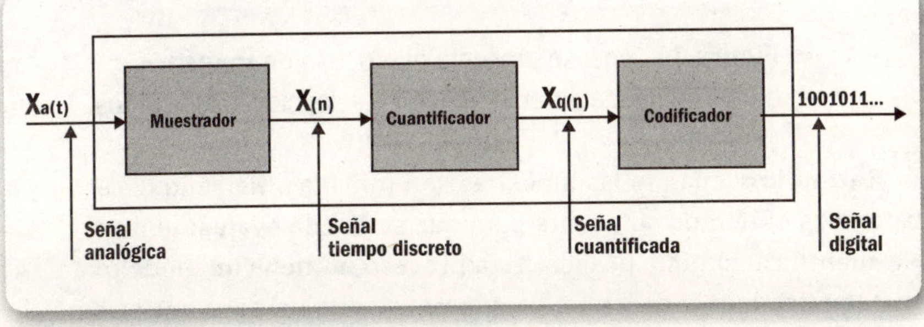

Figura 10. Esquema del proceso por el cual una señal analógica se convierte en una señal digital. También se pueden apreciar los distintos procesos involucrados.

El proceso de digitalización funciona de la siguiente manera: en forma periódica, se tomarán medidas de la amplitud o tensión de la señal. Una vez hecho esto, se deben redondear dichos valores a un conjunto finito de niveles previamente establecidos, denominados **niveles de cuantificación**, y almacenarlos como números enteros en algún dispositivo de memoria. Para realizar todo este proceso de conversión, se debe tener en cuenta que está formado por otros cinco procesos que son fundamentales para obtener la señal digital. Veamos, a continuación, los cinco procesos:

Muestreo: también conocido como **sampling**, consiste en tomar muestras de la señal en forma periódica. La velocidad con la que se toma dicha muestra (o sea, la cantidad de muestras por segundo) se denomina **frecuencia de muestreo**.

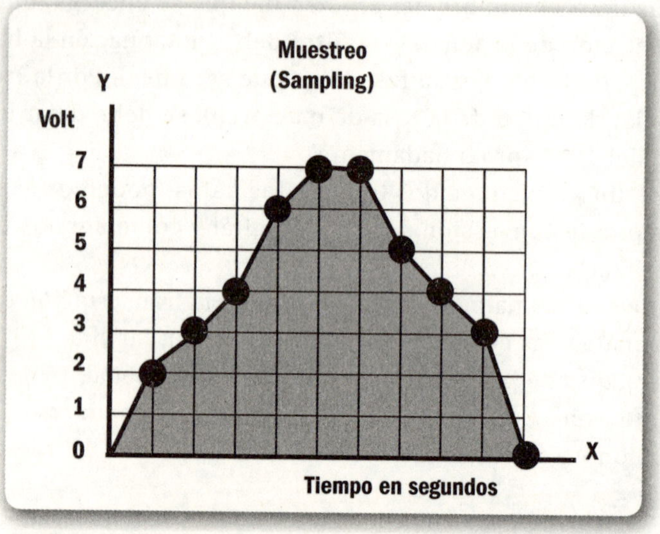

Figura 11. Aquí se presenta el proceso de **muestreo**, en donde se puede apreciar cómo se seleccionan los puntos.

Retención: cuando las muestras son tomadas, tienen que ser retenidas el tiempo suficiente para que se pueda evaluar el nivel de cuantificación que poseen. Este proceso no tiene un modelo matemático que lo describa, ya que se trata de un paso que se emplea debido a las limitaciones prácticas.

Cuantificación: es el proceso que se encarga de medir los niveles de voltaje de cada muestra. Consiste en asignar un margen de valor de una señal analizada a un único valor de salida. Este proceso añade al resultado una señal no deseada que lleva el nombre de ruido de cuantificación.

Codificación: este es el proceso que se encarga de traducir los valores que se obtienen en la etapa de cuantificación al sistema binario. También, dependiendo de la aplicación que se deba realizar, el proceso de codificación se puede hacer en otros códigos más adecuados para esa tarea.

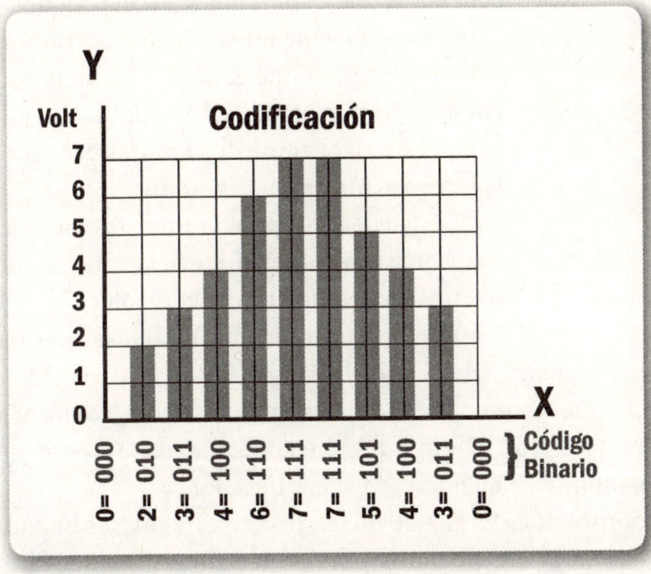

Figura 12. El proceso de **codificación** permite asignarles a los valores que se obtuvieron en el proceso de cuantificación sus correspondientes números binarios.

Como todo proceso de conversión de un sistema a otro, este presenta también ventajas y desventajas. Entre sus ventajas, encontramos las siguientes: no introduce ruidos en la transmisión; se guarda y se procesa con mayor facilidad; permite almacenar grandes cantidades de información; se pueden corregir e identificar problemas en la transmisión; la información guardada no se deteriora con el paso del tiempo; y permite comprimir la información para obtener más espacio y editar fácilmente señales digitales, tanto de video como de audio.

Asimismo, presenta ciertas desventajas tales como: para su transmisión, necesita un mayor ancho de banda comparado con las señales eléctricas analógicas; la sincronización entre un transmisor inalámbrico y su receptor debe ser muy precisa, ya que un desfasaje entre los pulsos de reloj de cada uno produciría la perdida de información; y, por último, necesita instalaciones dedicadas solo para su transmisión, porque las instalaciones existentes para la transmisión de señales analógicas no son compatibles con ellas.

El proceso de **compresión** consiste en compactar la cantidad de datos que se van a grabar o transmitir. Este proceso es muy común hoy en día, ya que, si bien los medios de almacenamiento cada vez son mayores, poseen una cantidad finita de espacio. Por eso, para realizar esta maniobra se utilizan complejos algoritmos de compresión para reducir la información sin perder datos.

LA CANTIDAD DE MUESTRAS POR SEGUNDO ES LA FRECUENCIA DE MUESTREO

El espacio que ocupa la información por almacenar sin comprimir es el cociente entre la frecuencia de muestreo y la resolución de la señal. Por lo tanto, cuantos más bits posea la señal, mayor será el espacio que ocupe el dato.

La compresión es un caso particular del proceso de codificación de la conversión AD, con la única diferencia de que, en la compresión, el archivo resultante es menor al de la codificación.

En la compresión, lo que se busca principalmente es encontrar repeticiones en series de datos para poder, luego, almacenar solo el dato junto con la cantidad de veces que este se repite. Por ejemplo, supongamos que el dato que tenemos es **ZZZZZ**; esta palabra ocupa 5 bytes, pero, si utilizáramos un tipo de algoritmo denominado RLE, esta palabra podría ocupar solamente dos, ya que almacenaríamos solo **5Z**. Sin embargo, por lo general es mucho más complicado encontrar estos patrones y que, además, sean tan exactos, con la excepción de ciertas imágenes; por eso, se suelen usar algoritmos dedicados de compresión.

Estos algoritmos pueden buscar series largas y codificarlas de forma tal que logren reducirlas; otros examinan los caracteres más repetidos para luego comprimirlos y lograr reducir su tamaño.

Es necesario también tener en claro dos conceptos que intervienen directa o indirectamente en el proceso de compresión: la **redundancia**, que son los datos repetitivos o previsibles, y la

entropía, que es la información esencial. Esta última se define como la diferencia entre la cantidad total de datos y la redundancia.

A su vez, debemos conocer con qué tipo de información vamos a trabajar a la hora de comprimir dicha información. La información que se transmite puede ser de tres tipos: redundante es aquella información repetitiva o predecible; irrelevante es la que no tiene importancia y cuya eliminación no afecta el contenido del mensaje, y, por último, la información básica, que es aquella información que no es ni redundante ni irrelevante. Esta es la que permite reconstruir la señal.

Teniendo en cuenta estos tres tipos de información, la compresión se puede separar en dos grupos: compresión sin pérdidas o con pérdidas. En la compresión sin pérdidas, se transmite la información en su totalidad, pero eliminando la información que está repetida; de esta manera, ocupa menos espacio. En cambio, en la compresión con pérdidas, la información se transmite, pero dejando de lado toda la información que se considere despreciable o irrelevante. Este tipo de compresión puede producir pérdidas en la calidad.

PAP: METRÓNOMO

01 En esta imagen, se puede ver el esquemático, donde se observan todos los componentes necesarios para fabricar el circuito.

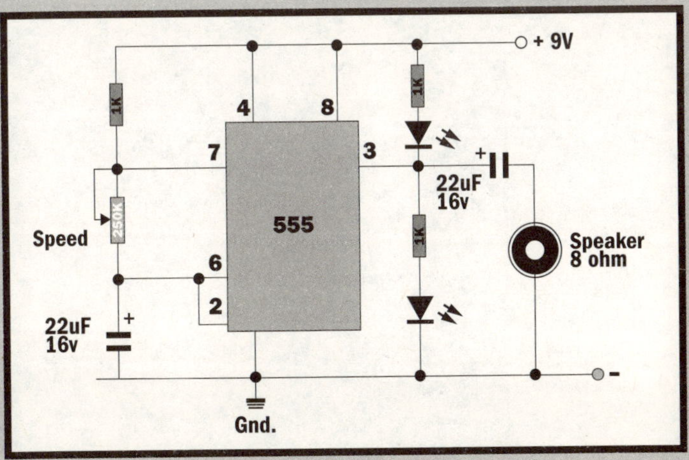

02 Disponga en la plaqueta todos los elementos que componen el circuito. De esta manera, se pueden verificar tanto los componentes como las perforaciones.

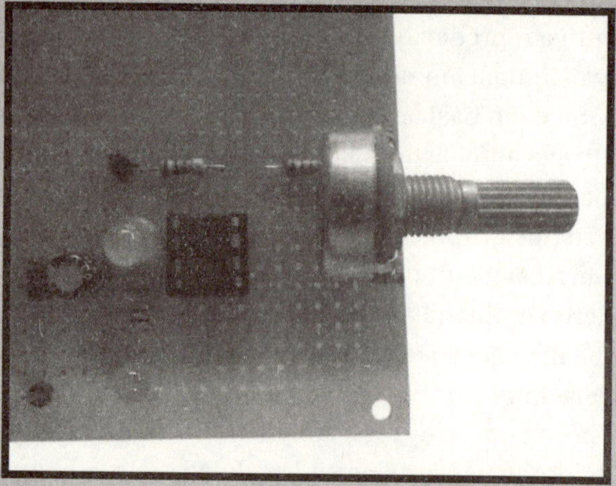

03 Una vez soldados todos componentes, verifique las soldaduras, tratando de evaluar su calidad. De ser necesario, puede retocar los contactos defectuosos.

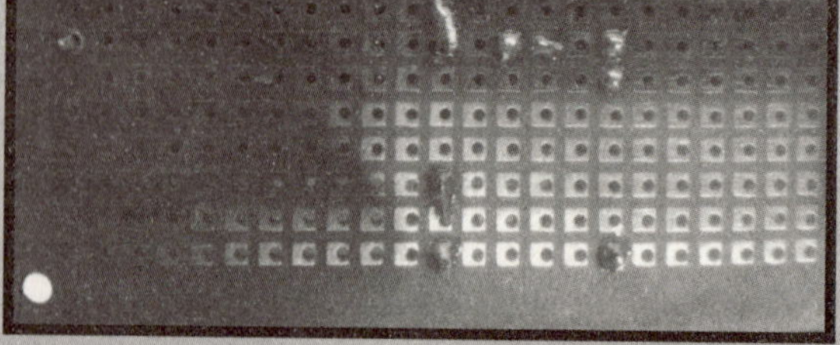

04 Una vez verificadas todas las soldaduras, empiece a hacer las interconexiones de los nodos con estaño, o soldando cable o, en su defecto, alambre.

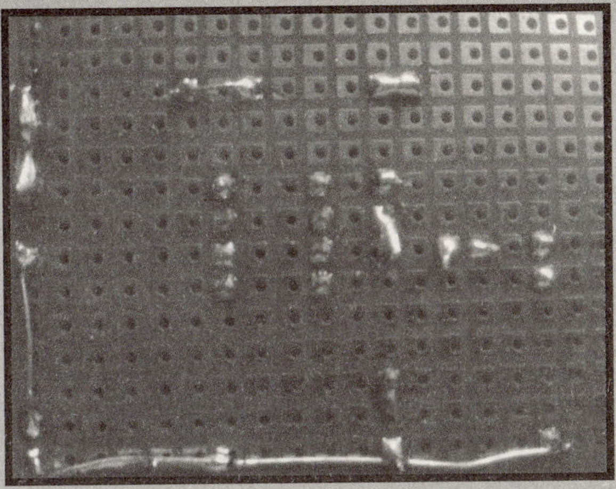

05 En esta imagen se pueden ver todos los nodos conectados entre sí. Ahora se debe verificar con un multímetro si no hay ningún corto o falso contacto.

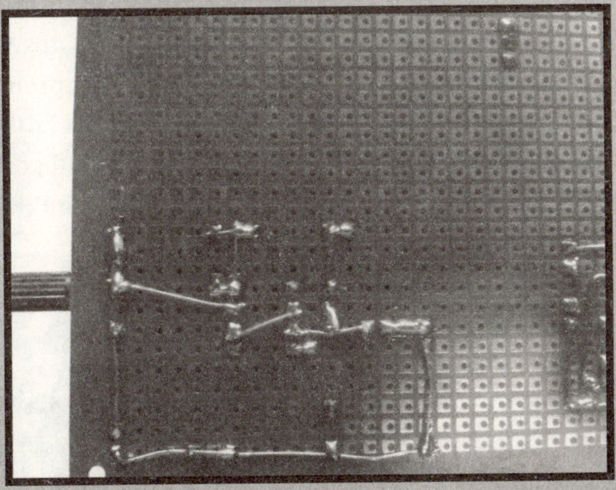

06 Aquí se puede apreciar la plaqueta terminada; se realizaron puentes con alambre envainado, ya que esta manera evita interferencias, y es más seguro para el operario que el alambre esté recubierto.

Oscilador

Un joven suizo llamado **Hans Camenzind**, que había concluido la educación secundaria en su país, viajó a Estados Unidos para estudiar Ingeniería. Más tarde, se unió al grupo de emprendedores que fundaron InterDesign, una compañía especializada en el diseño de circuitos semi-integrados. Fue allí donde, trabajando bajo un contrato de Signetics (ahora Phillips), inventó el **timmer 555** y completó el diseño final (los

EL CONVERSOR AD

Un conversor AD es preciso y veloz. En el ámbito industrial, los hay de 4, 8, 10 y 12 bits, aunque la tendencia es usar convertidores de mayor precisión (14 o 16 bits). La velocidad de conversión depende del uso que se le quiera dar, pero hay que tener en cuenta que esta influye en su precisión. La resolución de un conversor es 2^a, donde a = número de bits.

primeros diseños no hacían uso de redes RC para la temporización y, por ello, necesitaban un circuito integrado de 14 pines, mucho más complejo y caro). El 555 fue pionero en varios aspectos: no solo fue el primer circuito integrado temporizador, sino también el primero en venderse desde su salida al mercado a bajo precio (USD 0,75), cosa nunca hecha hasta entonces por ningún productor de semiconductores.

El temporizador fue comercializado e introducido en el mercado en el año 1972 por esta misma empresa, que lo fabricó con el nombre SE555/NE555 y pronto adquirió otro nombre más popular: se lo llamó **The IC Time Machine** (el circuito integrado máquina del tiempo). Este circuito tiene infinitas aplicaciones y, aunque en la actualidad se emplea más su versión CMOS desarrollada por Dave Bingham en Intersil, se sigue usando la versión bipolar original, especialmente en aplicaciones que requieran grandes corrientes de parte de la salida del temporizador. El dispositivo es usado como oscilador, generador de pulsos, entre muchas aplicaciones.

Una gran cantidad de fabricantes hacen su propia versión de este circuito, incluyendo **Texas Instruments**, **Intersil**, **Maxim**, **Avago**, **Exar**, **Fairchild**, **NXP** y **STMicroelectronics**.

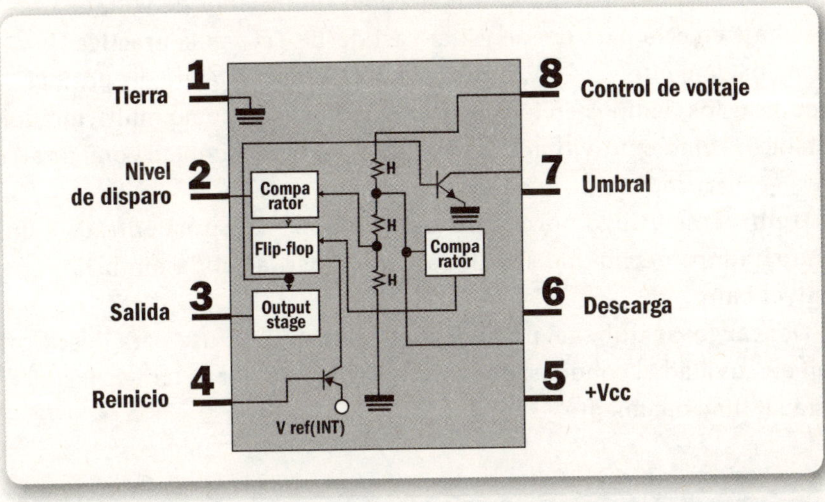

Figura 13. En la siguiente ilustración, se detalla cada una de las patas del integrado 555. En cada pata, a su vez, figuran el número y su nombre.

A continuación, describimos las patas del **integrado 555**:

GND: se utiliza normalmente la pata n.º1. Este es el polo negativo de la alimentación, al que, por lo general, llamamos **tierra**.

Disparo: se utiliza normalmente la pata n.º 2. En esta pata del integrado, se establece el inicio del tiempo de retardo. Si dicho integrado es configurado como monoestable (modo de uso que detallaremos a continuación), el proceso de disparo ocurre cuando el pin va por debajo del nivel de 1/3 del voltaje de alimentación. Este pulso debe ser de corta duración, pues, si llegara a mantenerse bajo por mucho tiempo, la salida se quedaría en alto hasta que la entrada de disparo pasara a alto otra vez.

Salida: se utiliza normalmente la pata n.º 3. Aquí veremos el resultado de la operación del temporizador, ya sea que esté conectado como monoestable, astable u otro. Cuando la salida es alta, el voltaje será el voltaje de alimentación (Vcc) menos 1,7 V. Esta salida se puede obligar a estar en casi 0 voltios con la ayuda de la patilla de reset (normalmente la 4).

Reset: se utiliza normalmente la pata n.º 4. Si a esta pata se la excita con una tensión por debajo de 0,7 V, hace que ponga la salida a nivel bajo. Si por algún motivo esta pata no se utiliza, hay que conectarla a Vcc para evitar que el 555 se resetee.

Control de voltaje: se utiliza normalmente la pata n.º 5. Cuando el temporizador integrado se utiliza como controlador de voltaje, el voltaje en esta pata puede variar casi desde Vcc, en la práctica aproximadamente Vcc -1 V, hasta casi 0 V. De esta manera, es posible modificar los tiempos en los que la salida funciona como multivibrador astable o como multivibrador monoestable. Puede también configurarse para generar formas de onda tipo Rampa.

Umbral: se utiliza normalmente la pata n.º 6. Es una entrada a un comparador interno que se utiliza para poner la salida pin n.º3 a nivel bajo.

Descarga: se utiliza normalmente la pata n.º7. Se usa para descargar con efectividad el condensador externo utilizado por el temporizador para su funcionamiento.

EL CICLO DE TRABAJO

El ciclo de trabajo del pulso de una onda, más conocido como el **duty cycle**, es la relación que existe entre el tiempo en estado alto por la duración total de dicho estado y el estado bajo. Este ciclo de trabajo puede ser modificado mediante la variación de algunos parámetros del circuito.

VCC: se utiliza normalmente la pata n.º8. En este pin, se conecta el voltaje de alimentación que va de 4,5 V hasta 16 V como valor máximo.

Configuración interna del 555

Las resistencias que están marcadas con un círculo tienen un valor de 5 KΩ. Estas tres resistencias cumplen la función de servir como divisor de tensión entre Vcc y masa. Como poseen el mismo valor de voltaje, podemos apreciar que los potenciales son 2/3 Vcc y 1/3 Vcc. Estos valores de referencia son los que se utilizan en los comparadores.

Los comparadores son circuitos en los cuales se compara la entrada con un valor de referencia, y el resultado de su comparación puede ser una señal de nivel bajo o alto dependiendo de si el valor de tensión de la entrada es mayor o menor que el valor de voltaje de referencia.

El integrado 555 utiliza varios transistores para formar los comparadores. El comparador que está conectado al pin 2 compara la entrada con un voltaje de referencia de 1/3 Vcc, y el comparador que está conectado a la pata 6 compara el umbral de entrada con 2/3 Vcc, que es el voltaje de referencia formado por el divisor de tensión.

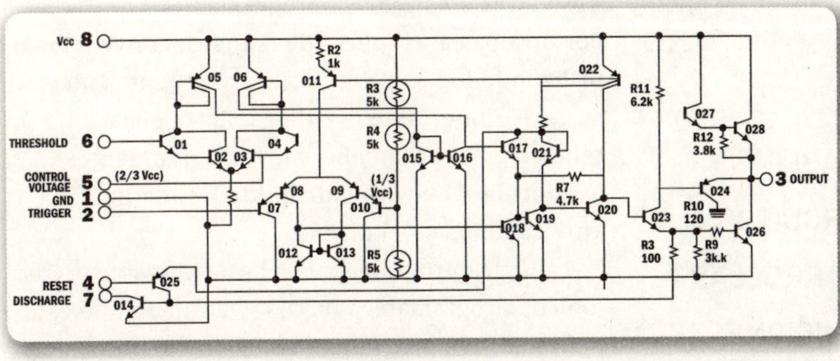

Figura 14. Configuración interna del oscilador 555, que está compuesto por comparadores y flip-flops construidos a partir de transistores NPN y PNP.

El flip-flop del integrado nos permite obtener una salida de nivel bajo o alto, la cual depende de los estados en los que los dos comparadores se encuentran. Cuando el comparador que está conectado al pin 2 envía una salida baja, el flip-flop conmuta en alto, independientemente del valor que tome la salida del comparador del umbral.

Pero si los dos comparadores conmutan en alto, el flip-flop pone su salida en nivel bajo. A su vez, el estado del flip-flop se puede imponer en alto de forma manual mediante un pulso de nivel bajo en la pata del reset.

Al fijarnos en el diagrama interno del 555, se pueden apreciar dos transistores: uno NPN y otro PNP. En el pin 7, se encuentra el transistor de configuración NPN. Este se conecta comúnmente a un capacitor y descarga cada vez que el pin de salida pasa a un estado bajo. En cuanto al otro transistor, se conecta en el pin 4 y cumple la función de amortizar el pin del reset ya que este no posee una fuente de corriente; de esta manera, hace que desaparezca la tensión del pin del reset.

Cuando la función de reset no está en uso (pin 4), se recomienda que sea conectado a Vcc para evitar cualquier posibilidad de falsa activación.

Lógica programable

En el mundo de la electrónica digital, se emplean soluciones basadas en sistemas microprocesadores o con lógica programable.

LA LÓGICA PROGRAMABLE DISEÑA CIRCUITOS PARA DESARROLLAR VARIAS FUNCIONES

Por otra parte, respecto de la lógica convencional, utilizando lógica programable obtenemos una serie de importantes ventajas. Entre ellas, tenemos menor tamaño, mayor rendimiento y velocidad, mayor confiabilidad y adaptación ante cambios en el diseño.

La lógica programable se basa en dispositivos lógicos programables (PLD) cuya función no está definida, y se programan antes de ser utilizados. El dispositivo programable más sencillo se denomina **arreglo lógico programable** (en inglés, **Programmable Array Logic**, o **PAL**). Un PAL consiste en una matriz de conexiones en conjunto con una matriz de compuertas lógicas AND y un arreglo de compuertas OR.

Los PLD (en inglés, **Programmable Logic Device**) están formados por matrices de conexiones, de compuertas AND y de compuertas OR.

Figura 15. Los dispositivos lógicos programables complejos se programan por hardware y suplen miles de compuertas lógicas.

Un **Dispositivo Lógico Programable Complejo** (en inglés, **Complex Programmable Logic Device**, o **CPLD**) implica mayor integración. Es un sistema más eficiente y emplea menos espacio, mejora la confiabilidad y reduce costos de fabricación empleando múltiples bloques lógicos, similares a un PLD, comunicados entre sí mediante una matriz programable de interconexiones. El tamaño del bloque lógico da la capacidad del CPLD, y de ello depende el tamaño de la función por implementar en el interior del bloque. La cantidad de bloques lógicos depende de la familia y de la empresa fabricante del dispositivo. Entre los fabricantes más importantes de dispositivos CPLD, se encuentran: **Xilinx**, **Altera**, **Cypress** y **Atmel**, entre otras empresas.

La arquitectura programable **Array de Compuertas Programable en el Campo** (en inglés, **Field Programmable Gate Field** o **FPGA**) es un arreglo de varias celdas lógicas que se comunican unas con otras por canales de conexiones verticales y horizontales. Consiste en un dispositivo lógico programable de tercera generación basado en memorias de SRAM, EEPROM, flash o antifusibles de silicio; funcionalmente, una celda lógica es similar a un bloque lógico CPLD y FPGA, pero que emplea generadores de funciones en lugar de compuertas.

Figura 16. Las compuertas lógicas son un ejemplo de lógica convencional ya que, al fabricarlas, se les define una función fija e inalterable.

La ventaja radica en que, al implementar una función lógica, el tiempo de propagación del FPGA es menor que en un dispositivo CPLD, porque solo se puede programar una vez. Una vez que instalamos el circuito FPGA, podemos programar funcionalmente los bloques lógicos mediante lenguaje VHDL e implementar funciones lógicas sencillas así como complejos sistemas en un único chip. Son reprogramables, los costos de desarrollo y adquisición resultan menores para pequeñas cantidades y el tiempo de desarrollo también es menor.

Se aplican en procesamiento digital de señales (DSP), radio definido por software (RDS), sistemas aeroespaciales y de defensa, en sistemas de imágenes médicos y visión por computadoras, reconocimiento de voz, bioinformática y emulación de hardware. Xilinx y Altera son los

LENGUAJE VHDL

VHDL, lenguaje de descripción de hardware, es el acrónimo de **VHSIC (Very High Speed Integrated Circuits)** y **HDL (Hardware Description Language)**. Fue definido por el Institute of Electrical and Electronics Engineers, o IEEE, de los Estados Unidos. Es un lenguaje de descripción y modelado de sistemas hardware digitales, placas de circuitos y componentes.

líderes en la fabricación de FPGA de uso general entre un reducido grupos de empresas que las acompañan. Altera utiliza la tecnología SRAM, y Xilinx, tecnología antifusible caracterizada.

Figura 17. El FPGA se basa en una matriz de compuertas que se comunican entre sí mediante canales de conexiones verticales y horizontales.

Software para electrónica digital

Logicly es un simulador para electrónica digital; es posible descargar la versión trial desde **www.logic.ly** y, también, podemos simular online. Logicly nos provee una amplia variedad de compuertas que incluyen AND, OR, XOR, NAND, NOR, XNOR, NOT y también flip-flop SR, D, JK y T.

Livewire nos permite dibujar el circuito, analógico o digital, y comprender cómo funciona sin necesidad de construirlo. Livewire nos proporciona, además, una biblioteca completa con transistores, diodos, circuitos integrados y componentes pasivos.

Con este software podemos construir el circuito arrastrando los componentes hacia el área de trabajo, luego los interconectamos y realizamos la simulación. Una vez que obtenemos el circuito definitivo, Livewire se integra con el programa **PCB Wizard** para diseñar el circuito impreso. Podemos descargar Livewire y PCB Wizard desde el sitio de la empresa: **www.new-wave-concepts.com**.

Crocodile Clips simula circuitos eléctricos y electrónicos, y nos da un gran apoyo en la comprensión de los circuitos lógicos. Este software contiene una extensa librería de componentes para la construcción de modelos eléctricos y electrónicos. Podemos descargar la versión demo a partir del sitio web del fabricante en **www.crocodile-clips.com**.

Karnaugh Map es un software libre, disponible en internet, que permite simplificar funciones lógicas mediante **mapas de Karnaugh**. El método gráfico de Karnaugh utiliza diagramas con una casilla por cada combinación de variables (en nuestro ejemplo, 16). Una vez dibujado el diagrama, se colocan allí las combinaciones de la tabla de verdad poniendo un 1 en la casilla correspondiente.

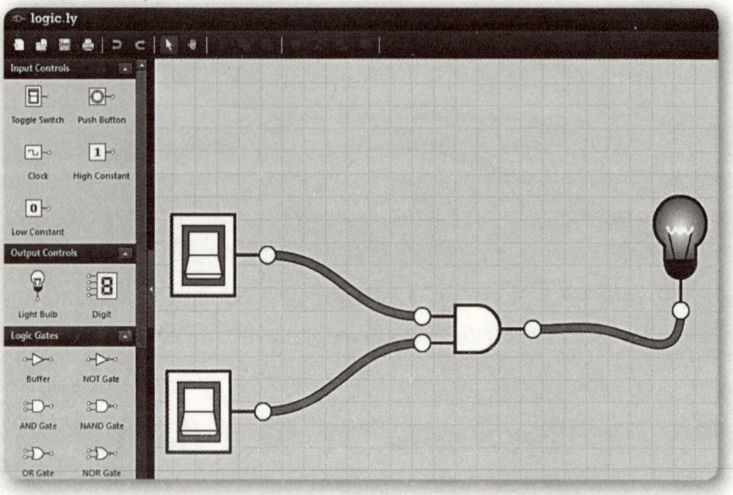

Figura 18. Podemos construir y simular circuitos digitales, arrastrando componentes hacia el editor y realizando las conexiones fácilmente.

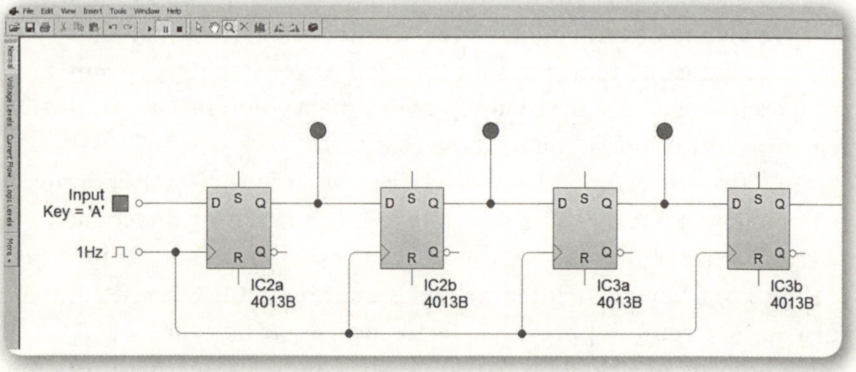

Figura 19. Combinamos cuatro flip-flops tipo D para obtener un registro de desplazamiento. Comenzamos la simulación presionando sobre **Input**.

FPGA y lógica programable

Virtual Breadboard (**VBB**) es un entorno de simulación y desarrollo para aplicaciones embebidas que usan microcontroladores. Podemos reemplazar un protoboard para probar con nuevos diseños sin necesidad del prototipo físico. Incorpora componentes como LCD, servos, circuitos lógicos y otros dispositivos de E/S para modelar y simular circuitos. VBB permite interconectar los componentes para construir un circuito y simular el código de programación sin tener que implementar el hardware. Podemos simular microcontroladores PIC16 y PIC18 de la empresa Microchip, además de emular el entorno de desarrollo Arduino. Funciona sobre una amplia librería de componentes virtuales.

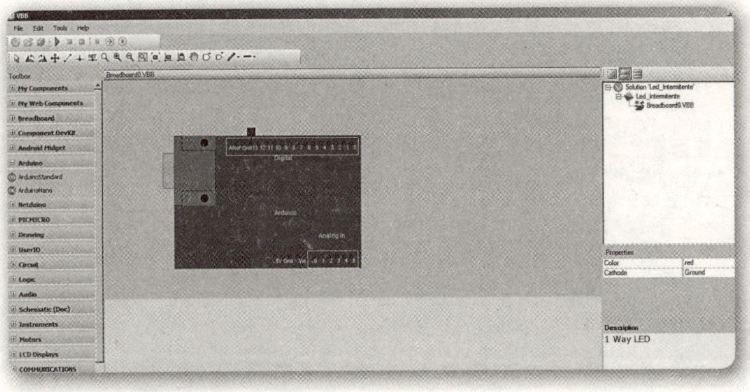

Figura 20. Simulación del encendido y apagado de un diodo led conectado a una placa Arduino UNO.

VBB es una excelente opción para aprender a programar Arduino si no contamos con la placa real y deseamos evaluarla. Podemos comprobar que el uso de VBB es muy intuitivo, incluso si no tenemos grandes conocimientos de electrónica y microcontroladores. Los PIC no soportan lenguaje C, aunque sí el lenguaje ensamblador asociado.

SOBRE LAS VERSIONES DEMO

Con excepción de Karnaugh Map, las versiones del software para electrónica digital son demos con funcionalidades reducidas o disponibles durante un lapso determinado de tiempo. En el sitio web de las empresas, obtendremos información respecto de las distintas versiones disponibles y los pasos a seguir para obtener una licencia de uso.

Dispositvo semiconductor FPGA

Un **FPGA** (**Field Programmable Gate Array**) es un circuito integrado basado en tecnología SRAM, cuya estructura interna es un arreglo bidimensional de celdas lógicas configurables, donde las interconexiones entre ellas también son programables.

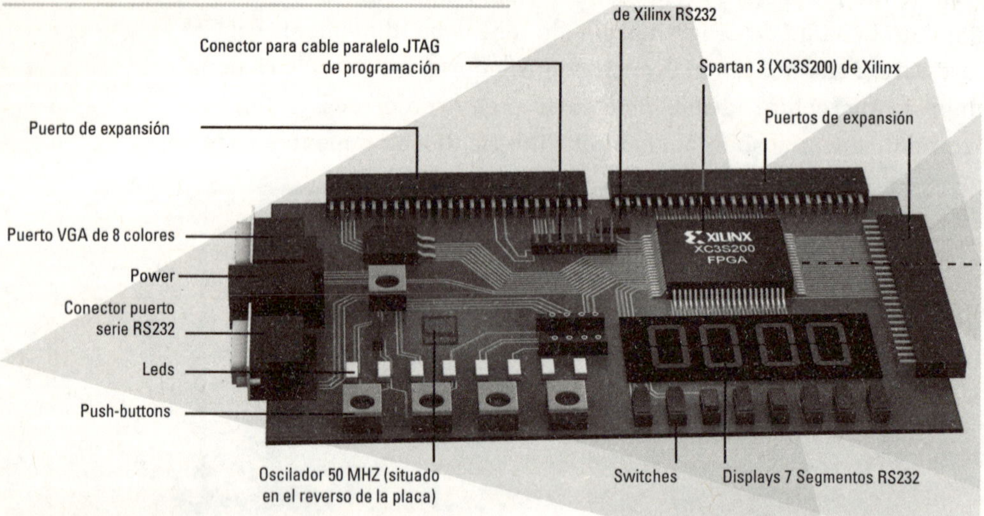

MODELO SPARTAN 3

Device	Número de celdas lógicas	Número de Block RAMs	Número digital de clock managers
XC3S50	1728	4	2
XC3S200	4320	12	4
XC3S50	8064	16	4

TIP

CPLDs (Complex Programmable Logic Device): Son dispositivos programables, pero en este caso, basados en celdas ROM (eprom, e2prom y flash) de menor capacidad lógica y performance de velocidad que una FPGA. Generalmente usados como "Glue Logic" (circuitos de interfaz entre integrados, y entre integrados y salidas).

PROGRAMACIÓN DE UNA LUT

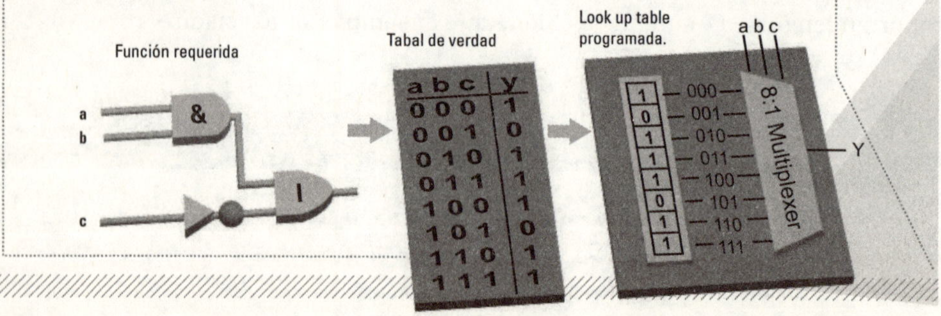

SOFTWARE DE DISEÑO

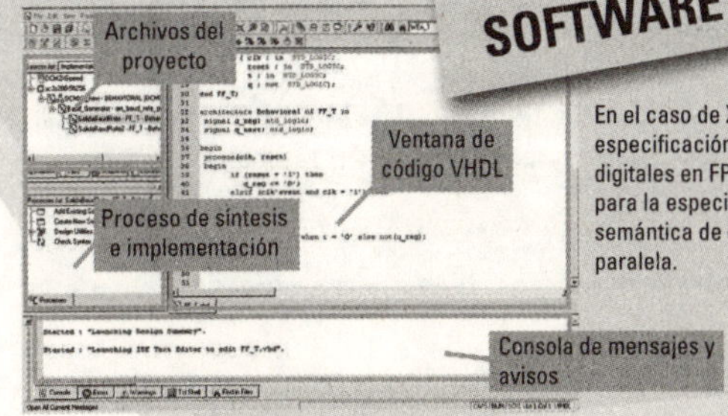

En el caso de Xilinx, ISE Webpack es el software gratuito para especificación, síntesis e implementación de sistemas digitales en FPGAs y CPLDs. Los dos lenguajes más utilizados para la especificación son VHDL y Verilog. Utilizan una semántica de descripción de "procesos"de ejecución paralela.

SPARTAN 3 XC3S200

BLOQUE LÓGICO CONFIGURABLE (CLB)

Un CLB está compuesto por 4 slices y cada slice está compuesto por dos celdas lógicas.

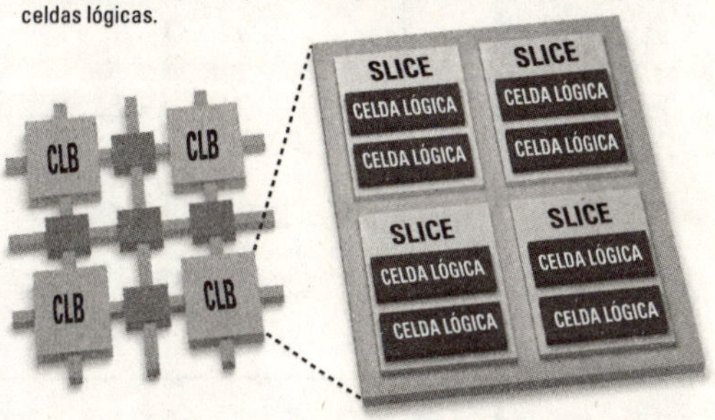

CELDA LÓGICA

Una celda lógica consta de un pequeño circuito combinacional configurable y un flip-flop tipo D. El circuito combinacional puede ser implementado por una LUT (Look Up Table), que a los fines prácticos puede ser considerada una memoria de capacidad 2^N por 1.

Grabando el contenido de esta memoria, es posible implementar en la LUT cualquier función de N entradas. El flip-flop es para uso en circuitos secuenciales.

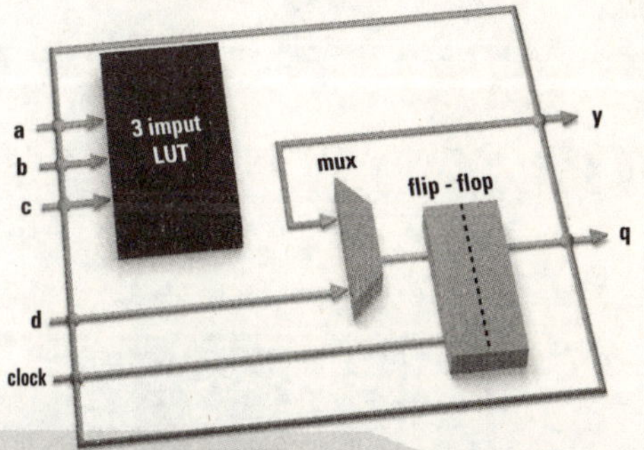

ARQUITECTURA INTERNA DE UNA SPARTAN

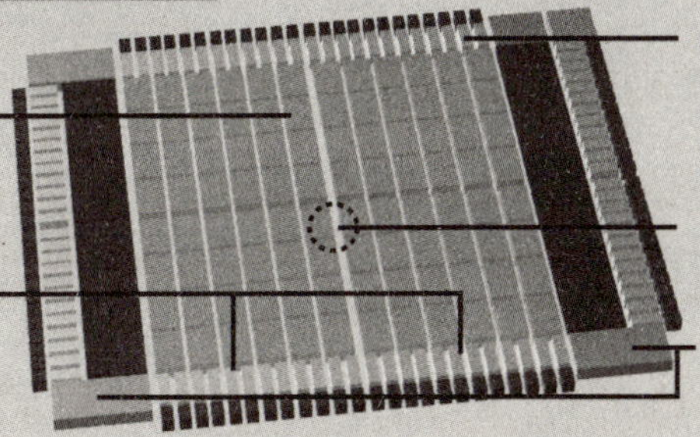

Bloques lógicos configurables XC3S200: Número de celdas lógicas: 4320 (200 k gates)

Global Clocks (GCLKs): Pines especiales de entrada al árbol interno de distribución de señales de clock. Bancos 1, 2, 4 y 5

Bloques de entrada y salida: Interfaz bidireccional programable entre los pines I/O y la lógica interna de la FPGA. Compatible con varios estándares.

Interconexiones programables

Digital Clock Managers: Bloques destinados a la transformación y distribución de señales de clock.

PAP: SILBATO ULTRASÓNICO PARA PERROS

01 Para construir un oscilador en una frecuencia de aproximadamente 30 KHz, utilice el conocido circuito integrado 555 funcionando como astable.

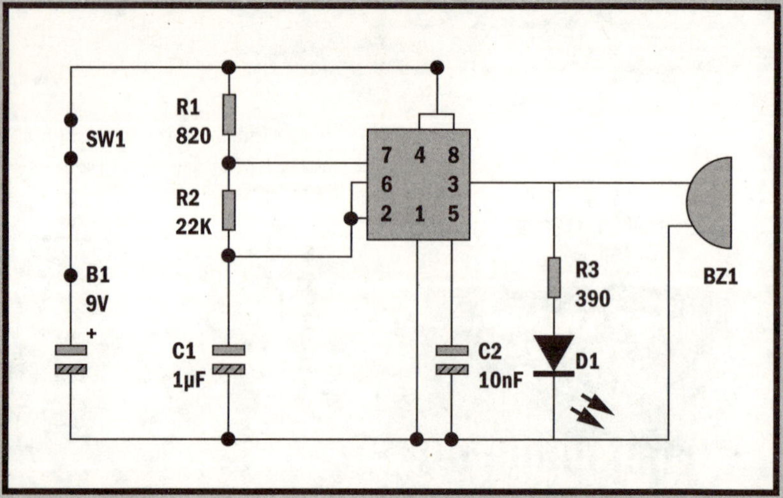

02 Es conveniente que monte el circuito en una placa protoboard para realizar todas las pruebas y haga las modificaciones previas al montaje definitivo.

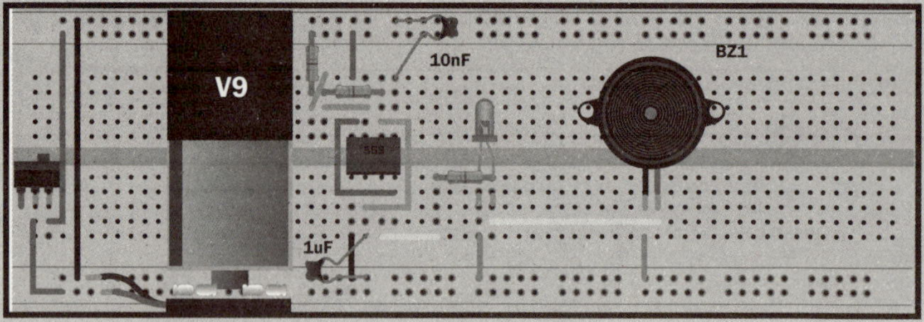

03 Para montar el silbato ultrasónico, utilice componentes simples; entre ellos, un zumbador o buzzer apto para frecuencias superiores a 40 KHz.

04 Una vez obtenidos los resultados esperados, efectúe el montaje definitivo en una placa de circuito impreso o PCB (**Printed Circuit Board**).

RESUMEN

En este capítulo, comenzamos a aproximarnos a aplicaciones y usos más complejos de las técnicas digitales. Aprendimos qué es un multivibrador y qué son los circuitos biestables y conocimos los distintos tipos de memorias de un bit y la idea de secuenciación y estabilidad.

Actividades

TEST DE AUTOEVALUACIÓN

1	¿Qué es un **flip-flop**, cuál es su funcionamiento y cuántos tipos podemos encontrar en diferentes aplicaciones?
2	¿A qué se refiere el tipo de almacenamiento **registro** y para qué se lo puede utilizar?
3	¿Qué es un **contador** y cuáles son sus características?
4	¿Qué son las **máquinas de Mealy** y **de Moore**? ¿En qué se diferencian?
5	¿Cuáles son los procesos básicos de conversión de una señal analógica a digital?
6	¿Cuáles son las ventajas y desventajas que podemos identificar en una conversión de un sistema a otro?
7	Explique los conceptos de **redundancia** y **entropía**.
8	¿Cuáles son las características fundamentales de un **conversor AD**?
9	¿En qué se basa y para qué utilizamos la **lógica programable**?
10	¿Para qué sirve **Virtual Breadboard**?

*03

Sensores y transductores

Los sensores están en aquello que podemos regular o medir, como, por ejemplo, el volumen de un televisor. También hablaremos de transductores, que implican la transformación o representación de una variable de entrada en otra de salida. Tanto la música como el monitor de la computadora son señales eléctricas traducidas en imágenes o sonidos.

- **Sensor electrónico 94**
  - Elección de un sensor 96
- **Tipos de sensores 97**
  - Sensores de posición 98
  - Sensores de deformación 102
  - Sensores de velocidad 103
  - Sensores de aceleración 104
  - Sensores de presión 105
  - Sensores de caudal 106
  - Sensores de temperatura 107
  - Sensores de proximidad 108
  - Sensores acústicos 109
  - Sensores lumínicos 111
  - Sensores táctiles 113
- **Aplicaciones de los sensores 115**
  - Mando a distancia 117
  - Las aplicaciones del control remoto 118
  - Características 118
  - Adquisición de datos 123
- **Resumen 125**
- **Actividades 126**

Sensor electrónico

En todo momento, a la hora de crear proyectos de electrónica, se necesita entrar en contacto con magnitudes físicas del mundo que nos rodea. La transformación de una señal de un tipo de energía a otra (en general, eléctrica) es realizada por un dispositivo llamado **transductor**. Existen transductores de todo tipo, entre los que podemos nombrar los más utilizados:

- Transductores de imagen digital (fotografía): CCD o CMOS.
- Transductores de temperatura: termopares, termistores NTC o PTC, pirómetros de radiación.
- Transductores de deformación: galga extensiométrica, LVDT.
- Transductores de velocidad o aceleración: tacómetros mecánicos, tacodínamos, tacoalternadores, acelerómetros.
- Transductores de presión/fuerza mecánicos y electromecánicos.
- Transductores de energía lumínica: fotodiodos, fotorresistencias o LDR, fototransistores, células fotoeléctricas.
- Transductores de audio: micrófonos, altavoces.
- Transductores de proximidad o contacto: sensor de final de carrera.

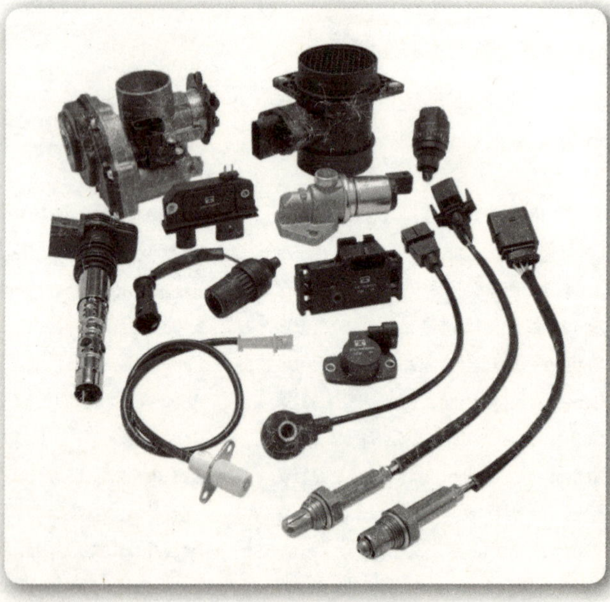

Figura 1. Sensores utilizados en la inyección electrónica de combustible en un automóvil actual.

Al realizar la transformación de una energía a otra con un transductor, se produce una pérdida de energía. Sin embargo, desde el punto de vista teórico, podemos hablar de sensores cuando tanto la entrada como la salida pueden ser una combinación cualquiera de los siguientes seis tipos básicos de variables existentes en la naturaleza:

- **Variables mecánicas**: longitud, área, volumen, flujo másico, fuerza, presión, velocidad, aceleración, posición, longitud de onda acústica, intensidad acústica, etcétera.
- **Variables térmicas**: temperatura, calor, entropía, flujo calórico, etcétera.
- **Variables eléctricas**: voltaje, corriente, carga, resistencia, inductancia, capacitancia, constante dieléctrica, polarización, campo eléctrico, frecuencia, momento bipolar, etcétera.
- **Variables magnéticas**: intensidad de campo, densidad de flujo del momento magnético, permeabilidad, etcétera.
- **Variables ópticas**: intensidad, longitud de onda, polarización, fase, reflectancia, transmitancia, índice de refracción, etcétera.
- **Variables químicas o moleculares**: composición, concentración, potencial redox, velocidad de reacción, pH, olor, etcétera.

Figura 2. Los smartphones actuales contienen acelerómetros para agregar funciones nuevas a la interfaz y a los juegos.

SENSORES EN LA VIDA COTIDIANA

Estamos rodeados de sensores: el termómetro tradicional aprovecha las propiedades del mercurio de dilatarse o contraerse para poder marcar las distintas temperaturas; el ventilador transforma la energía eléctrica en energía mecánica; y una estufa eléctrica transforma la energía eléctrica en calor.

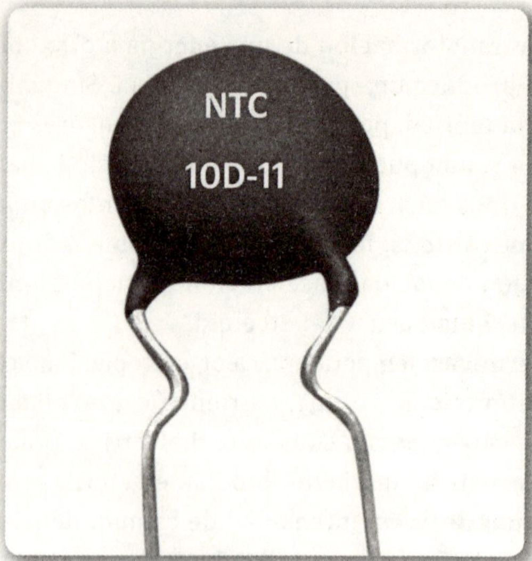

Figura 3. Termistor **NTC** (**Negative Termperature Coefficient**), varía su resistencia a distintas temperaturas.

Elección de un sensor

A continuación, desarrollaremos algunas de las características principales que deberíamos tener en cuenta a la hora de elegir y comparar distintos sensores:

- **Rango de medida**: valores que el sensor detectará y sobre los que dará una cierta precisión.
- **Precisión**: para los distintos valores, existe una cierta precisión que puede estar indicada con porcentajes de error máximo (peor caso), como en los transductores de uso común. En los sensores industriales, en cambio, el error se refleja mediante curvas con cierta distribución estadística conocida.

SENSORES EN LOS AUTOS

Algunos son de ayuda para el conductor, como los indicadores de temperatura, el velocímetro, etcétera. Otros no son visibles pero son de gran importancia: los sensores de **inyección electrónica**, por ejemplo, miden el régimen y el caudal de aire aspirado por el motor para determinar una potencia y dosificar la cantidad de combustible requerida para que la combustión sea lo más completa posible.

- **Offset o desviación de cero**: valor de la variable de salida cuando la variable de entrada es nula (cero). En los casos en que la variable de entrada no llegue a cero, se establecerá otro punto de referencia para el offset.
- **Resolución**: la resolución de un sensor indica cuál es la mínima diferencia reconocible de la variable de entrada que se percibe a la salida. Por ejemplo, en un termistor que tenga como resolución 0,001 °C o 1 m°C, solo se notará una variación en la resistencia si la temperatura que se le aplica cambia más de un miligrado centígrado.

EXISTEN DIFERENTES SENSORES SEGÚN LA TECNOLOGÍA QUE UTILIZAN Y LA VARIABLE A DETECTAR

- **Sensibilidad**: variación en la salida frente a una variación en la entrada. Pendiente de la gráfica de calibración.
- **Linealidad**: cercanía de la curva característica a una recta especificada. La linealidad equivale a la sensibilidad constante.
- **Histéresis**: se refiere a cómo cambian los valores de la salida del sensor con la misma entrada según la trayectoria realizada.
- **Saturación**: por lo general, al final del rango de valores medibles, el sensor pierde rápidamente la sensibilidad.
- **Velocidad de respuesta**: a veces es un tiempo fijo, otras depende del tamaño de la magnitud por medir. Muestra la capacidad del sistema para seguir las variaciones de la entrada sin retraso en la salida. Es decir, con mayor velocidad de respuesta, se puede introducir una señal a la entrada de mayor frecuencia.

Tipos de sensores

En la actualidad, podemos identificar diferentes tipos de sensores, y cada uno de ellos posee características y opciones muy variadas que los distinguen.

A continuación, detallaremos los sensores más importantes y veremos sus funciones principales. De esta forma, podremos determinar qué aplicaciones es posible darles.

Sensores de posición

Dentro de esta categoría, podemos mencionar a los potenciómetros, encoders, sensores de efecto Hall, resolvers, sincros, LVDT y RVDT.

Los **potenciómetros** son resistores variables cuyo valor de resistencia dependerá de la posición del mando de control. Según el tipo de desplazamiento, pueden ser lineales o angulares. De esta manera, al circular una corriente a través del potenciómetro, se podrá determinar la posición lineal o angular del mando de control partiendo del valor de tensión existente entre sus terminales. Este tipo de sensor es analógico.

LOS POTENCIÓMETROS SE LIMITAN A CIERTOS DISPOSITIVOS POR SU DESGASTE MECÁNICO

Los **encoders** son otro tipo de sensores utilizados para determinar el ángulo de giro de un eje. Existen relativos (o incrementales) y absolutos. Los incrementales están formados por un disco, en cuya superficie hay ranuras transparentes ubicadas radialmente. Este disco se encuentra adosado a un eje, cuyo ángulo de giro es el que se desea medir. Frente al disco, se coloca un fotosensor o varios de ellos, los cuales generan un pulso a medida que el disco gira y la luz pasa entre las ranuras. En base a la cantidad de pulsos generados, se puede determinar la posición angular del eje. Por otra parte, si medimos el tiempo transcurrido entre la generación de cada pulso, podemos determinar la velocidad de giro del eje.

A medida que aumenta la cantidad de ranuras en el disco, el sensor tiene mayor resolución. A estos sensores se los llama relativos, ya que todas las ranuras del disco son iguales, con lo cual no es posible saber en qué posición angular está ubicado el eje. Sin embargo, existen métodos para que el sensor pueda detectar la posición de cero y,

PRECISIÓN Y EXACTITUD

La **precisión** se refiere al error obtenido al repetir la medida con el mismo valor de entrada. En cambio, la **exactitud** es la diferencia con el valor teórico que indica el fabricante. Si un sensor tiene exactitud, tendrá un valor similar al que uno espera, pero si tiene precisión se obtendrán valores similares al realizarse diferentes mediciones cercanas al valor esperado.

a partir de ahí, contabilizar los pulsos. Este tipo de sensores se puede encontrar, por ejemplo, dentro de los mouses.

Los encoders absolutos emplean el mismo concepto que los relativos, con la diferencia de que se le agregan más bandas concéntricas de ranuras al disco y un fotosensor por cada una de ellas. De esta manera, cada posición del eje formará una única palabra binaria, en donde cada bit de dicha palabra corresponderá a la salida de cada fotosensor en esa posición.

EL SENSOR TIENE MÁS RESOLUCIÓN CUANDO TIENE MÁS RANURAS EN EL DISCO

Cuando aumenta la cantidad de anillos concéntricos, aumenta la resolución del sensor. Por ejemplo, si tenemos un disco con ocho anillos concéntricos, obtendremos un sensor con una resolución de 8 bits, con lo cual podremos dividir el recorrido del eje en 256 posiciones.

El código utilizado para representar la posición del eje es el código Gray, ya que este tiene la característica de cambiar solo uno de los bits en cada incremento, lo cual hace que disminuya el error ante problemas de alineación de los fotosensores.

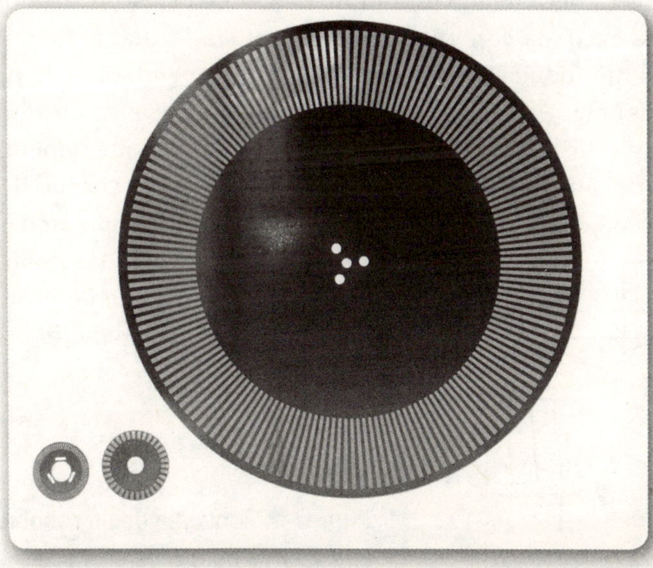

Figura 4. Aquí vemos un disco de un **encoder incremental**, en donde las ranuras son todas equidistantes y del mismo tamaño.

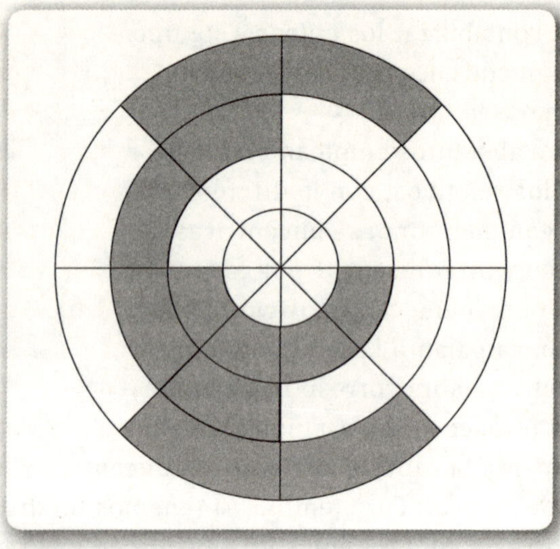

Figura 5. Este esquema corresponde a un disco de **encoder absoluto**. Dado que posee cuatro bandas concéntricas, su resolución es de 4 bits (16 posiciones).

Los **resolvers** están formados por dos bobinas fijas ubicadas a los costados del eje del cual se desea conocer la posición angular y una tercera bobina que gira junto con el eje. Esta última bobina se encuentra excitada con una tensión senoidal, la cual inducirá en el bobinado fijo (detectores) una tensión que dependerá de la posición angular del eje. Dado que las dos bobinas fijas se encuentran separadas a 90º, una bobina inducirá una tensión que dependerá del seno del ángulo de giro y la otra dependerá del coseno del mismo ángulo. Leyendo ambas señales obtenidas de las bobinas detectoras, es posible determinar la posición angular del eje.

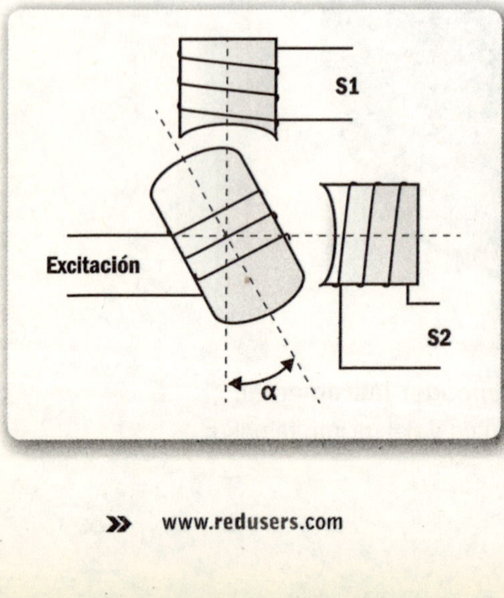

Figura 6. Esquema de un **resolver**. Los valores obtenidos en las salidas S1 y S2 dependerán de la posición del eje (ángulo α).

Los **sincros** tienen el mismo principio de funcionamiento que los resolvers, con la diferencia de que, en vez de tener dos bobinas fijas, tienen tres. Estas bobinas se encuentran desfasadas 120º entre sí.

Los **LVDT** (transformador diferencial de variación lineal) son dispositivos empleados para la medición de desplazamientos lineales. Están formados por tres bobinas alineadas, una para el primario (ubicada en el centro) y las dos restantes para el secundario (ubicadas en los extremos). Entre estas bobinas se encuentra un núcleo de material ferromagnético, que se desliza solidario al eje cuyo desplazamiento lineal se desea medir. Dependiendo de la posición del núcleo, la inductancia mutua entre el primario y los secundarios variará.

Al hacer circular una corriente alterna a través de la bobina primaria, se induce una tensión en ambas bobinas secundarias, la que dependerá de la inductancia mutua. Dado que las bobinas del secundario se encuentran invertidas entre sí, la tensión de salida será la diferencia entre ambas. En base a esto, podemos decir que si el núcleo está ubicado justo entre las dos bobinas secundarias (posición central), la tensión de salida será cero. De la misma manera, a medida que el núcleo comienza a desplazarse hacia uno de los bobinados secundarios, la tensión de salida aumentará en forma proporcional al desplazamiento. De esta forma, es posible medir el desplazamiento lineal del eje.

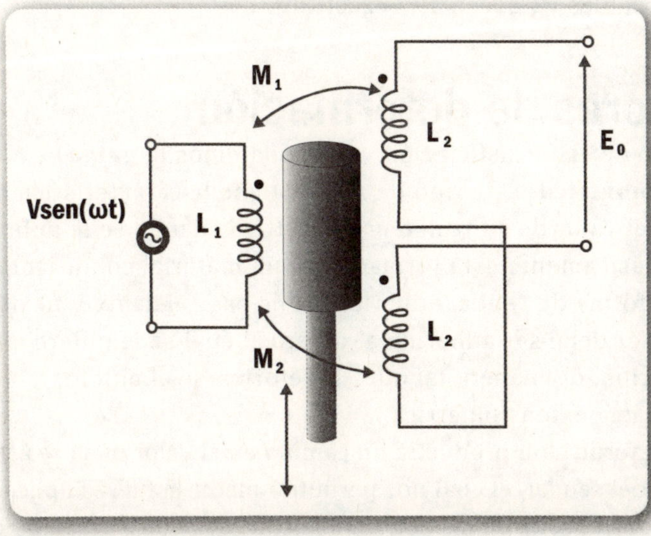

Figura 7. El **LVDT** brinda alta resolución para la medición de un desplazamiento lineal, pero solo en distancias cortas. Además, tiene poco rozamiento.

Los **RVDT** (transformador diferencial de variación rotacional) tienen el mismo principio de funcionamiento que los LVDT, pero se diferencian de estos últimos en que, en vez de utilizarse para medir desplazamientos lineales, se los usa para la medición de desplazamientos angulares. Al igual que los LVDT, estos dispositivos prácticamente no poseen fricción. Esta característica hace que estos sensores sean muy durables y, al mismo tiempo, muy apropiados para utilizarse en aplicaciones que requieran un uso constante.

EL ALMACENAMIENTO TEMPORARIO DE LA INFORMACIÓN SE PRODUCE GRACIAS A LOS REGISTROS

Los **sensores de efecto Hall** son dispositivos que se basan en el efecto Hall para detectar posición. Si hacemos circular una corriente a través de un conductor y a este le acercamos un imán, se producirá un desplazamiento de los electrones que circulan por el conductor. Esto generará una diferencia de potencia entre dos puntos ubicados transversalmente al conductor. Esta tensión desaparecerá al separar el imán del conductor. Entonces, en base al valor de esta tensión, se puede determinar la cercanía del imán. Este tipo de sensores se suele encontrar en las industrias automotriz y robótica. Son sensores muy confiables y poseen alta exactitud.

Sensores de deformación

Dentro de esta clasificación, mencionaremos la **galga extensiométrica**. Este tipo de sensor tiene la característica de cambiar el valor de su resistencia eléctrica cuando se le aplica una fuerza. Básicamente está formada por un material conductor muy fino con forma de rejilla, adherido a una base aislante y flexible. Este sensor debe ser adherido al objeto al cual se le quiere medir la deformación, de manera tal que, al deformarse el objeto, también lo haga la galga extensiométrica.

Esta deformación producirá un cambio en el valor de la resistencia eléctrica del sensor, el cual nos permitirá medir la fuerza aplicada sobre el objeto. Una de las aplicaciones que se le da a este tipo de sensores es en la industria de la construcción, por ejemplo, para controlar el asentamiento de las estructuras de hormigón.

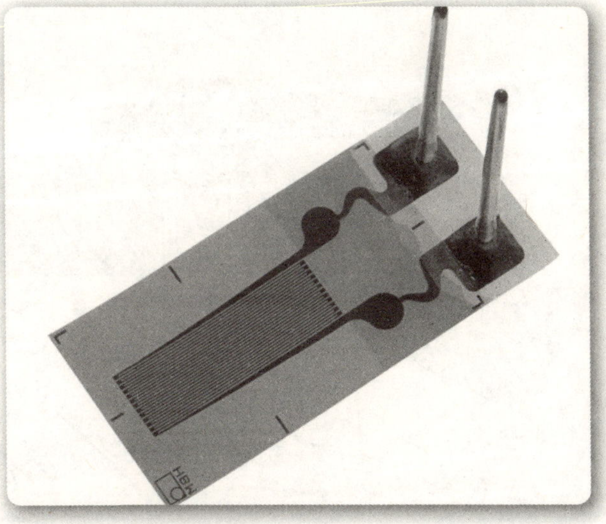

Figura 8. Galga extensiométrica. Las marcas ubicadas en los bordes del sensor nos permitirán posicionarlo con precisión sobre la superficie por medir.

Sensores de velocidad

En esta categoría hablaremos sobre los **sensores inductivos**, que son dispositivos empleados tanto para la medición de velocidades de rotación como también para la detección de la posición angular de un objeto determinado. Básicamente están formados por un imán permanente, una bobina fija (alrededor del imán) y una pieza de material ferromagnético (unida al objeto que se encuentra en movimiento y, por lo general, tiene forma de corona dentada).

Dado que la bobina se encuentra alrededor de un imán permanente, el campo magnético será fijo, pero al acercarle la pieza de material ferromagnético, sufrirá una variación. Por lo tanto, aparecerá una tensión sobre los extremos de la bobina, la cual aumentará cuando la pieza de material ferromagnético se aleje del sensor, y disminuirá a medida que se acerque. Por otra parte, esta tensión también dependerá de la velocidad con la que la pieza se desplaza cerca del sensor.

A mayor velocidad, el campo magnético variará más rápido y la tensión será mayor. A menor velocidad, el campo magnético variará más lento y la tensión será menor. Los sensores inductivos son muy utilizados en la industria automotriz. Tienen la ventaja de ser simples y de bajo costo de fabricación.

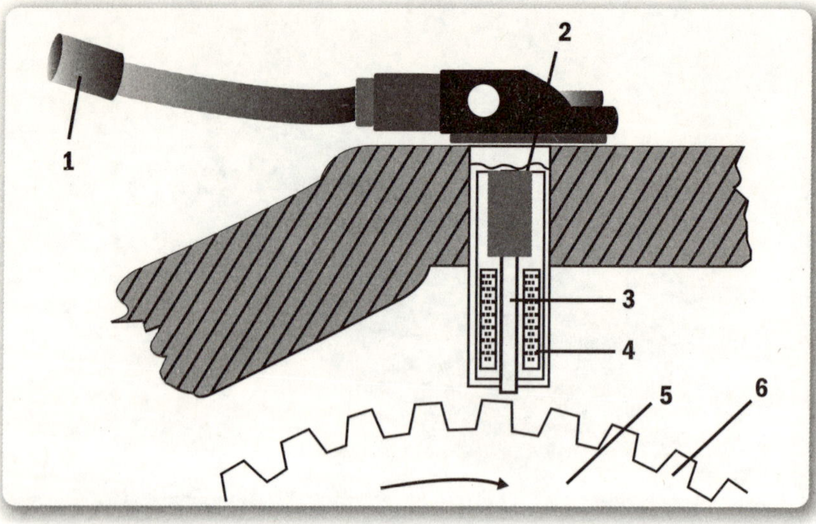

Figura 9. Sensor de velocidad inductivo: 1) imán permanente; 2) conector; 3) núcleo de hierro; 4) bobina fija; 5) corona dentada; 6) diente.

Sensores de aceleración

Los sensores de aceleración son dispositivos diseñados para la medición de aceleraciones y vibraciones. Uno de los más comunes es el **acelerómetro piezoeléctrico**. Este tipo de dispositivo basa su funcionamiento en el efecto piezoeléctrico, que consiste en la aparición de una diferencia de potencial en determinados cristales al ser sometidos a deformaciones mecánicas.

Estos acelerómetros poseen en su interior un elemento piezoeléctrico sobre el cual se apoya una masa sísmica. A su vez, esta masa se encuentra sujeta a un resorte. Al aplicarle una vibración a todo este conjunto, el material piezoeléctrico estará sometido a

OTROS ACELERÓMETROS

Existen otros tipos de acelerómetros, como los **acelerómetros capacitivos**. Estos tipos de acelerómetros miden la aceleración sobre la base del cambio producido en la capacidad de un capacitor, el cual posee entre sus placas una masa sísmica. Al someter el acelerómetro capacitivo a una fuerza, la masa sísmica se desplazará, variando el valor de la capacidad.

una fuerza variable, que será proporcional a la aceleración de la masa sísmica.

De esta forma, el material piezoeléctrico producirá una diferencia de potencial variable. Esta diferencia de potencial será proporcional a la aceleración mencionada anteriormente, es decir que, a medida que la aceleración sea mayor, la diferencia de potencial aumentará.

Figura 10. Un **acelerómetro piezoeléctrico**. Este tipo de sensor es muy utilizado para la detección temprana de defectos en maquinarias.

Sensores de presión

Existen diversos tipos de sensores de presión. Los que son de tipo electrónico basan su funcionamiento en la deformación de algún componente flexible o una membrana elástica. Posteriormente, esta deformación se traducirá en algún tipo de señal eléctrica mediante un transductor. Dependiendo de esto, podemos encontrar sensores de presión piezorresistivos, capacitivos y de efecto Hall, entre otros.

Los **sensores de presión piezorresistivos** poseen una placa formada por resistores. Cuando esta placa es sometida a una presión, el valor de su resistencia eléctrica varía. Dado que esta variación es proporcional a la presión aplicada, esta puede ser calculada midiendo el valor de la resistencia eléctrica.

Los **sensores de presión capacitivos** basan su funcionamiento en la variación de la capacidad de una membrana cerámica, al ser deformada por la presión aplicada sobre ella.

Los **sensores de presión de efecto Hall** constan de una membrana a la cual se le adosa un imán permanente. Dependiendo de la presión aplicada, la membrana se deformará. Esta deformación y el consecuente desplazamiento del imán permanente producirán un cambio en la tensión generada por el efecto Hall, la cual será proporcional a la presión aplicada.

Sensores de caudal

Podemos encontrar una diversa variedad de sensores de caudal en la industria, a los que vamos a clasificar según su principio de funcionamiento. A continuación, vamos a hablar sobre los sensores de caudal magnético, ultrasónico y de turbina.

Los **sensores de caudal magnético** basan su funcionamiento en la ley de Faraday, en donde el desplazamiento en sentido perpendicular de un conductor a través de un campo magnético generará una tensión inducida proporcional a la velocidad de dicho desplazamiento. Es por esto que este tipo de sensor debe ser utilizado en fluidos que sean conductores. La ventaja de este sistema es que es poco invasivo.

Los **sensores de caudal ultrasónico** son dispositivos no invasivos, ya que no afectan la circulación del fluido que se va a medir. Un ejemplo de este tipo de sensores es el de tiempo de tránsito, cuyo principio de funcionamiento se basa en la medición de la diferencia de velocidad de propagación de una señal que fluye en el sentido del fluido y otra que fluye en sentido contrario. Otro ejemplo de sensor de caudal ultrasónico es el de efecto Doppler, el cual basa su funcionamiento en la medición del cambio de frecuencia que se produce entre una señal sonora emitida en el sentido del flujo del fluido y la reflejada sobre las partículas existentes en él.

Los **sensores de caudal de turbina** constan de una hélice que se coloca frente a la corriente de fluido que se desea medir. La velocidad de rotación de esta turbina será proporcional a la velocidad de la corriente del fluido. De esta manera, conociendo esta velocidad y la superficie del conducto por donde circula el fluido, se puede conocer su caudal.

Figura 11. Este **sensor de caudal de turbina** permite ser utilizado con una gran variedad de fluidos industriales, incluyendo gases y vapores.

Sensores de temperatura

Dentro de esta categoría, explicaremos el funcionamiento de los RTD, los termistores, las termocuplas y los termostatos.

Los **RTD** (*Resistance Temperature Detector*) son detectores de temperatura resistivos. Están construidos en un material conductor, cuyo valor de resistencia varía en función de la temperatura. Estos sensores poseen un coeficiente de temperatura positivo, lo que nos indica que, al aumentar la temperatura, se eleva el valor de resistencia. Los RTD ofrecen bastante estabilidad en sus valores con el paso del tiempo.

> LOS RTD DAN UNA VARIACIÓN LINEAL DE LA RESISTENCIA SEGÚN LA TEMPERATURA

Los **termistores** son resistores cuya característica principal es que su valor de resistencia varía en función de la temperatura. Si la corriente que circula por el termistor es baja, la resistencia prácticamente solo dependerá de la temperatura ambiente. Sin embargo, si la corriente que circula es considerable, se producirá un calentamiento del termistor por efecto Joule, lo que ocasionará una variación en el valor de la resistencia. Existen dos tipos de termistores, los **NTC** y los **PTC**. Los **NTC** (*Negative Temperature Coefficient*), tal como indica su nombre, tienen coeficiente de temperatura negativo. Esto significa que, al aumentar la temperatura, el valor de resistencia disminuye. Para el caso de los **PTC** (*Positive Temperature Coefficient*), como también indica su nombre, poseen un coeficiente de temperatura positivo. De esta manera, al aumentar la temperatura, aumenta el valor de resistencia. A diferencia de los sensores de temperatura tipo RTD, los termistores no presentan una variación lineal del valor de resistencia en función de la temperatura.

Las **termocuplas** son sensores de temperatura que están realizados mediante la unión de dos metales distintos. Si tenemos dos alambres de diferente material y los unimos en uno de sus extremos, al aplicarle una temperatura a dicha unión, en los extremos opuestos aparecerá una diferencia de potencial. Esta tensión será proporcional a la temperatura del punto de unión. Al aumentar la temperatura, la tensión será mayor. Pero esta relación entre temperatura y tensión no es lineal, con lo cual el instrumento empleado para indicar el valor de temperatura medido deberá encargarse de hacerla lineal. Las termocuplas son muy utilizadas en sistemas de calefacción a gas.

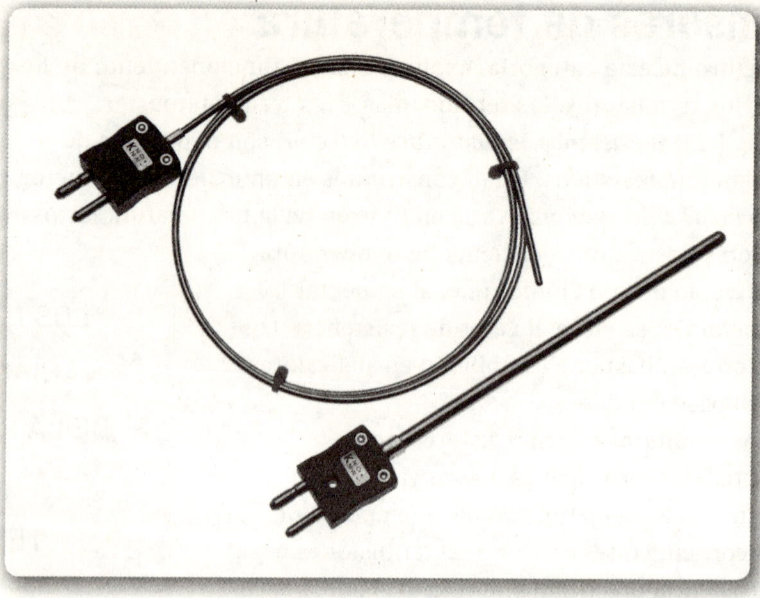

Figura 12. Un ejemplo de **termocuplas** disponibles en la industria. Podemos encontrar de diferentes tipos, diámetros y longitudes.

Los **termostatos** son básicamente conmutadores o llaves controladas por temperatura. En su forma más sencilla, están compuestos por dos láminas unidas. Estas láminas son de metales diferentes, de modo tal que entre ellos tengan distinto coeficiente de dilatación. Al aplicarles una temperatura, las láminas se deforman, accionando los contactos.

Sensores de proximidad

Uno de los sensores de proximidad más utilizado en el ambiente industrial es el **sensor de final de carrera**. Este tipo de dispositivo

CABLES COMPENSADOS

Cuando el instrumento de medición está alejado de la termocupla y el largo de esta puede llegar a ser insuficiente, no podremos realizar una extensión de la termocupla con cualquier cable conductor. Tendremos que utilizar un cable compensado; si no, la medición será errónea. Además, se deberá considerar la polaridad de este en la conexión, la cual es informada por el fabricante.

mecánico se suele emplear para detectar la proximidad o llegada de ciertos objetos a una determinada posición. Por ejemplo, uno de los usos es en el final del recorrido de una cinta transportadora (de ahí el nombre de final de carrera).

Está formado por un accionador que, al detectar el movimiento, acciona una serie de contactos de forma tal que activa o desactiva un circuito eléctrico. Estos contactos pueden ser tanto NC (normalmente cerrado) como NA (normalmente abierto). Dependiendo del tipo de accionador, podemos encontrar sensores de lengüeta, varilla, bisagra, pulsador, etcétera.

Sensores acústicos

LOS SENSORES DE FINAL DE CARRERA SON MUY ROBUSTOS Y SENCILLOS DE INSTALAR

En esta categoría de sensores, hablaremos sobre los micrófonos. Los **micrófonos** son sensores que permiten convertir una onda sonora en eléctrica. Básicamente, constan de dos partes. La primera consiste en un diafragma, que es una lámina fina encargada de transformar la presión ejercida por la señal sonora en vibraciones mecánicas. La segunda parte es la encargada de convertir estas vibraciones mecánicas en una señal eléctrica. Dependiendo del tipo de transductor utilizado para realizar esta conversión, es posible encontrar diferentes tipos de micrófonos. Entre ellos, podemos mencionar los de carbón, los electrodinámicos, los electrostáticos y los piezoeléctricos.

Los **micrófonos de carbón** constan de un receptáculo cerrado, en cuyo interior se encuentra el carbón (grafito). A su vez, este está recubierto por una membrana. Al ser expuesta a una señal sonora, esta membrana ejerce una presión sobre las partículas de carbón, las cuales se reacomodan. Esto generará una variación del valor de resistencia ofrecido por el carbón y, en consecuencia, se producirá una variación de la corriente que circula a través de él, la cual es proporcional a la variación de la señal sonora. La respuesta en frecuencia de este tipo de micrófonos es entre los 200 Hz y los 3 kHz. Esta, si bien es bastante acotada, fue muy utilizada en telefonía para la transmisión de voz. Estos micrófonos son bastante económicos y muy resistentes, pero tienen un elevado nivel de ruido.

Los **micrófonos electrodinámicos** basan su funcionamiento en la variación de un campo magnético. Dependiendo del elemento utilizado para lograr esta variación, podemos encontrar micrófonos de bobina móvil o de cinta. Los **micrófonos de bobina móvil** están formados por una bobina móvil adosada a un diafragma. Este conjunto se encuentra delante de un imán permanente. La presión ejercida por la señal sonora produce un desplazamiento del diafragma y, al mismo tiempo, de la bobina móvil. Este movimiento produce una variación en el campo magnético generado por el imán permanente, la cual se traducirá en una corriente variable proporcional a la señal sonora.

En los **micrófonos de cinta**, la membrana es una cinta de metal corrugada que está ubicada entre los polos de un imán permanente. De esta forma, al desplazarse debido a la presión ejercida por las ondas sonoras, se produce una variación del campo magnético generado por el imán permanente. Esta variación se traducirá en la generación de una tensión proporcional a la señal sonora.

Figura 13. La cápsula que recubre este **micrófono electrodinámico** de mano tiene la función de disminuir el ruido ocasionado por el flujo de aire.

Los **micrófonos electrostáticos** están formados por un condensador (capacitor) cuya capacidad varía al producirse una variación en el diafragma. Un ejemplo de este tipo de dispositivo es el **micrófono de condensador**, en el cual el capacitor está formado por una placa fija y otra móvil. La placa móvil cumple la función de membrana, es decir que transforma la presión ejercida por las ondas sonoras en vibraciones mecánicas, provocando que el espacio entre las dos placas sea mayor o menor. Esto trae como consecuencia una variación en la capacidad, por lo que, al mismo tiempo, existirá una variación en la tensión. La variación es proporcional a la señal sonora. Este tipo de micrófono requiere de una alimentación que brinde un potencial a las placas para su funcionamiento.

Los **micrófonos piezoeléctricos** constan de un diafragma, el cual se deforma con la presión ejercida por la onda sonora. Esta deformación se traslada al material piezoeléctrico que se encuentra en su interior, lo que generará una tensión sobre su superficie. Esta tensión será proporcional a la onda sonora. Dependiendo del tipo de material, es posible encontrar diferentes tipos de micrófonos piezoeléctricos. Por ejemplo, podemos mencionar los micrófonos de cristal, cuyo diafragma está compuesto por cristal de cuarzo. Otro ejemplo son los micrófonos de cerámica, que utilizan cerámica para conformar el diafragma.

Sensores lumínicos

Estos sensores actúan en base a la variación de la intensidad lumínica. Dentro de esta clasificación, mencionaremos las fotorresistencias, los fotodiodos y los fototransistores.

Las **fotorresistencias** o **LDR** (*Light Dependent Resistor*), tal cual lo indica su nombre en inglés, son resistores cuyo valor de resistencia depende de la luz. A medida que la luz incidente es mayor, el valor de resistencia será menor. Una de las características de este tipo de sensor es la lentitud de respuesta ante los cambios de luz, lo que hace que no se lo pueda utilizar en aplicaciones que necesiten un corto tiempo de reacción. No obstante, es posible usarlo, por ejemplo, como detector de día y noche.

MICRÓFONO ELECTRET

Su funcionamiento es similar al condensador, pero no necesita de una alimentación externa porque el material con el cual está fabricado el diafragma permite almacenar cargas durante mucho tiempo. La polarización inicial se realiza durante el proceso de fabricación y dura varios años. Como son muy pequeños, son utilizados como micrófonos de solapa, grabadores portátiles, etcétera.

Figura 14. Este tipo de sensor (**LDR**) se suele emplear en sistemas de alumbrado para controlar el encendido y apagado de luces.

Los **fotodiodos** son componentes similares a los diodos comunes, con la diferencia de que, al conectarlos en inversa, permiten el paso de una corriente proporcional a la intensidad de la luz que incide sobre ellos. Es decir que, a mayor intensidad de luz, mayor corriente. Para mejorar la respuesta a los cambios de intensidad de luz, se los suele construir con una lente en su superficie. Un uso muy común de este tipo de dispositivos es en lectoras de CD.

Los **fototransistores** son dispositivos similares a los transistores comunes, dado que se los fabrica con el mismo semiconductor, y constan de conectores de emisor, base y colector. La diferencia radica

SENSORES PIR

Los sensores **PIR** (**Passive Infra Red**) son dispositivos que miden la variación de la radiación infrarroja en un rango determinado. Constan de un detector piroeléctrico que basa su funcionamiento en la variación de la polarización al ser expuesto a un cambio de temperatura. Estos sensores son económicos y muy utilizados en sistemas de alarma como detectores de intrusión.

en que la región de la base está preparada para recibir luz mediante una lente que la concentra. Dependiendo de la cantidad de luz incidente en la base, se la puede llevar a la zona de conducción.

Los fototransistores pueden ser utilizados como transistores comunes, pero se los suele utilizar dejando el terminal de base sin conectar, para que este solo dependa de la luz incidente. En los casos en que exista poca intensidad de luz y se desee aumentar la sensibilidad de este componente, se puede polarizar de manera externa la base, de forma tal de aumentar el valor de corriente, para que esta no dependa solo de la luz incidente. Una de las características de los fototransistores es que poseen un tiempo de respuesta bastante corto.

Sensores táctiles

En esta clasificación, hablaremos sobre los **sensores de matriz táctil**. Este tipo de dispositivo está formado por un conjunto de sensores de fuerza que se encuentran unidos, conformando una matriz.

Cada sensor de fuerza tiene la característica de modificar su valor de resistencia en forma proporcional a la presión que se ejerza sobre él. A medida que la cantidad de sensores de fuerza aumente, obtendremos una mayor resolución en la detección. Uno de los usos que se le suele dar a este tipo de sensores es en las pinzas de agarre de los brazos robot, de forma tal de permitirles a estos detectar las formas y dimensiones de los elementos que se van a manipular.

Funcionamiento del interruptor óptico

En la siguiente imagen podemos ver el diagrama esquemático del interruptor óptico controlado por un LDR.

PANTALLA TÁCTIL

Es un dispositivo de entrada/salida de datos. Al tocar la pantalla, se ingresan datos en el dispositivo. Existen dos tipos de pantallas táctiles, dependiendo de la tecnología empleada para su fabricación: resistivas y capacitivas. El principio de funcionamiento de ambas es la detección de variaciones en la corriente que depende del lugar de la pantalla que se esté tocando.

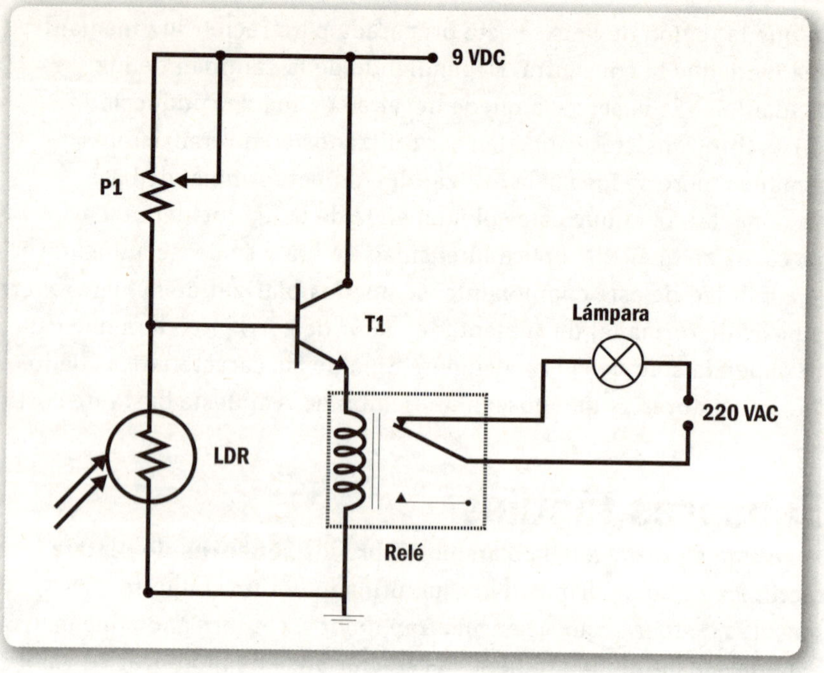

Figura 15. A modo de ejemplo, entre los contactos del relé colocamos una lámpara a 220 V.

Este circuito no es más que un interruptor, que se activará automáticamente cuando la intensidad de la luz existente en el ambiente no sea la suficiente. Al activarse, se cerrará un circuito de iluminación. En cuanto la intensidad de la luz vuelva a ser lo suficientemente alta, el interruptor se desactivará y abrirá el circuito de iluminación.

El principio de funcionamiento de este dispositivo se basa en la resistencia presentada por el LDR. Cuando la luz incidente es suficiente, el LDR presenta una resistencia muy baja. Esto hace que la tensión en la base del transistor T1 no sea suficiente para ponerlo en estado de conducción y, en consecuencia, el relé se encontrará desactivado. A medida que la luz incidente sea menor, la resistencia presentada por el LDR aumentará. Esto hará que la tensión en la base del transistor aumente, hasta llegar a un punto en donde se pondrá en modo conducción, accionando el relé. Este punto dependerá, además, del valor de resistencia calibrado en el potenciómetro P1. Al activarse el relé, se cerrará el circuito de iluminación.

Se debe tener cuidado de no dejar el LDR expuesto a la luz generada por el mismo circuito de iluminación, ya que esto provocará que el relé se active y se desactive constantemente.

Aplicaciones de los sensores

La **telemetría** es una tecnología que permite la medición remota de magnitudes físicas y el posterior envío de la información hacia un operador del sistema que se esté controlando.

La palabra telemetría procede de las palabras griegas **tele**, que significa "a distancia", y **metro**, que significa "medida"; es decir, medida a distancia.

En un sentido más amplio, podemos definir la telemetría como una técnica automatizada de las comunicaciones con la ayuda de las mediciones y la recopilación de datos realizadas en lugares remotos, para la transmisión de información a un centro de control. Esta técnica utiliza comúnmente transmisión inalámbrica, aunque originalmente los sistemas transmitían la información por medios cableados. La información también se puede enviar por otros medios (teléfono, redes de computadoras, conexiones de fibra óptica, entre otros).

Figura 16. Wireless fidelity, mejor conocida como **Wi-Fi**, es una manera inalámbrica de transmitir información, que hoy goza de gran popularidad.

Un sistema de telemetría normalmente consta de un transductor como un dispositivo de entrada, un medio de transmisión en forma de líneas de cable u ondas de radio, dispositivos de procesamiento de señales y dispositivos de grabación o visualización de datos.

El sensor o transductor convierte una magnitud física, como temperatura, presión o vibraciones, en una señal eléctrica correspondiente, que es transmitida a una cierta distancia con la finalidad de registrar la información y de medición.

Algunos ejemplos de la telemetría utilizada en grandes sistemas son: naves espaciales, plantas químicas, redes de suministro eléctrico y, en general, empresas encargadas de proveer servicios públicos, debido a que la telemetría facilita la monitorización automática y el registro de las mediciones, así como el envío de alertas o alarmas al centro de control, con el fin de que el funcionamiento sea seguro y eficiente.

Un ejemplo de la aplicación de la telemetría en agencias espaciales (NASA, UK Space Agency, ESA, JAXA, etcétera) es en el manejo de naves espaciales, satélites y vehículos de exploración.

Figura 17. Un transbordador espacial es un sistema con numerosos sistemas de telemetría. Gracias a estos, se puede obtener fácilmente información proveniente del espacio exterior.

CONTROL DE ENERGÍA EN EDIFICIOS

Hoy en día, el control de la energía en edificios es una práctica importante para hacer más eficiente su uso y reducir su consumo. Se lleva a cabo gracias a sistemas de telemetría, aunque la información se envíe por distintos métodos (cableados o inalámbricos). Estos datos ayudan a tomar decisiones sobre las áreas de un edificio que necesitan reducir el consumo de energía.

En las fábricas, oficinas y residencias, el monitoreo del uso de energía de cada sección o equipo y de los fenómenos derivados (como la temperatura) en un punto de control por telemetría facilita la coordinación para un uso más eficiente de la energía y una mejor administración que permita ver reflejada esta eficiencia en ahorro económico.

Uno de los campos en donde de manera reciente se ha implementado la telemetría es la **biomedicina**, en la que los datos fundamentales sobre los órganos internos de un paciente son transmitidos por los dispositivos que se implantan quirúrgicamente dentro de ese órgano.

Otro campo es el de la **oceanografía**, que implica la recopilación de datos relacionados con aspectos del mar, como la composición química de las rocas submarinas o su comportamiento sísmico.

Mando a distancia

Sobre el control remoto o mando a distancia, podemos decir que es un dispositivo electrónico usado para realizar una operación remota sobre una máquina.

El término se emplea de manera frecuente para referirse al control remoto (llamado, por lo general, control o mando) del televisor u otro tipo de aparato electrónico del hogar, como reproductores de DVD, computadoras, equipos de música, home theaters, y para encender y apagar un interruptor, una alarma o abrir la puerta del estacionamiento.

Los controles remotos para estos aparatos suelen ser objetos pequeños, fácilmente manipulables con una sola mano, y tienen una matriz de botones para ajustar los distintos valores, como, por ejemplo, el canal de televisión, el número de canción y el volumen.

Figura 18. El control remoto del televisor es un dispositivo de gran popularidad. La mayoría funciona por medio de la tecnología de infrarrojos.

EL CONTROL REMOTO CONTIENE TODAS LAS FUNCIONES PARA MANEJAR DISTINTOS PARÁMETROS

En la mayoría de los dispositivos modernos, el control remoto contiene todas las funciones para manejar los distintos parámetros, mientras que el propio aparato controlado solo dispone de las funciones básicas. Por lo general, estos controles remotos se comunican con sus respectivos aparatos a través de señales de infrarrojo (IR), y solo unos cuantos utilizan señales de radio.

En los vehículos modernos, las clásicas llaves incorporan ahora controles remotos con diversas funciones, como abrir y cerrar las puertas, configurar la alarma de seguridad y más recientemente, encender el motor a distancia. Su fuente de energía suelen ser pequeñas pilas de tipo AA, AAA o de botón.

Las aplicaciones del control remoto

En la industria, el control remoto es usado para operar subestaciones, centrales hidroeléctricas, procesos en fábricas, máquinas manuales o autónomas, entre otras tareas.

Por otro lado, en el ámbito de los videojuegos, hace algunos años, la mayoría de las consolas presentaban inconvenientes con el cable que las conectaba con el control. Ese fue un problema muy molesto, hasta que finalmente se incorporaron los controles inalámbricos para una mejor experiencia de uso.

Los controles remotos en robótica se suelen utilizar para manipular un dispositivo robótico a distancia, como, por ejemplo, en competencias de robots luchadores, en proyectos escolares sobre robótica para la demostración de funciones y como una opción de manipulación, si el funcionamiento automático llega a presentar algún problema.

Características

Debemos tener en cuenta diversas características a la hora de presentar los estándares en el sensor electrónico. A continuación, analizamos las más importantes.

Tasa de transmisión de datos: distintas aplicaciones necesitan diferentes transmisiones de datos. Aplicaciones de voz, en el caso de celulares y teléfonos inalámbricos, requieren de una tasa menor a los

60 kbit/s. Aplicaciones como teclados e impresoras inalámbricos requieren mayor ancho de banda. En proyectos de telemetría, por lo general se necesita baja transferencia de datos, a excepción de aplicaciones para la transferencia de vídeo.

Figura 19. Las cámaras de videovigilancia permiten observar lo que sucede desde cualquier parte en donde nos encontremos, gracias a la transmisión de la señal por internet.

Alcance y número de usuarios: por **alcance**, se entiende la máxima distancia entre el transmisor y el receptor de la comunicación, por ejemplo: la distancia entre una antena de red de celular y el equipo celular. En redes **PAN** (**Personal Area Networks**), el alcance es de muy pocos metros y la máxima cantidad de dispositivos es baja. Casos como WLAN aumentan el rango a unos 100 metros, y la cantidad máxima de usuarios generalmente es menor a 10. En la telefonía celular, el alcance es de varios kilómetros y con una cantidad de usuarios menor a 50. En la comunicación satelital, el rango es mucho más amplio aún, pero el número de usuarios es bajo.

Movilidad: las redes estacionarias están compuestas por una base transmisora y las estaciones, que son móviles. Sin embargo, existen casos de aplicaciones Wi-Fi fijas, por ejemplo, en el caso de una computadora de escritorio (desktop). Las computadoras portátiles (notebooks) tienen un grado mayor de movilidad, ya que cambian de lugar. Los teléfonos celulares tienen un alto grado de movilidad, e incluso la red GSM tiene un correcto funcionamiento con el equipo a velocidades inferiores a 300 km/hora (como en el interior de un vehículo). En telemetría también se tienen estos casos: por ejemplo, en un rastreo GPS se da un alto grado de movilidad, mientras que un sistema de monitoreo de un proceso de una fábrica es un sistema completamente estático.

EN PROYECTOS DE TELEMETRÍA SE NECESITA BAJA TRANSFERENCIA DE DATOS

Consumo de energía: el consumo de energía de la transmisión inalámbrica, por lo general, está dado por dos variables: la distancia que debe transmitir la señal y la tasa de transferencia de datos. En el caso de ZigBee, alcanza grandes distancias y es muy eficiente en el consumo de la energía, debido a la baja transferencia de datos. Por lo general, los proyectos de telemetría se basan en protocolos que consumen baja cantidad de energía por la reducida transmisión de datos.

Espectro de la frecuencia: cada comunicación inalámbrica tiene que ocupar un determinado rango de frecuencias. En el caso de las grandes compañías de telefonía móvil, por lo general, adquieren un espectro determinado. También existen espectros reservados para algunas aplicaciones, como es el caso de los teléfonos inalámbricos. Por último, están los espectros libres, como es el caso de Wi-Fi y Bluetooth.

Dirección de la transmisión de señales: en el caso de la televisión, es una dirección completamente unidireccional o simplex; en los teléfonos celulares, se trata de una dirección bidireccional o full duplex. En la telemetría, si se requiere solo monitorear la información, la aplicación será simplex; en cambio, si se desea controlar un proceso, será full duplex.

Calidad del servicio: se debe considerar la calidad de los servicios en términos de cobertura y calidad de transmisión. En el caso de la telefonía móvil, se necesita una gran cobertura, un bajo número de llamadas fallidas y la máxima disponibilidad para realizar llamadas. En telemetría, la calidad del servicio dependerá de la necesidad del proyecto.

Figura 20. Un ejemplo de una antena de telefonía móvil. Estas antenas son las encargadas de distribuir las señales provenientes de equipos celulares.

En el siguiente Paso a paso, analizaremos un medidor de distancias. Para llevarlo a cabo, necesitamos esta lista de materiales:

- Regulador de 5 V LM7805
- PIC18F4520
- TIP42 BJT
- Sensor de proximidad infrarrojo Sharp GP2Y0A21YK
- Barra de LEDs
- Motor de 3 V
- Cristal oscilador de 20 MHz
- Capacitores 10 µF (3x)
- LED verde
- Resistencias de 100 Ω (2x)
- Red de resistencias de 330 Ω
- Resistencia de 10 K
- Protoboard o tabla de prototipos
- Cable para conexiones
- Conector para batería de 9 V
- Batería de 9 V

PAP: MEDIDOR DE DISTANCIAS

01 Observe el esquemático del proyecto: contiene las conexiones correspondientes a cada elemento; el medidor de distancia permite también el control de un motor.

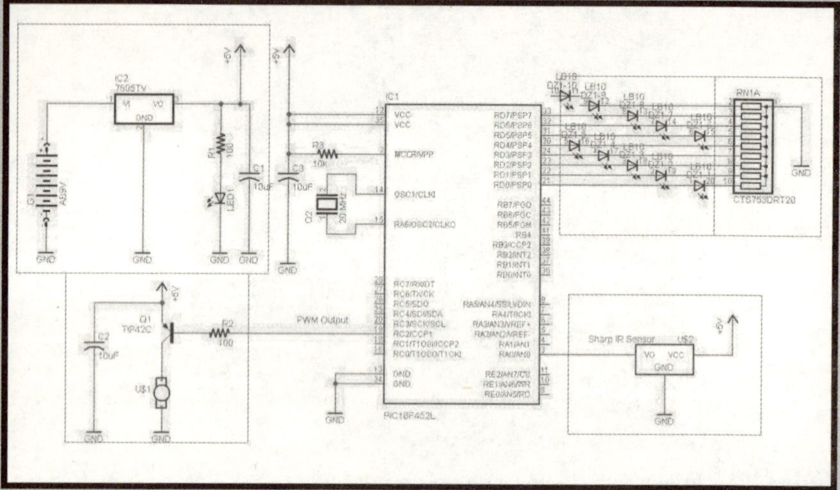

02 Coloque todos los elementos en su lugar, asegurándose de seguir cuidadosamente el esquemático, para evitar que el circuito presente fallas.

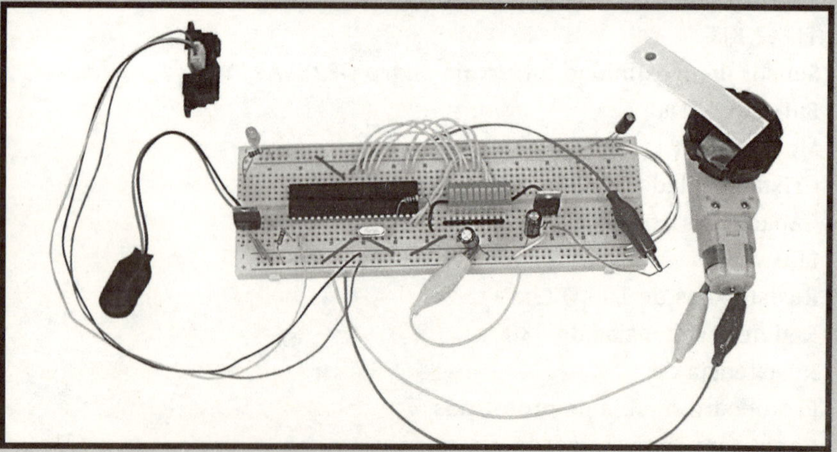

03 Por último, cargue en el microcontrolador PIC el programa descrito en la imagen, para hacer funcionar el circuito electrónico.

```
/*
Timer2 Prescalary Details:
0b00 = Prescalar x 1
0b01 = Prescalar x 4
0b10 = Prescalar x 16
*/
T2CONbits.T2CKPS0 = 0;
T2CONbits.T2CKPS1 = 0;

// PWM Frequency = [(period ) + 1] x 4 x TOSC x TMR2 prescaler
// Tosc = 20 MHz
// TMR2 Prescalar = 1
// Period = 128
// PWM Frequency = (256) x 4 x (1/20,000,000) x 1 = 19.5 KHz
OpenPWM1( period );

//Motor Initially Off
SetDCPWM1( speed_0 );

// configure A/D convertor
OpenADC( ADC_FOSC_32 & ADC_RIGHT_JUST & ADC_20_TAD,
ADC_CH0 & ADC_VREFPLUS_VDD & ADC_VREFMINUS_VSS
& ADC_INT_OFF, 0 );
```

Adquisición de datos

La adquisición de datos consiste en tomar una muestra del mundo real en forma de señales analógicas, para obtener datos útiles que puedan ser manipulados por medio de una interfaz capaz de almacenar y usar dichos datos para su posterior utilización en un sistema electrónico digital.

Estas señales físicas del mundo real pueden ser convertidas en señales eléctricas que, a su vez, se acondicionan para que un sensor o un transductor pueda medirlas y transformarlas (normalmente son señales analógicas) en una señal digital, y posteriormente un dispositivo eléctrico pueda interpretar dicha información y utilizarla. El elemento encargado de esta transformación se conoce como **tarjeta de adquisición de datos** o **DAQ**, por sus siglas en inglés.

Existen algunos conceptos fundamentales que debemos conocer para comprender este tema. A continuación, se mencionan algunos:

- **Dato**: es una representación simbólica o característica de un valor. No tiene sentido en sí mismo, pero, al ser procesado o tratado, se puede utilizar en cálculos o para tomar decisiones.

- **Adquisición**: recolección de un conjunto de variables físicas. Posteriormente, se convierten en voltaje y, por último, se pasa a la etapa de digitalización, de manera que los datos se puedan procesar en una computadora o algún otro dispositivo electrónico.
- **Sistema**: conjunto ordenado de dispositivos que interactúan entre sí, y cuyo resultado es mejor que la suma de los resultados individuales de cada parte. Después de que las señales eléctricas se transformaron en digitales, se envían a través de un periférico que interactúa con el dispositivo que interpretará los datos. Una vez que los datos están en la memoria, se pueden procesar con la aplicación adecuada para ellos, guardarlos en el disco duro, visualizarlos en pantalla o imprimir el resultado, entre otras opciones.

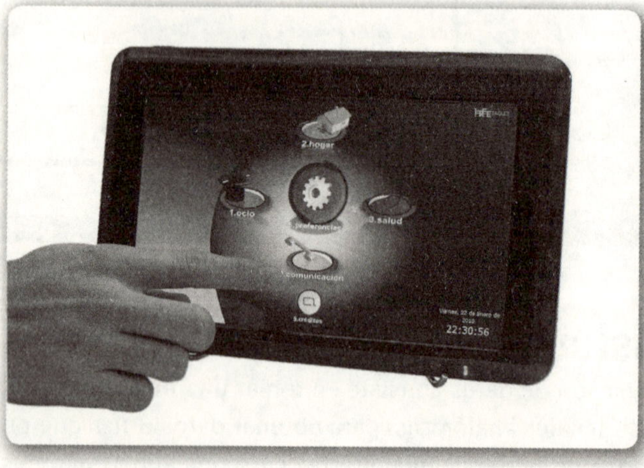

Figura 21. Actualmente las pantallas táctiles están ganando popularidad para mostrar la información obtenida por sistemas de adquisición de datos.

- **Bit de resolución**: es el número de bits que el conversor analógico-digital utiliza para representar una señal analógica en una señal digital.
- **Rango**: son los valores máximos y mínimos entre los que el sensor o transductor funciona bajo ciertas condiciones.
- **Teorema de Nyquist**: al realizar un muestreo de una señal, la frecuencia de muestreo debe ser dos veces mayor que el ancho de banda de la señal de entrada, para poder reconstruir la señal original de forma exacta a partir de sus muestras. En el caso opuesto, aparecerá el fenómeno de aliasing que se produce al inframuestrear. Si se genera aliasing, es imposible recuperar la señal original.

Con respecto a los componentes de los sistemas de adquisición de datos, estos tienen sensores que convierten cualquier parámetro de medición de una señal eléctrica que se adquiere por medio del hardware.

Los datos adquiridos se visualizan, analizan y almacenan en una computadora, ya sea utilizando un software suministrado por alguna compañía o algún otro tipo de software. Los controles y las visualizaciones se pueden desarrollar mediante distintos lenguajes de programación (Visual Basic, C++, Fortran, Java, Python, entre otros).

La adquisición de datos se inicia con la propiedad física de un objeto que se desea medir. Esta propiedad física o fenómeno puede ser el cambio de temperatura de un objeto, la intensidad de una lámpara, el cambio en la intensidad de una fuente de lumínica, la fuerza aplicada a un objeto, la velocidad de un objeto o la aceleración que obtiene, entre muchos otros ejemplos. Un sistema eficiente de adquisición de datos puede medir estas diferentes propiedades o fenómenos.

Un sensor es un dispositivo que convierte una propiedad física o un fenómeno en una señal eléctrica correspondiente medible, tal como tensión, corriente, el cambio en los valores de resistencia o condensador, etcétera. La capacidad de un sistema de adquisición de datos para medir los distintos fenómenos depende de los transductores para convertir las señales de los fenómenos físicos medibles en la adquisición de datos por hardware. Los transductores son un sinónimo de sensores en sistemas DAQ. Existen transductores específicos para diferentes aplicaciones, como la medición de la temperatura, la presión o el flujo de fluidos. DAQ también despliega diversas técnicas de acondicionamiento de señales para modificar, de manera adecuada, diferentes señales eléctricas en un voltaje, que posteriormente pueden ser digitalizadas.

RESUMEN

En este capítulo, conocimos qué es un sensor eléctrico y cuáles son sus características, así como cuáles son los diferentes tipos de sensores que existen y sus principales funciones, según la tecnología utilizada y la variable que se quiera detectar o medir: sensores de posición, de deformación, de velocidad, de aceleración, de presión, de caudal, de temperatura, de proximidad, acústicos, lumínicos, entre otros. También accedimos a tecnologías como la telemetría y el mando a distancia para el envío y control de información, el sistema de adquisición de datos, su funcionamiento, etapas y transformación de señales.

Actividades

TEST DE AUTOEVALUACIÓN

1	¿Que tipo de **transductores** existen y para qué son utilizados?
2	¿Qué debemos tener en cuenta a la hora de elegir un sensor?
3	¿Cuáles son los tipos de **sensores** que existen hoy en día y cuáles son sus principales características?
4	¿A qué tipo de resistor pertenecen los **termistores**?
5	¿Cuántos tipos de **micrófonos** podemos encontrar, según el sensor utilizado?
6	¿Qué es y cómo se aplica la **telemetría**?
7	¿Cuántas aplicaciones podemos encontrar en el uso del control remoto?
8	¿Cómo se construye un **medidor de distancias**?
9	¿Cuáles son las características principales de un **sensor electrónico**?
10	¿En qué consiste la **adquisición de datos** del mundo real?

PROFESOR EN LÍNEA

Si tiene alguna consulta técnica relacionada con el contenido, puede contactarse con nuestros expertos: profesor@redusers.com

*04

Microprocesadores y microcontroladores

Nos introduciremos en un tema muy conocido en el ámbito de la informática. Definiremos conceptos básicos sobre arquitectura de computadoras, veremos las ventajas y desventajas de CISC y RISC, así como las diferencias entre microprocesadores y microcontroladores, la arquitectura clásica x86 y, por último, los lenguajes ensamblador y de máquina.

- **Arquitecturas de computadoras 128**
  - Funciones básicas 129
  - Estructura 129
  - RISC vs. CISC 131
- **Microprocesadores y microcontroladores 135**
- **Arquitecturas x86 ....137**
  - Características y avances 139
- **Elementos de un microcontrolador 140**
  - CPU 143
- **Lenguaje ensamblador...........149**
  - Visualización de registros y memoria 152
- **Resumen................................157**
- **Actividades............................158**

Arquitecturas de computadoras

Para empezar, debemos entender de qué estamos hablando cuando nos referimos a "**arquitectura de computadoras**". Cuando se habla de arquitectura de computadoras se hace referencia a los atributos de un sistema que son visibles al programador, es decir, que tienen importancia en el momento de ejecución de un programa. No se debe confundir con **organización de computadoras**, que es la forma en que se van a interconectar y armar los elementos del sistema y el tipo de tecnología que se usará. Esto es transparente para el programador.

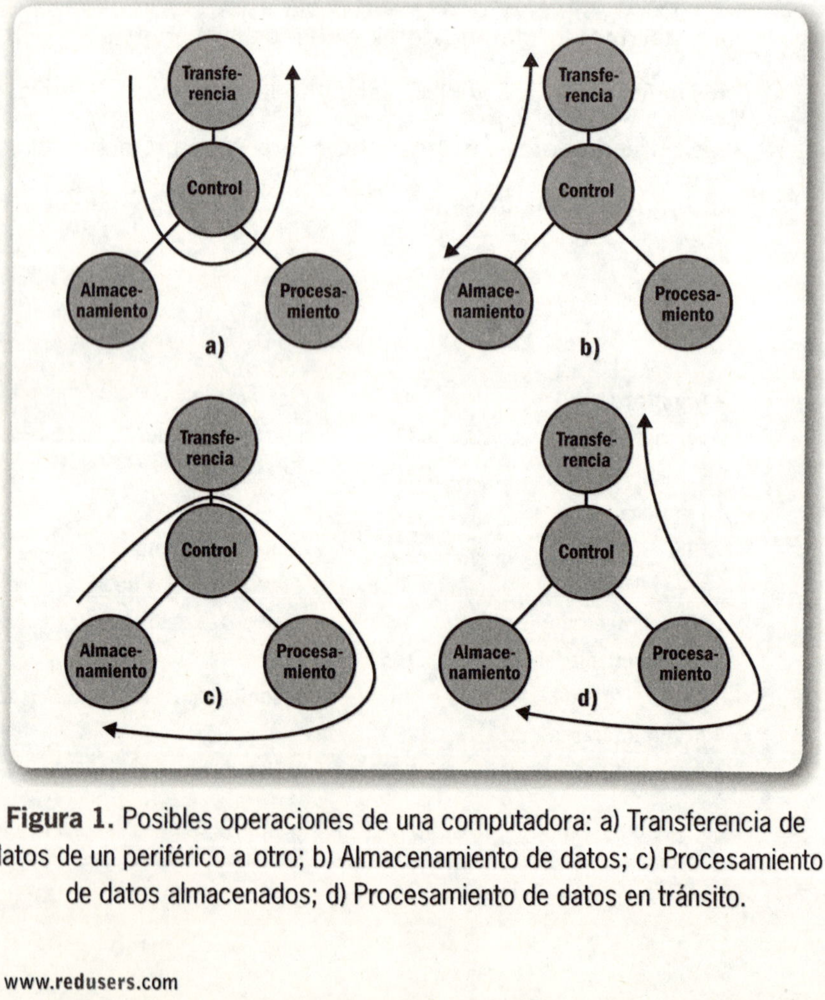

Figura 1. Posibles operaciones de una computadora: a) Transferencia de datos de un periférico a otro; b) Almacenamiento de datos; c) Procesamiento de datos almacenados; d) Procesamiento de datos en tránsito.

Una computadora tiene actualmente muchísimos componentes electrónicos. Esto hace que sea fundamental, tanto para el análisis como para el diseño, la división jerárquica en subsistemas interrelacionados. Cada uno de estos se desarrolla en estructuras hasta alcanzar el nivel más bajo o elemental. De cada nivel importan el funcionamiento y la estructura:

Funcionamiento: operación de cada componente individual como parte de la estructura.

Estructura: modo en el que los componentes están interrelacionados.

Funciones básicas

En términos generales, solo hay cuatro **funciones** básicas que una computadora lleva a cabo:

- **Procesamiento de datos**: puede adoptar una gran variedad de formas; el rango de requisitos de procesado es amplio.
- **Almacenamiento de datos**: incluso si se procesan datos al vuelo (es decir, se introducen, se procesan y se entregan inmediatamente), estos se deben guardar con los que se están usando, de forma temporal.
- **Transferencia de datos**: entre la computadora y el mundo exterior. El proceso se conoce como entrada-salida (E/S), y el dispositivo recibe el nombre de **periférico**.
- **Control** de las tres funciones anteriores.

Estructura

Encontramos, también, cuatro componentes dentro de la estructura básica de una computadora:

COMPATIBILIDAD EN EL TIEMPO

Muchos fabricantes mantienen su arquitectura pero su organización cambia año a año, creando **familias de modelos**. Así, se pueden establecer escalas con distintos niveles de prestaciones y precios, y se puede cambiar entre uno y otro porque tienen la misma arquitectura y son **compatibles**. Las arquitecturas permanecen en el tiempo, pero la organización cambia según los avances tecnológicos.

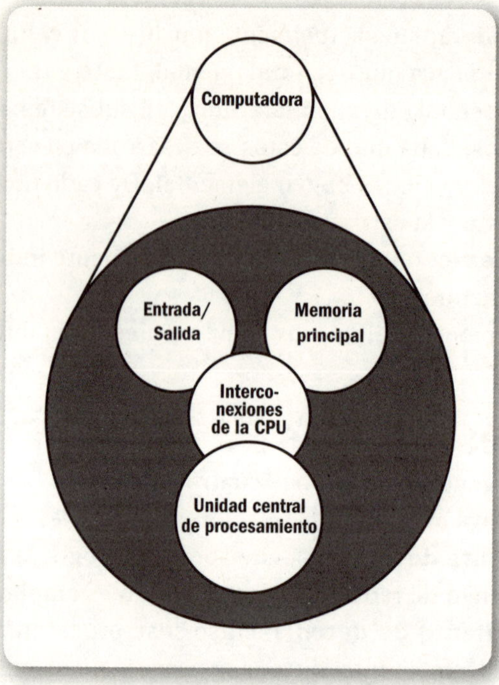

Figura 2. Estructura básica de una computadora.

- **Unidad Central de Procesamiento** (**CPU**, *Central Processing Unit*): controla el funcionamiento de la computadora y lleva a cabo sus funciones de procesamiento de datos.
- **Memoria principal**: almacena datos e información.
- **E/S**: transfiere datos entre la computadora y el entorno externo.
- **Sistemas de interconexión**: mecanismo que proporciona la comunicación entre la CPU, la memoria principal y la E/S.

La forma en la que se dispone la estructura de una computadora ha dado origen a los modelos de von Neumann y de Harvard.

La **arquitectura de von Neumann** tiene la particularidad de que los procesadores poseen el mismo dispositivo de almacenamiento tanto para guardar información como para las instrucciones, haciendo que un **único bus de datos** sea requerido para comunicarse con la CPU y mejorar la eficiencia en la utilización de memoria.
La contrapartida es una ambigüedad para reconocer los datos, que genera lo que se conoce como **cuello de botella de von Neumann** (**von Neumann bottleneck**). Se ha resuelto este problema

introduciendo una memoria caché entre la CPU y la memoria principal para mejorar los algoritmos del predictor de saltos.

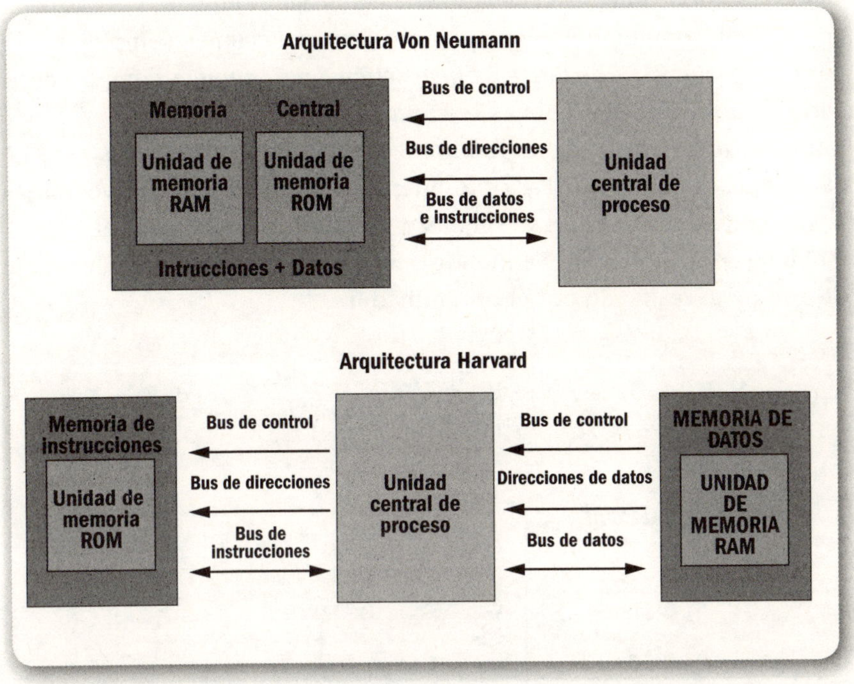

Figura 3. Modelos de arquitectura Harvard y de Von Neumann.

En cambio, la **arquitectura de Harvard** se diferencia por la separación entre la memoria de datos y la de instrucciones, usando **distintos buses de información**. Con esta arquitectura se reduce la ambigüedad, pero no resulta tan eficiente en la utilización de la memoria.

LA MAYORÍA DE LAS COMPUTADORAS SE BASAN EN LA ARQUITECTURA DE VON NEUMANN

RISC vs. CISC

Con el correr de los años, se ha puesto mucho énfasis en mejorar el rendimiento de las computadoras para incrementar la velocidad de funcionamiento de sus componentes. En general, las mejoras más notables se lograron debido al aumento en la frecuencia de la CPU. El diseño y la evolución de los microprocesadores llevaron a la controversia entre las arquitecturas RISC y CISC.

Veamos qué significan estos últimos términos y sus respectivas ventajas y desventajas.

CISC viene del inglés *Complex Instruction Set Computer*; en español, computadora con conjunto de instrucciones complejas. Por otra parte, **RISC** es *Reduced Instruction Set Computer*, computadora con conjunto de instrucciones reducidas.

Pero... ¿qué significa la expresión "conjunto de instrucciones complejas o reducidas"? Para entender estos conceptos, observemos la siguiente figura, donde se ven las distintas capas que unen el lenguaje de máquina que "entiende" el microprocesador con el lenguaje de alto nivel realizado por el programador.

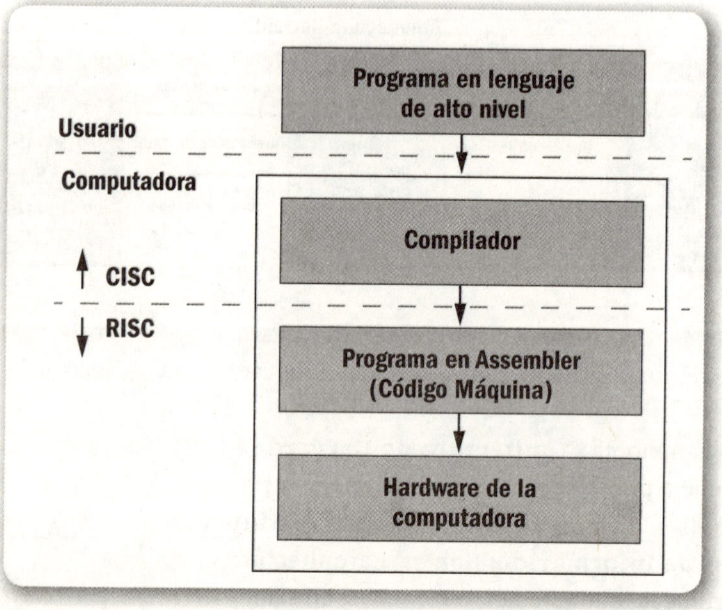

Figura 4. Niveles de abstracción de una arquitectura.

Las arquitecturas CISC nacieron frente a la necesidad de tener un amplio conjunto de instrucciones, dado que muchos programas fueron desarrollados en lenguaje de máquina directamente. Mediante una Unidad de Control Microprogramada se obtenía fácilmente la implementación y el uso eficiente del espacio en el chip, además de la posibilidad de modificar el conjunto de instrucciones y simular nuevas arquitecturas. Las características más sobresalientes de las arquitecturas CISC son:

- Instrucciones de longitud variable que depende del modo de direccionamiento usado en los operandos.
- Las instrucciones necesitan múltiples ciclos de reloj para ejecutarse.
- Soportan cero, uno o más operandos.
- Variedad del direccionamiento de operandos, de registro a registro, registro a memoria y memoria a registro.
- Diversos modos de direccionamiento, como el directo de memoria, indirecto de memoria y el indexado a través de registros.

Hoy en día, CISC tiene a **x86** como su mayor exponente, con **AMD** y, sobre todo, **Intel** a la cabeza de su desarrollo. Prácticamente cualquier computadora de escritorio o portátil desde los años ochenta ha utilizado un procesador x86.

En cambio, la filosofía RISC nace a fines de los años setenta, cuando, en investigaciones de la frecuencia de empleo de una instrucción en un CISC y el tiempo que tardaba en llevarse a cabo, se observó lo siguiente:

HOY EN DÍA, LAS CISC INCORPORAN CONCEPTOS DE RISC, Y VICEVERSA

- Cerca del 80 % del tiempo total en la ejecución de un programa está dominado por alrededor de solo el 20 % de las instrucciones.
- Existen encadenamientos de instrucciones simples que logran un resultado idéntico al de secuencias complejas predeterminadas, pero demandan lapsos de ejecución más breves.

Por otra parte, se analizaban mejoras como la de **pipeline** (segmentación de cauce), que permitía superponer etapas en cada ciclo de instrucción para optimizar los tiempos de espera y lograr

DESVENTAJAS DE CISC Y RISC

En **CISC**, la complejidad de las instrucciones aumenta. Las instrucciones de longitud variable reducen el rendimiento del sistema. Por otra parte, **RISC** depende mucho de la efectividad del compilador, es más laboriosa la depuración de los programas por la programación de instrucciones, aumenta el tamaño del código del lenguaje de máquina y necesita memorias más veloces.

mayor eficiencia. Estas mejoras necesitaban espacio en el chip, y reducir la complejidad de las instrucciones se veía como una opción prometedora.

De esta manera, nacen las arquitecturas RISC, que tenían las siguientes características principales:

- Poseen un número significativamente menor de instrucciones y, a la vez, más simples.
- La mayoría de las instrucciones son de la misma longitud, lo que permite que una instrucción se busque con una operación individual.
- La mayoría de las instrucciones se ejecutan en un solo ciclo. Esto permite manejar varias instrucciones al mismo tiempo, implementando la segmentación (pipelining).

Aunque se logró mayor velocidad, se encontraban desventajas, como la necesidad de tener un compilador más robusto para poder unir la brecha entre el lenguaje de alto nivel y el código de máquina.

Actualmente, los **productos ARM** son el principal ejemplo de **procesador RISC**; estos se usan en casi todos los dispositivos móviles, pero también en otros terrenos, como las supercomputadoras.

Figura 5. El microprocesador de 4 núcleos **ARM Cortex A15** se puede encontrar en celulares de alta gama, como el **Samsung Galaxy S4**.

Microprocesadores y microcontroladores

Es probable que el lector sepa que, dentro de su computadora personal, tiene un microprocesador Intel o AMD, memorias RAM, discos rígidos y demás componentes, cada uno con una determinada función. El microprocesador es el encargado de la parte lógica, el que tiene una unidad de control y ejecución para realizar las tareas. En las memorias RAM, se guardan los programas que se están ejecutando en el sistema operativo. El disco rígido solo es utilizado para almacenar información en archivos.

Para citar un ejemplo, el microcontrolador **ATmega328**, creado por la empresa **Atmel**, es utilizado hoy en día en los kits de desarrollo **Arduino** y tiene las siguientes especificaciones:

- CPU: 8-bit AVR (frecuencia máxima de operación de 20 MHz)
- 32 KBytes de memoria flash, 1 KB EEPROM, 2 KB SRAM
- 23 puertos de entrada-salida para propósitos generales
- Contadores/temporizadores flexibles
- Conversores analógico-digitales

Figura 6. Imagen real de un kit **Arduino UNO**, donde se puede observar el microcontrolador **ATmega328** de **Atmel**.

Por este motivo, no se deben confundir los **microprocesadores** (µP) y los **microcontroladores**. El µP o CPU es, como su nombre lo indica, la unidad donde se lleva a cabo el procesamiento de la información, y su función es comandar la ejecución de los programas.

Por lo general, la CPU está constituida por uno o más de cada uno de los siguientes componentes:

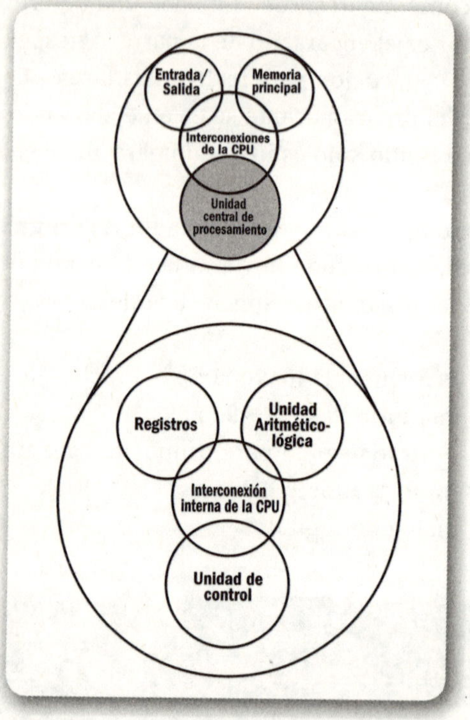

Figura 7. Esquema interior de la Unidad Central de Procesamiento (CPU).

- **ALU** (unidad aritmético-lógica): realiza las funciones de procesamiento de datos de la computadora como, por ejemplo: suma, resta, multiplicación, operaciones lógicas entre distintos operandos, etcétera.
- **Unidad de Control**: se encarga de buscar nuevas instrucciones, interpretarlas y llevarlas a la ALU para ser ejecutadas.
- **Registros**: proporcionan almacenamiento interno a la CPU.
- **Interconexiones**: son los mecanismos que proporcionan una comunicación entre los tres componentes nombrados antes.

Arquitecturas x86

La **arquitectura x86** es la base de los procesadores de la aún corta historia de la informática. Son millones los microprocesadores vendidos que implementan esta arquitectura, y ha sido el comienzo del éxito para grandes compañías como **Microsoft** e **Intel**. Marcó un antes y un después en materia de tecnología; por eso, merece ser analizada con profundidad.

Comenzaremos con un breve repaso del contexto histórico en el que nació la familia de procesadores x86, una de las creaciones CISC más importantes en el mercado del hardware.

En 1971, la empresa Intel presentó el primer microprocesador comercial del mercado, el **4004**. Estaba pensado para ser usado en calculadoras, con un modelo de bus de 4 bits; puede parecer poco, pero fue toda una novedad para esa época. A este, lo siguieron los Intel 8008 y 8080, también pensados para un uso de cálculo, pero con un set de instrucciones un poco más avanzado.

Figura 8. Imagen del primer microprocesador comercial de Intel, el **4004**.

Luego de advertir lo que estos modelos prometían, Intel comenzó un enorme proyecto con el que buscaba reinventar el mundo de los procesadores. A mediados de 1978 comenzó a venderse el Intel 8086, desarrollado un par de años antes, que tenía retrocompatibilidad con el software de los anteriores 8008 y 8080. Formado por transistores de 3 micras (aproximadamente 135 veces más grandes que los de ahora, de 22 nanómetros), tenía una frecuencia máxima de operación de 4.77 MHz.

Figura 9. Imagen del primer procesador con arquitectura x86, el Intel **8086**.

Tomando las quejas de los consumidores como un nuevo reto, Intel presenta, en 1979, el **8088**, una versión que tenía casi todas las características del 8086, pero con un precio reducido.

Para este lanzamiento, contó con IBM como su aliado más importante. La **IBM PC 5150**, considerada la primera computadora personal o PC que se vendió en forma masiva en la historia, utilizó un 8088 en vez de otros procesadores de la competencia, en especial por tres razones:

- Se podía conseguir fácilmente debido a su **alta disponibilidad**;
- ofrecía facilidades a la hora de programar; y
- como ya se ha mencionado, tenía un **costo reducido**.

Este equipo de IBM, si bien tenía un precio aproximado de USD 3000, obtuvo un éxito de ventas enorme desde su lanzamiento en agosto de 1981.

En este contexto, Intel centra como su principal producto una nueva familia de chips: los **procesadores x86**, que fueron definidos así por utilizar un juego de instrucciones que, aunque ha evolucionado con el correr del tiempo, sigue utilizando muchas de las características originales.

Luego del 8088, le siguieron los 80186, 80286, 80386 y 80486, más conocidos como 186, 286, 386 y 486, respectivamente, que continuaron con el éxito. Después de los 80X86, Intel comenzó con los populares **Pentium** (el primero, en 1993), seguidos de **Pentium Pro**, **Pentium II**, **Pentium III** y **Pentium 4**. Hasta los **Ivy Bridge** de hoy conservan la estampilla Pentium en algunos de sus modelos de menores prestaciones.

EL 8086 ES EL PRIMER X86 DE LA HISTORIA, AUNQUE EL 8088 FUE EL ÉXITO PARA INTEL

La considerada principal arquitectura CISC de la historia ha tenido competencia con Motorola, DEC y, sobre todo, con IBM, que también ha presentado procesadores CISC a lo largo de la historia.

Parte del éxito que hoy en día tiene Intel fue gracias a que tomó un doble papel, ya que, además de crear y diseñar sus procesadores, **también vende las licencias** a otros fabricantes. El ejemplo más claro de esta venta de licencia es **AMD**, que, desde hace ya un tiempo, tiene un acuerdo con Intel y le permite fabricar chips con el mismo juego de instrucciones, lo que los hace compatibles en software, incluso con un hardware distinto.

Características y avances

La prolongada experiencia en diseño ha devenido en **múltiples y considerables cambios**, que van desde el progreso en el tamaño de los buses de datos (16, 32 y ahora 64 bits) hasta nuevas y variadas instrucciones agregadas, que fueron acomodándose a los nuevos requerimientos de la tecnología.

Figura 10. Vista real de un procesador Intel **i7**, líder, en la actualidad, de los equipos de escritorio.

x86 continuó con la incorporación de nuevos sets de instrucciones y registros más grandes para enfrentar cualquier clase de procedimiento. **MMX** fue uno de los más notorios, y se introdujo en un grupo de modelos fundados en los Pentium y lanzados en 1996. Presentó diversas instrucciones para manipular números en coma flotante, enteros o posiciones de memoria, **3DNow!** (un avance de MMX, también empleando gráficos) o **AES** (más nuevo, para encriptado de datos).

A pesar de haber demostrado, con el correr del tiempo, que es una arquitectura muy potente, los procesadores x86 tienen un punto débil: **consumen bastante energía**. Esto ha sido aprovechado por

ARM, que, hoy en día, lidera el mercado de celulares, tabletas y todo tipo de sistemas embebidos que funcionen a batería, en los cuales los requerimientos energéticos juegan un papel fundamental.

Elementos de un microcontrolador

El **microcontrolador** interactúa con el mundo exterior: recibe datos de este y también se los envía luego de procesarlos. Este intercambio se realiza a través de los puertos de **entrada** y **salida** (E/S) asociados a los pines del encapsulado del microcontrolador. Para interactuar con el mundo exterior, en los pines de entrada conectamos sensores y de esta forma es posible recibir los datos.

EN EL FUTURO, LA ARQUITECTURA X86 INTENTARÁ VOLCARSE A LOS NUEVOS DISPOSITIVOS MÓVILES

En los pines de salida, conectamos actuadores para que el microcontrolador envíe órdenes y así podamos realizar ciertas acciones de control. Algunos **puertos de E/S** tienen características que le permiten manejar salidas con determinados requerimientos de corriente. Por lo general, a cualquier pin de E/S lo consideramos de propósito general, y es compartido con los pines de otros periféricos.

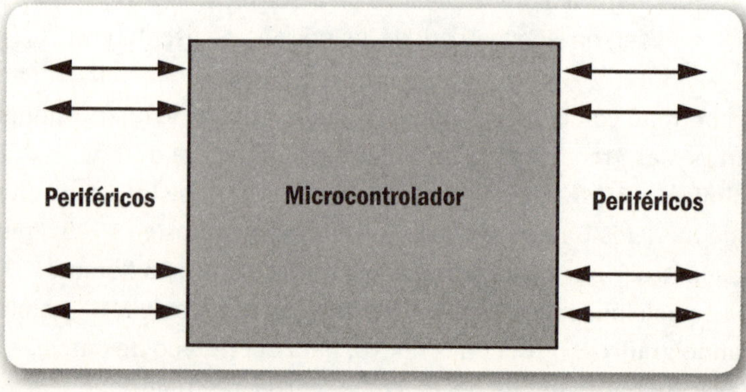

Figura 11. Un microcontrolador, a diferencia de un microprocesador, es un sistema cerrado, ya que no es posible modificar sus componentes.

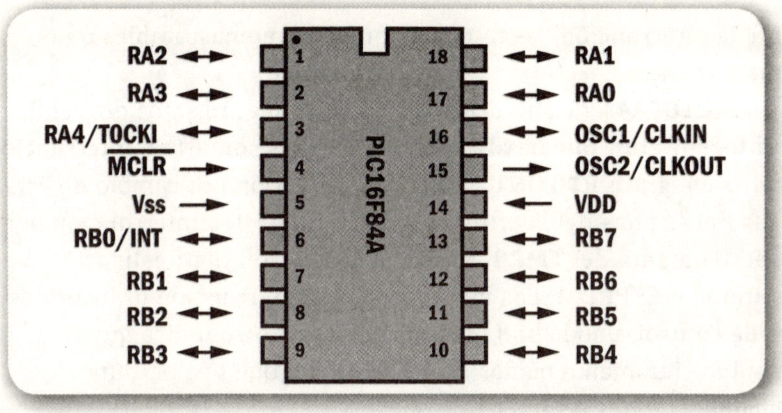

Figura 12. El **PIC16F84** es un microcontrolador CMOS de 8 bits de Gama Media con 13 pines de entrada/salida organizados en dos puertos, A y B.

Podemos usar un pin con cualquiera de las características asignadas si lo configuramos por medio de los registros específicos. Una interrupción por hardware provoca un salto en una subrutina de software mediante un evento de hardware interno o externo. A diferencia de las interrupciones generadas por software, en estas, el microcontrolador nunca sabe en qué momento ocurrirá. Cuando ocurre la interrupción por hardware, el microprocesador deja el programa en ejecución para atender la interrupción. Finalizada la interrupción, el microprocesador retoma el programa que estaba ejecutando y continúa con él sin alteraciones.

Según el origen de las interrupciones, las clasificamos en externas (por los periféricos) o internas (microprocesador). Las interrupciones externas se producen al aplicar un pulso o un estado lógico en un pin del microcontrolador y se denominan **INT**. El hardware interno del microcontrolador, conversor AD, temporizadores, etcétera, genera las interrupciones internas. De acuerdo con el control del microprocesador

VECTOR DE INTERRUPCIÓN

Es una interrupción que se encuentra a partir de una posición de memoria fija. Según el tipo de microcontrolador utilizado, puede tener varios vectores de interrupción e, incluso, uno para cada dispositivo de hardware que solicite una interrupción. También puede existir un vector de interrupciones para una interrupción enmascarable y otro para una interrupción no enmascarable.

sobre la interrupción, las interrupciones son enmascarables o no enmascarables.

Un **PIC16F84A** de Microchip tiene cuatro mecanismos diferentes de **interrupción por hardware**. Dos de ellas son: INT o interrupción externa en el **pin RB0/INT**, y **RBI** o interrupción por cambio de estado en las líneas altas del Puerto B. Las otras dos: T0I o interrupción por desbordamiento del **TMR0**, y **EEI** o interrupción por finalización de escritura en **EEPROM**. Los mecanismos de interrupción utilizan dos bits de control: uno habilita la interrupción y otro indica que se ha generado. También tenemos un bit adicional que nos permite deshabilitar todas las interrupciones.

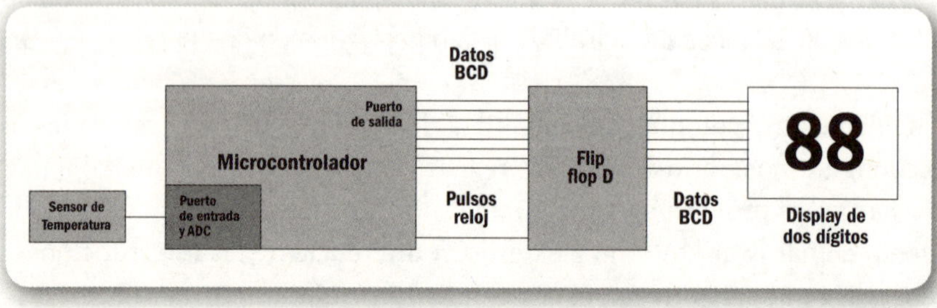

Figura 13. Si conectamos un sensor de temperatura a un microcontrolador, tendremos un sistema para medir temperatura y leerla en un display.

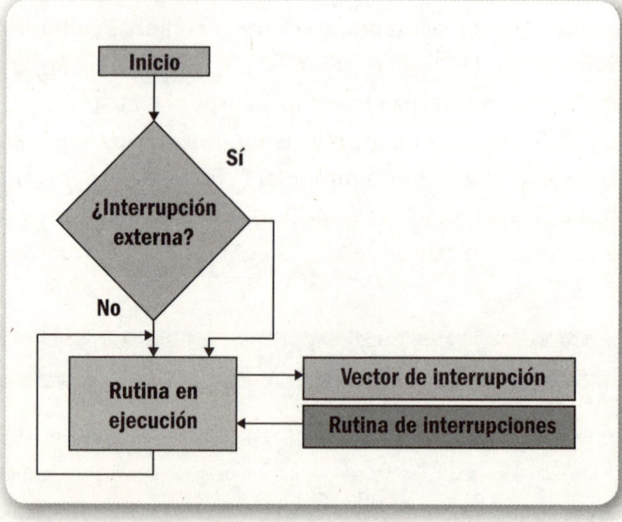

Figura 14. Esquema que grafica cómo se ejecuta el proceso de una interrupción externa ocasionada por un periférico.

CPU

La **memoria de datos** de tipo RAM almacena datos temporales de propósito general y los registros específicos cuyos bits controlan el funcionamiento del microcontrolador. Contiene bancos de memoria con una cantidad de posiciones de datos de una determinada longitud en bits, por ejemplo 4 bancos de memoria de 128 posiciones de datos con una longitud de 8 bits cada una de ellas. Cada banco posee **registros de propósito general** (**GPR**) y **registros de funciones especiales** (**SFR**). En los GPR almacenamos datos que utiliza el programa en ejecución, mientras que los SFR contienen bits de control para el microprocesador y los periféricos.

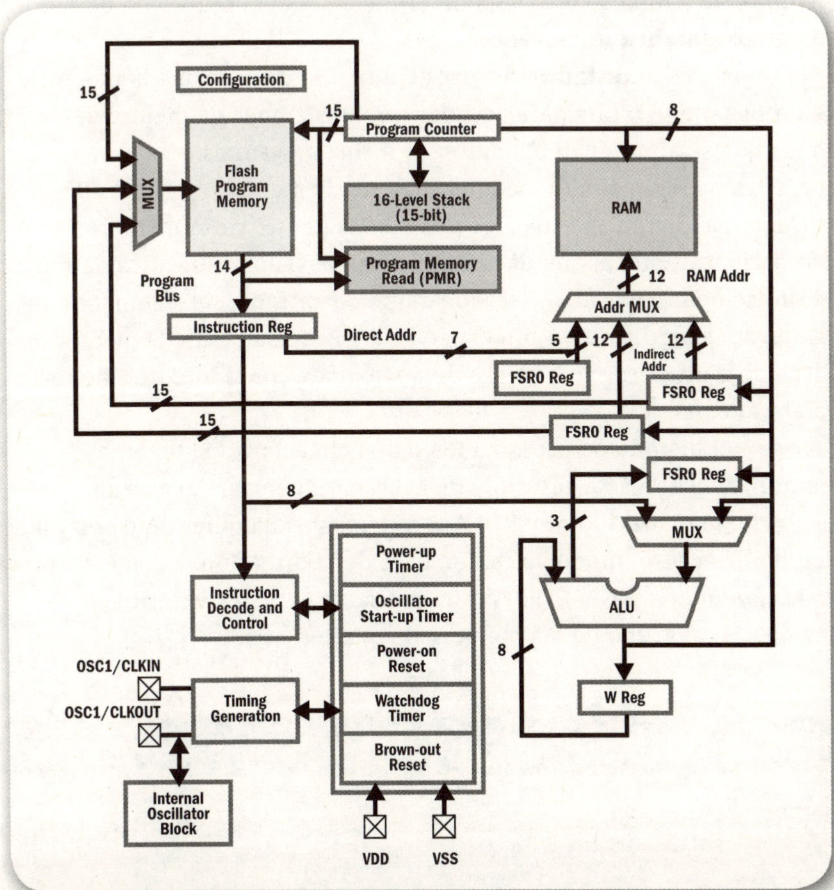

Figura 15. Diagrama en bloques del microcontrolador **PIC16F1512**, un **microcontrolador flash de 28 pines**, tecnología **XLP** y **CPU RISC**.

Si los datos provienen del usuario, se almacenan en los GPR dentro de la memoria de datos para requerirlos cuando se ejecuta una determinada instrucción. Los SFR ocupan las primeras posiciones de memoria de datos, relacionadas con el funcionamiento y la configuración del microprocesador. Cada registro SFR está asociado a una función general, y allí cada uno de los bits tiene una función específica.

El **registro de estado** o de **status** es un registro de control que almacena en su interior el estado de las operaciones aritméticas de la **ALU**, el estado del reset y los bits necesarios para seleccionar el banco de la memoria de datos adecuado. A cada bit del registro de estado (por ejemplo, de 8 bits) se le asigna una función, y al conjunto de bits lo llamamos **palabra de estado**.

El registro de **contador de programa** (PC) pertenece a la memoria de datos y tiene N bits para acceder a 2^N posiciones de memoria, en las que se almacenan los datos en forma de grupos o palabras que se transfieren simultáneamente desde la memoria y hacia ella.

Debido a la gran cantidad de posiciones dentro de la memoria, es necesario un sistema que decodifique una posición específica de modo de direccionar hacia allí o leer los datos de entrada, seleccionando el estado adecuado para un pin específico. La capacidad de la memoria surge de multiplicar su número de posiciones por la longitud de cada palabra de datos.

Según el método de acceso a los datos almacenados, tenemos memorias de acceso aleatorio y de acceso secuencial. En acceso aleatorio (memorias RAM y ROM) accedemos a cualquier dato con igual tiempo de acceso, independientemente de la dirección. Las memorias **RAM** (*Random Access Memory* o memoria de acceso aleatorio) pertenecen al grupo de las memorias volátiles.

UNIDAD ARITMÉTICA Y LÓGICA

Una ALU tiene tres registros, un sumador completo y un elemento de retardo para aplicar el arrastre en la próxima suma. En el Registro A, hay uno de los sumandos; en el Registro B, el otro sumando; y, en el Registro C (acumulador), los resultados. En cada pulso de desplazamiento (D), los bits menos importantes se suman con el arrastre de la suma anterior para almacenarse en el C.

Una memoria **ROM** (*Read Only Memory* o memoria de solo lectura) se escribe en fábrica y no podemos modificar ni borrar sus datos. Una memoria flash es una **EEPROM** (*Electrically Erasable PROM* o memoria borrable y regrabable eléctricamente), más veloz y con menor consumo, que se utiliza, por su bajo costo, en dispositivos de almacenamiento USB y tarjetas de memoria.

Un microprocesador consta de tres partes: **CPU** (unidad central de procesamiento) reconoce y ejecuta las instrucciones, interfaces de entrada/salida que comunican la CPU con el exterior y en la memoria almacenamos instrucciones y datos. La **PCU** (*Process Control Unit* o unidad de control de procesos) o microprocesador es el cerebro de los sistemas computacionales o los basados en microcontroladores. En una PCU, el elemento principal es la **ALU** (*Arithmetic Logic Unit* o unidad aritmético-lógica), donde realizamos las operaciones lógicas y aritméticas requeridas por los procesos que se ejecutan en el microprocesador.

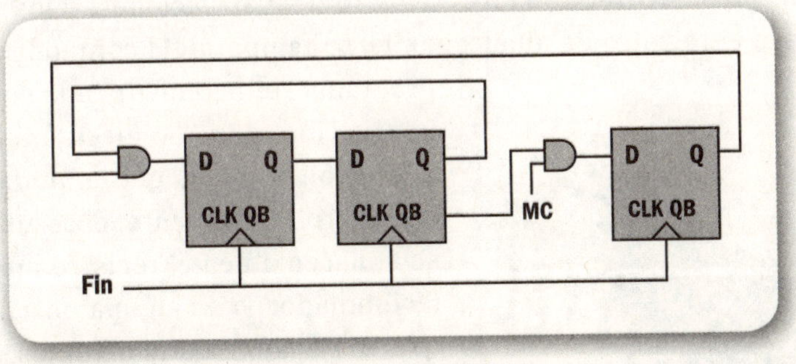

Figura 16. Podemos construir una memoria elemental de un bit utilizando los flip-flops tipo D, donde cada uno almacena un dígito binario, 0 o 1.

Los **registros de almacenamiento temporal** de datos almacenan datos internos de la CPU durante un proceso, y la unidad de control es responsable de la temporización y la secuencia de las operaciones realizadas. La ALU almacena temporalmente sus resultados en un registro especial o acumulador mientras se ejecuta un proceso. El registro de estado contiene la información del resultado de la última operación de la ALU, y unos bits individuales o banderas nos indican el estado de la última operación; por ejemplo, si se ha generado acarreo en la suma de dos números.

En el **contador de programa** se almacena la dirección de la memoria correspondiente a la próxima instrucción por ejecutar en la ALU.

El registro de instrucciones almacena el código del programa, y el registro de direccionamiento, la dirección de los datos.

Los **registros de propósito general** almacenan temporalmente datos o direcciones cuando se ejecuta un programa. El registro de apuntador de la pila es un registro especial que almacena la dirección del tope de la pila de la memoria RAM, un área especial que guarda los valores del contador de programa durante una subrutina.

Por medio de los **bloques del microprocesador**, se busca una instrucción y se la ejecuta para obtener un determinado resultado. El dato es indicativo de la dirección donde se encuentra la próxima instrucción por ejecutar, que se coloca en el bus de direcciones.

Posteriormente, la **unidad de control**, mediante el bus de control, envía la señal para leer la dirección de la memoria de programa. Los datos de la dirección de memoria de programa se aplican al bus de datos y procesan para recuperar el código de la instrucción. Almacenamos el código de la instrucción en el registro de instrucciones, y los datos, en el registro de almacenamiento temporal. El contador de programa se incrementa a la siguiente instrucción, y la ALU ejecutará la operación indicada por la unidad de control. Finalmente, el resultado se almacenará en el registro interno (acumulador) o en alguna posición dentro de la memoria de datos.

Figura 17. Un microcontrolador **ATMEGA8-16PU** tiene un bus de datos de 8 bits, con una memoria de programa de 8 KB y una RAM de datos de 1 KB.

ARDUINO DUE

DUE es una placa de desarrollo basada en el microcontrolador CortexM3 ARM de 32 bits que incrementa el poder de procesamiento para todos los usuarios de Arduino. Contiene 54 pines de entrada/salida, de los cuales podemos usar 12 como salidas PWM, 12 entradas analógicas, 4 UART, un reloj a 84 MHz y dos convertidores DA.

Figura 18. Sensor de distancia por ultrasonido que mide distancias de 2 cm a 3 m y requiere un pin I/O para conectarlo a un microcontrolador.

Una **ALU** estándar realiza operaciones de suma y resta de números enteros, lógicas **AND**, **OR** y **NOT** y operaciones relacionadas con el desplazamiento de bits. La **unidad de punto flotante** o **FPU** es responsable por las operaciones sobre los números decimales. Un bus facilita que las señales binarias se desplacen de un sector a otro mediante varios conductores por donde circulan señales eléctricas. Cuando un chip desea enviar sus datos por el bus, al tratarse de un medio compartido, espera su turno hasta que el bus sea liberado. Un microprocesador tiene tres tipos de buses: de datos, de direcciones y de control, cada uno de ellos con una función específica.

Los datos asociados a las funciones de la CPU viajan por el bus de datos hacia/desde la CPU y la memoria o interfaces entrada/salida. Cada conductor transporta un dígito binario. A mayor cantidad de conductores, más larga será la palabra en el microprocesador. El bus de direcciones trae señales que indican dónde están los datos, en una dirección de memoria o los puertos de entrada/salida. Las señales referidas al control viajan por el bus de control y transportan señales de reloj que sincronizan acciones del microprocesador.

DSP es el acrónimo de **procesadores de señal digital** (*Digital Signal Processor*), los que utilizan un microprocesador optimizado para procesar digitalmente una señal y algoritmos que realizan gran número de operaciones matemáticas aplicadas, rápida y en forma repetida, a una serie de muestras de datos.

Selección de microcontroladores

Los aspectos más importantes por considerar al seleccionar un microcontrolador para nuestro proyecto se relacionan con el **número de pines de entrada/salida necesarios** (¿qué cantidad de pines de I/O necesitamos para realizar una función específica?), el **tipo de interfaz necesaria** (¿qué interfaces I/O necesitamos, y cuántas? Es importante considerar el tipo de magnitud física por medir y si necesitamos salidas PWM y su cantidad), las **necesidades de memoria** (¿hemos cuantificado la cantidad de memoria necesaria para el proyecto? ¿qué lenguaje de programación utilizaremos?), la **cantidad de interrupciones** necesarias (¿qué eventos de interrupción requiere el proyecto, y cuántos?), la **velocidad de procesamiento** (¿qué velocidad de procesamiento necesitamos? Un microcontrolador necesita un tiempo para ejecutar una instrucción definido por la frecuencia del reloj, clock). Un PIC 16C74A tiene 33 pines de I/O, una EPROM de 4 K, 192 KB de memoria RAM, 8 canales ADC, 1 USART y 3 módulos CCP.

Figura 19. Al momento de elegir el microcontrolador que mejor se ajuste a nuestros proyectos, debemos utilizar criterios específicos de selección.

Existen alternativas en otras familias de microcontroladores, como Motorola, Atmel, AVR, Freescale, Texas Instruments e Intel, entre otros fabricantes.

Lenguaje ensamblador

Podemos programar un microprocesador utilizando un lenguaje máquina, un lenguaje ensamblador o un lenguaje de alto nivel. En el lenguaje en código de máquina, cada instrucción está escrita en **código hexadecimal** específico para ese microprocesador. Todos los programas escritos en lenguaje ensamblador o en alto nivel se convierten a código máquina con un software específico.

Mediante un lenguaje de alto nivel, accedemos a la escritura de programas en un lenguaje más cercado a la interpretación humana.

Para ejecutar estos programas en un microprocesador, los traducimos a lenguaje máquina con un programa intérprete. El **ensamblador** (**assembler**) es un tipo de lenguaje intermedio entre el lenguaje máquina y el lenguaje en alto nivel. En este caso, no recurrimos a las instrucciones de un microprocesador y su equivalencia hexadecimal (lenguaje máquina), sino a la equivalencia del set de instrucciones a nemónicos (abreviaturas de una instrucción binaria) correspondientes. Entonces, a partir del archivo objeto, tomamos cada una de las expresiones en nemónico y las sustituimos por un código binario.

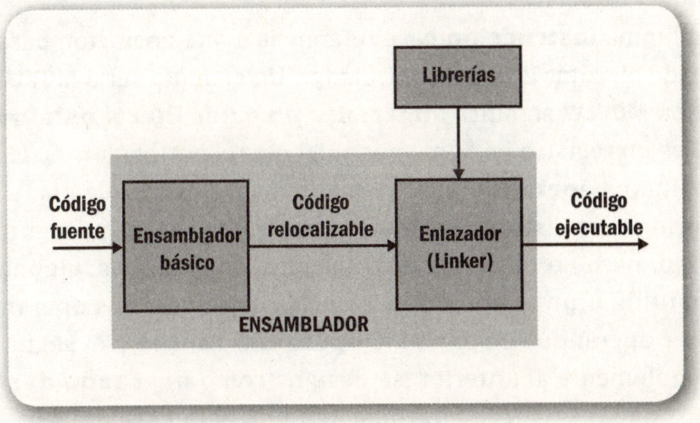

Figura 20. En la estructura de un ensamblador, encontramos bloques muy importantes para cumplir con la función de convertir el código fuente a código ejecutable.

Un programa tiene encabezado, definición de constantes, definición de origen, bloque de instrucciones y final del programa. En el encabezado, definimos algunas cuestiones de tipo general, directivas, que modifican el funcionamiento del ensamblador. En los microcontroladores PIC, al emplear MPASM, recurrimos a la directiva **list** para indicar el modelo de microcontrolador.

En la parte de **constantes**, definimos las constantes que necesariamente serán reconocidas en los demás puntos de nuestro programa. Si usamos el nombre de la constante asociada en lugar del valor en hexadecimal requerido, simplificamos la lectura del programa. La definición del origen del programa explicita el sitio de la memoria donde se almacenará el código binario luego del ensamblado. Definiendo **org 0** (del inglés **origin**), le indicamos al ensamblador que debe almacenarse desde la línea 0 de la memoria de programa.

Las **instrucciones de programa** constan de una etiqueta seguida del código de operación, los operandos y los comentarios (;). El final de programa se indica mediante una instrucción sencilla como **end** en el ensamblador MPASM de la familia PIC Microchip.

Etiqueta identifica una posición de memoria del microcontrolador e indica puntos específicos del programa, por ejemplo **Inicio**. Comenzamos a escribir en la columna **Etiqueta** respetando la máxima longitud en caracteres.

La columna **instrucción** hace referencia a una operación básica que puede ejecutar el microcontrolador. Un ejemplo sería **MOVLW**. La operación **MOVLW** significa **almacenar un valor literal en el registro W**, y W es un registro en la memoria del microcontrolador.

La columna **operando** incluye un elemento que utiliza la instrucción. Las instrucciones más simples no utilizan ningún operando, pero no todas las instrucciones son simples; algunas pueden utilizar un operando, y las más complejas, dos operandos. El primer operando se denomina **operando fuente** y el segundo, que complementa al anterior, se designa como **operando destino**. Tenemos que respetar la jerarquía definida para encaminar la información desde el operando fuente hacia el operando destino.

Comentario es una columna con formato de texto donde podemos escribir nuestros comentarios de modo de documentar el programa. Puesto que no interesan en la ejecución en lenguaje ensamblador, los ignoramos con el carácter (;) al comienzo del comentario. Recordemos que el código nemónico es específico para el microcontrolador por utilizar y no podemos emplearlo en otras familias.

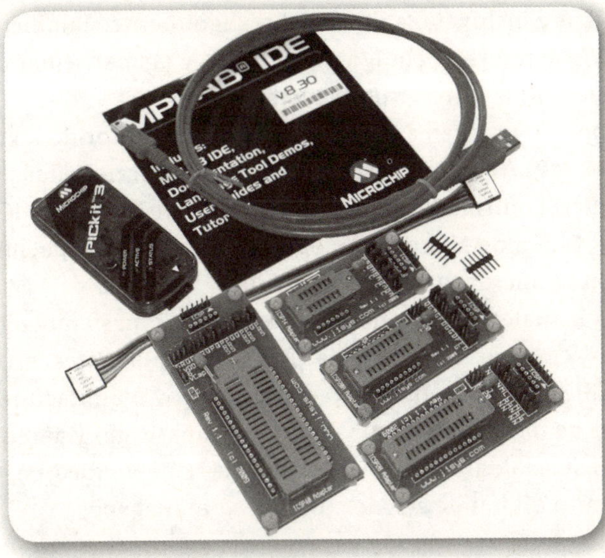

Figura 21. PICkit 2 y **PICkit 3** son herramientas proporcionadas por Microchip para grabar el programa que se ejecutará en un microcontrolador PIC.

Una vez obtenido el **código máquina**, tenemos que transferirlo de alguna forma a la memoria de programa del microcontrolador. Algunos bloques muy importantes en un ensamblador genérico son el ensamblador básico, el enlazador (linker) y el control de librerías.

El **enlazador básico** genera un **archivo binario relocalizable** para almacenar en alguna zona de la memoria del microcontrolador. A continuación, el linker o enlazador crea un archivo binario ejecutable para implementar directamente en el microcontrolador. El control de librerías genera archivos binarios que pueden ser unidos con otros bloques de código binario ya existentes y nos facilita la reutilización de código generado en otros proyectos, simplificando así el desarrollo de nuestros programas.

Una vez finalizado el ensamblado, tendremos en la misma carpeta del archivo **.ASM** un archivo **.HEX** con el mismo nombre que el archivo fuente. El archivo **.HEX** es código máquina con instrucciones en hexadecimal para grabar la memoria de programa del microcontrolador. El archivo **.HEX**, sumamente importante, contiene todos los errores encontrados en el proceso de ensamblado del código fuente; **.LST** es el archivo de listado que contiene una lista del proceso de ensamblado que se realizó e incluye una copia del código fuente. También contiene los errores generados, el código de máquina y las particularidades de uso de la memoria, entre otros aspectos.

Escribimos un programa mediante un simple editor de texto, con el entorno **IDE MPLAB** de Microchip o con otras herramientas libres. Para grabar el microcontrolador, utilizamos la herramienta libre IC-PROG, PICkit 2 o PICkit 3 de Microchip u otras herramientas específicas de acuerdo con el microcontrolador utilizado.

Los usos actuales del assembler incluyen sistemas embebidos (impresoras, cámaras, automóviles, armamento, juguetes, etcétera). Además, aplicaciones en tiempo real (industria y manufactura, adquisición de datos, robótica) y transporte marítimo y aéreo, así como tecnología espacial, graficación, multimedia, cine y videojuegos, procesamiento digital de señales (DSP), voz e imágenes.

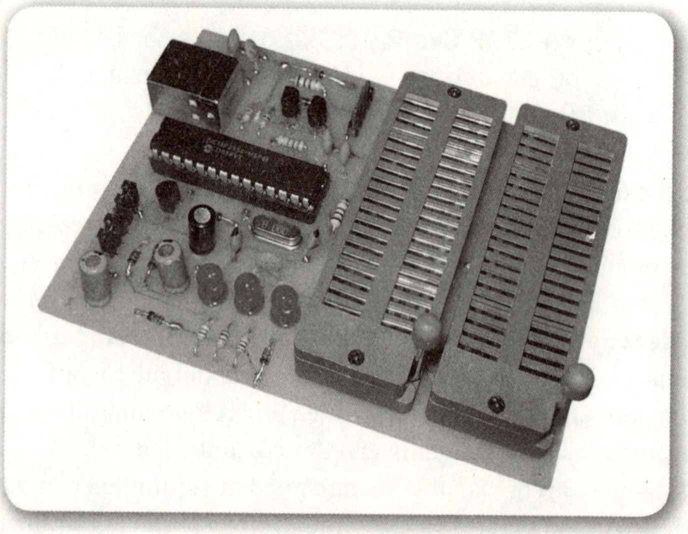

Figura 22. El programador **JDM** es sencillo y fácil de construir. Funciona con la mayoría de los PIC y también con algún AVR. Lo conectamos a la PC mediante puerto serie.

Visualización de registros y memoria

Un **depurador** (**debugger**) es un tipo de software que utilizamos para probar y eliminar los errores en un determinado programa. Entre las funciones avanzadas, podemos ejecutar un programa paso a paso, detenerlo y seguir determinadas variables de interés. Los depuradores pueden modificar un programa mientras este se está ejecutando. La ejecución se realiza normalmente hasta que el depurador la detiene y nos permite analizar lo ocurrido.

OllyDbg es una herramienta depuradora de código ensamblador de 32 bits, shareware, para sistemas operativos Microsoft Windows. **Immunity Debugger** es otra herramienta para explorar software, analizar malware y realizar ingeniería inversa de archivos binarios. Esta herramienta de la compañía Immunity incluye tanto una interfaz gráfica de usuario (GUI) como una línea de comandos. La descargamos desde el sitio **www.immunityinc.com/products-immdbg.shtml** después de completar el formulario de registración.

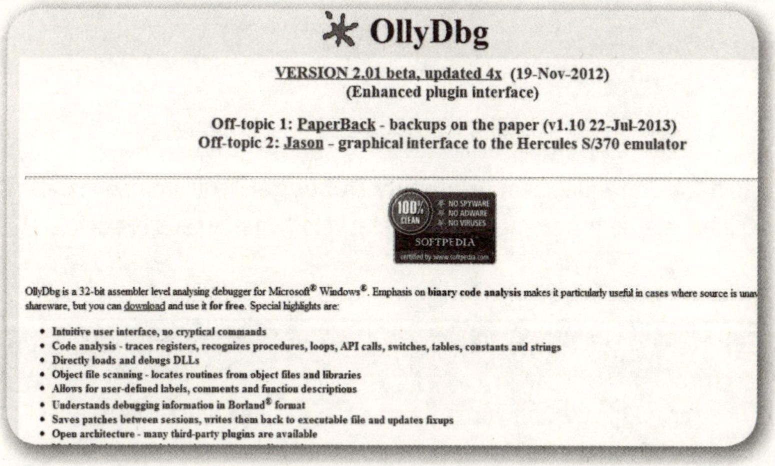

Figura 23. Si bien se trata de un software de tipo shareware, antes de descargarlo y utilizarlo debemos registrarnos en **www.ollydbg.de**.

Con **IDA Debugger** depuramos archivos que pueden estar ejecutándose en cualquiera de las tres plataformas: Windows, Linux y Mac OS X. De forma directa y gracias al poder de depuración de servidores remotos, es posible depurar y ejecutar desde cualquier plataforma. Es fácil de conectar tanto a procesos locales como a procesos remotos, y nos proporciona soporte para sistemas de 64 bits.

IDA Debugger se caracteriza por la depuración instantánea y no requiere completar el análisis para iniciarla. También podemos depurar archivos x86 Windows PE, AMD Windows PE y x86 Linux ELF tanto de manera local como remota. Para realizar la depuración local, IDA

Debugger ofrece una simple consola programada en lenguaje C compilada bajo Windows. Este software puede ser descargado desde su sitio web oficial: **www.hex-rays.com/products/ida/debugger**.

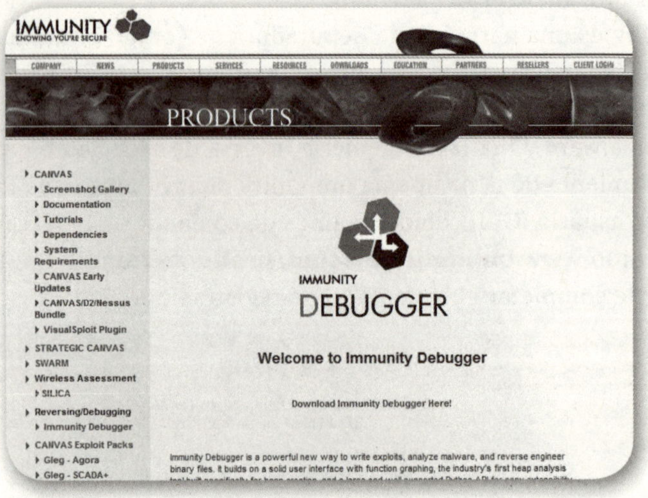

Figura 24. Para funcionar, **Immunity Debugger** requiere que instalemos el lenguaje de programación de alto nivel Phyton en su versión 2.7.1.

PAP: REGISTROS Y MEMORIA

01 Una vez descargado (**www.immunityinc.com/products-immdbg.shtml**) e instalado **OllyDBG** en su PC, abra la opción `File` para encontrar y seleccionar el archivo `.EXE` para analizar.

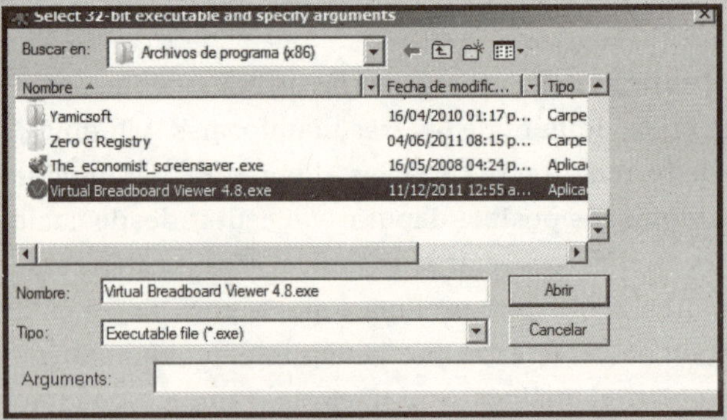

02 Una vez seleccionado este archivo, aparecerá la pantalla de la CPU y sus registros. Si presiona F9, se inicia la depuración (Run).

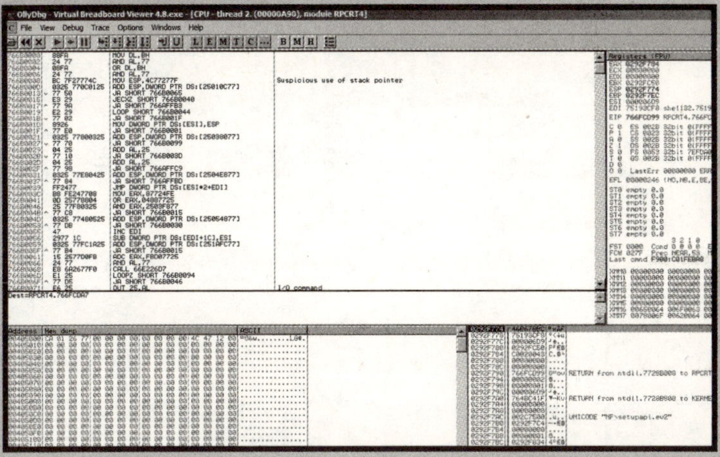

03 Al hacer clic en la opción `View` y, dentro de ella, en `Memory Map` (ALT+M), obtiene el mapa con el uso de la memoria, consecuencia de la depuración.

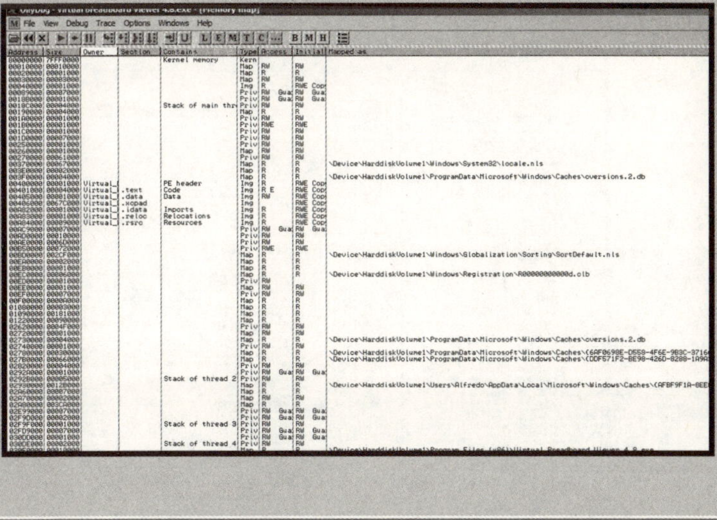

04

Con ALT+T, selecciona la vista de los `Threads`, producto de la depuración. También accede a ella seleccionando el icono correspondiente.

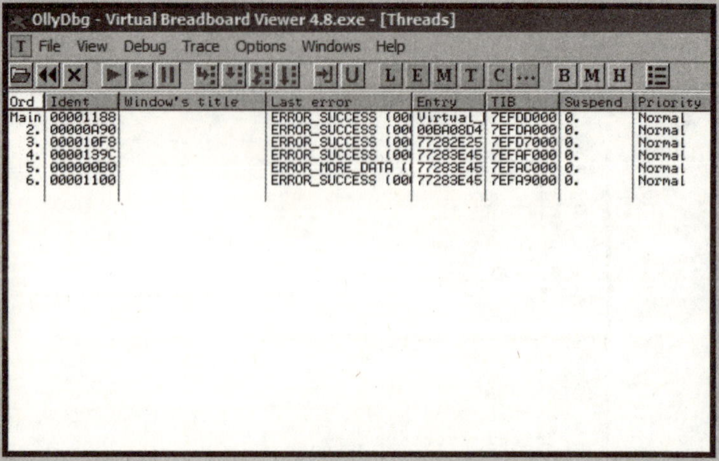

05

La opción ALT+E muestra la vista de los módulos ejecutables (en inglés, `Executable Modules`). Puede pausar la depuración presionando F12.

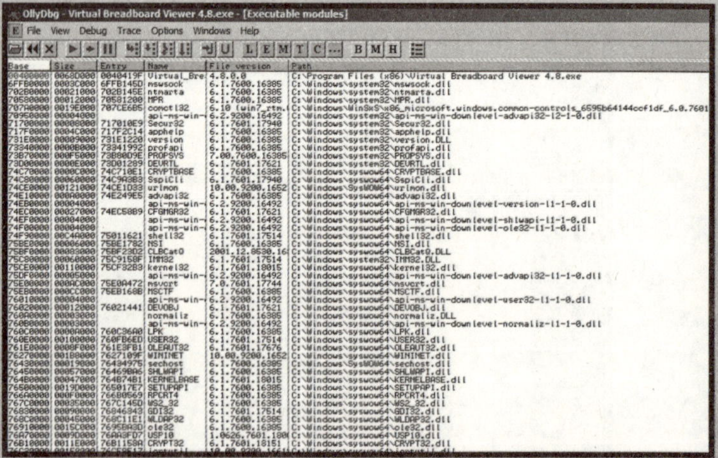

06 La vista `log data` muestra los datos involucrados. Finalice la depuración presionando ALT+F2 o en el icono X.

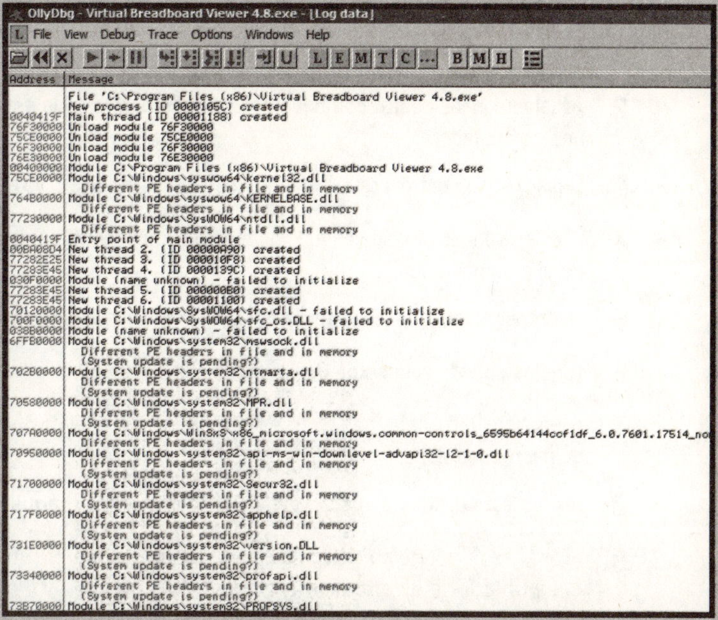

RESUMEN

En este capítulo, definimos conceptos básicos sobre arquitectura de computadoras. Vimos las ventajas y desventajas de CISC y RISC, las diferencias entre microprocesadores y microcontroladores. Para ello, comenzamos presentando la arquitectura de computadoras, los modelos de von Neumann y de Harvard y los conceptos asociados. Vimos que un microcontrolador integra en un chip un microprocesador, memorias de datos y de programa, unidades de entrada/salida y otros dispositivos periféricos, como temporizadores. Por último, conocimos cómo programar un microprocesador con el lenguaje ensamblador y el lenguaje máquina, con sus instrucciones y nemónicos, así como también los conceptos de compilador, ensamblado y enlazado, que permiten transformar código escrito en ejecutable.

Actividades

TEST DE AUTOEVALUACIÓN

1 Explique el concepto de **arquitectura de computadoras**.

2 ¿Cuáles son los cuatro componentes básicos dentro de la estructura básica de una computadora?

3 Desarrolle la controversia entre las **arquitecturas RISC y CISC**.

4 ¿Cuáles son las principales funciones que cumple un **microprocesador** dentro de una computadora?

5 Decriba brevemente las características y evolución de los **procesadores X86**.

6 ¿Cuáles son los elementos de un **microcontrolador**?

7 ¿Qué elementos debemos tener en cuenta a la hora de comparar y seleccionar un microcontrolador?

8 ¿Cómo está escrita la instrucción en un **lenguaje de máquina**?

9 ¿Cómo se convierten a código máquina los programas escritos en **lenguaje ensamblador** o de **alto nivel**?

10 ¿Qué es y para qué sirve un **depurador** o **debugger**?

PROFESOR EN LÍNEA

Si tiene alguna consulta técnica relacionada con el contenido, puede contactarse con nuestros expertos: profesor@redusers.com

*05

Microcontroladores PIC

En este capítulo nos introduciremos en el tema de los microcontroladores PIC: sus inicios en la industria, su arquitectura, set de instrucciones, usos comunes y el programador PIC. Analizaremos, en particular, las familias PIC16, PIC18 y PIC32, el estándar actual en la creación de circuitos programables, y el entorno MPLAB, que es el software que se utiliza como entorno para programación de los PIC.

▾ **Evolución del PIC 160**
Tipos de PIC 164
El programador de PIC 169
Programar un PIC 171

▾ **PIC16 .... 173**
Arquitectura 175

▾ **PIC18 .... 179**
Modelos 182
PIC16F por dentro 186

▾ **PIC32 .... 188**
Alimentación de un PIC 189
Oscilador 190
Puertos de Entrada/Salida (I/O) 192
Programación 192

▾ **Entorno MPLAB 194**

▾ **Resumen 195**

▾ **Actividades 196**

Evolución del PIC

El nombre verdadero de este microcontrolador es **PICmicro** (*Peripheral Interface Controller*), pero es conocido con el nombre **PIC**. Su primer antecesor fue creado en 1975 por la compañía **General Instruments**. Este chip, denominado PIC1650, fue diseñado para propósitos simples, como ser el control de sencillos periféricos de entrada y salida. Diez años más tarde, al añadir una memoria **EEPROM**, este circuito se convirtió en un verdadero microcontrolador PIC actual, debido a que permitía no solo controlar dispositivos externos, sino también adaptarse y almacenar las instrucciones que el usuario establecía según sus necesidades y exigencias.

Figura 1. Empresa electrónica de Chandler, EE. UU., fabricante de semiconductores, entre los que se destacan las familias **PIC® MCU** de 8, 16 y 32 bits.

Estos microcontroladores PIC son circuitos electrónicos completos en los cuales todos sus componentes (CPU, diodos, etcétera) se organizan sobre un chip o pastilla semiconductora de silicio muy pequeña que, luego, es encerrada en una cápsula plástica que contiene los pines de acceso para comunicarse con el mundo exterior. Además, poseen un juego de instrucciones reducido, promueven la simplicidad en sus diseños, son chips pequeños, con pocos pines y consumo de potencia muy bajo, lo cual lleva a que sean considerados y reconocidos como muy adecuados y populares a la hora de iniciarse en el mundo de los microcontroladores.

Además, poseen las siguientes características:

- **La arquitectura del procesador sigue el modelo Harvard.** El uso de esta arquitectura en los microcontroladores PIC radica en la organización de la memoria del sistema, ya que la memoria del programa es independiente de la de los datos, y tiene tamaños, longitudes de palabras y buses diferentes.
- **Se utiliza la técnica de segmentación (pipeline) en la ejecución de las instrucciones.** La segmentación permite al procesador dividir la ejecución de las instrucciones en varias fases, para permitir atender instrucciones

en cada fase, de manera simultánea. De esta forma, se puede ejecutar cada instrucción en un ciclo (en los PIC, cada ciclo de instrucción son cuatro ciclos de reloj). Durante la fase de búsqueda, la dirección de la instrucción la proporciona la CPU, la cual normalmente se autoincrementa en la mayoría de las instrucciones, excepto en las de salto.

- **Poseen formato de instrucciones de una misma longitud.** Las instrucciones de los microcontroladores más sencillos tienen una longitud de palabra de 12 bits, los medianos tienen 14 bits, y los de mayor complejidad poseen más longitud. Esta característica es muy ventajosa en la optimización de la memoria de instrucciones, y facilita enormemente la construcción de ensambladores y compiladores.

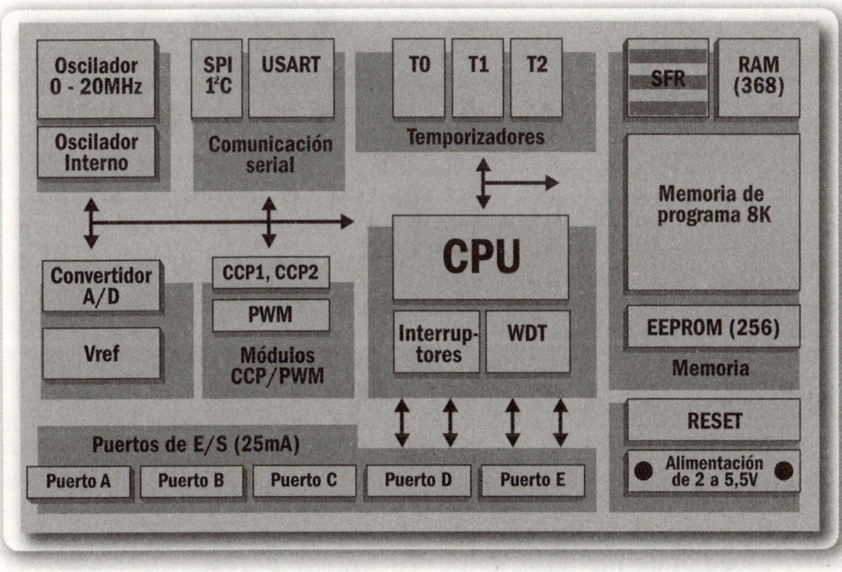

Figura 2. La estructura interna y la disposición de los componentes que anatómicamente constituyen un microcontrolador PIC.

- **Disponen de un Procesador RISC (computador de juego de instrucciones reducido).** Son computadores de juego de instrucciones reducido, en los que el repertorio de instrucciones es muy restringido; las instrucciones son muy simples y suelen ejecutarse en un ciclo máquina. Además, los RISC deben tener una estructura pipeline y ejecutar todas las instrucciones a la misma velocidad.

- **Todas las instrucciones son ortogonales.**
Cualquier instrucción puede manejar cualquier elemento de la arquitectura como fuente o como destino. En los PIC, el manejo del banco de registros que participan activamente en la ejecución de las instrucciones es muy interesante, por ser, estas, ortogonales.
- **Arquitectura basada en un banco de registros.**
Esta característica implica que todos los elementos del sistema (es decir, temporizadores, puertos de entrada/salida, posiciones de memoria, etcétera) están implementados físicamente como registros.

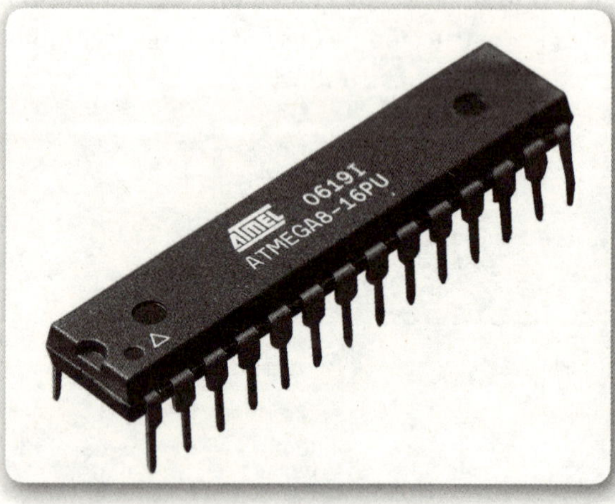

Figura 3. Pastillas y aspecto físico de un microcontrolador PIC recubierto con su cápsula plástica o de cerámica, que evidencia los pines de acceso para comunicarse con el exterior.

- **Diversidad de modelos de microcontroladores.**
La gran variedad de modelos de microcontroladores PIC permite que el usuario pueda seleccionar el más conveniente para su proyecto.
  - El número de patillas de E/S varía de 4 a 70, según el modelo.
  - Casi todos disponen de una memoria EEPROM de 16 a 1024 bytes para almacenar datos y recuperarlos después de haber eliminado la alimentación.
  - Las frecuencias máximas más habituales de funcionamiento, según el modelo, son 4 MHz y 10 MHz, llegando algunos a los 48 MHz.
  - Además de las entradas/salidas digitales, temporizadores y contadores, según el modelo, podemos disponer de entradas/

salidas analógicas (convertidores A/D, D/A), comparadores analógicos, amplificadores operacionales, puerto serie, I^{2C}, USB.
- Según la versión de PIC, la pila o stack dispone de un cierto número de niveles, lo que supone poder encadenar más o menos subrutinas.
- Los microcontroladores PIC más sencillos no admiten interrupciones, pero el resto sí.
- Hay PIC en los que el temporizador TMR1 tiene un circuito oscilador que puede trabajar asíncronamente y que puede incrementarse aunque el microcontrolador se halle en el modo de reposo (sleep), posibilitando la implementación de un reloj en tiempo real.
- En algunos modelos, las líneas de E/S de uno o más puertos presentan una carga pull-up activada por software.

Figura 4. Grupo de microcontroladores PIC (8 patillas) bastante difundidos en el mercado por su reducido tamaño, bajo consumo y gran repertorio de instrucciones en 12 y 14 bits.

- **Amplio margen de alimentación y corrientes de salida elevadas.**
  La tensión típica de los PIC es de 5 V, pero, según de qué modelos se trate, se pueden alimentar con tensiones de 2 a 6,25 V, lo cual posibilita el funcionamiento mediante pilas corrientes importantes por su bajo consumo (menos de 2 mA a 5 V y 4 MHz). Las líneas de E/S de los PIC pueden proporcionar o absorber una corriente de salida comprendida entre 20 y 25 mA, capaz de excitar directamente ciertos periféricos.

- **Herramientas potentes y económicas.**
  Con los PIC existen varios modelos y encapsulados, de los cuales podemos seleccionar el que mejor se acople a las necesidades según el tipo y capacidad de las memorias, el número de líneas de E/S y las funciones auxiliares precisas. Sin embargo, todas las versiones están construidas con una arquitectura común, un repertorio mínimo de instrucciones y opciones muy apreciadas, tales como el bajo consumo y el amplio margen del voltaje de alimentación.

Tipos de PIC

Para resolver aplicaciones sencillas se precisan pocos recursos; en cambio, las aplicaciones grandes requieren numerosos y potentes elementos. Siguiendo esta filosofía, los fabricantes de microcontroladores PIC, tales como **Microchip**, **Hitachi**, **Freescale**, **Intel**, **Atmel**, etcétera, construyen diversos modelos de microcontroladores orientados a cubrir las necesidades de cada proyecto. Así, hay disponibles microcontroladores sencillos y baratos para atender las aplicaciones simples, y otros complejos y más costosos para las de mucha envergadura.

La mayoría de los sistemas de control incrustados requieren CPU, memoria de datos, memoria de instrucciones, líneas de E/S y diversas funciones auxiliares, como temporizadores, comunicación serie y otras. La capacidad y el tipo de las memorias, el número de líneas de E/S y el de temporizadores, así como de los circuitos auxiliares, son parámetros que dependen exclusivamente de la aplicación y varían mucho de una situación a otra. Quizás se pueda considerar como la decisión más importante del proyecto la elección del modelo de microcontrolador que se adapte de forma óptima a las necesidades de los usuarios.

RASGOS DISTINTIVOS DE LOS PIC

Sistema POR (Power On Reset): generan un autoreset al conectarles la alimentación; **Perro guardián (Watchdog)**: un temporizador que produce un reset automático si no es recargado antes de un determinado momento; **Código de protección**: permite protegerse para evitar su lectura; **Modo de reposo (SLEEP)**: la CPU y el oscilador principal se detienen y reducen el consumo.

Figura 5. Los PIC, a pesar de su complejidad, son muy accesibles y de fácil adquisición en el mercado electrónico.

La mejor manera de mantenerse informado sobre los PIC es mediante la página del fabricante; en ella se mantiene la información actualizada de todos los dispositivos en producción, se pueden buscar según varios criterios y se ofrecen, en formato PDF (en inglés y chino), las hojas de características de los dispositivos. Aproximadamente cada seis meses aparece un dispositivo nuevo.

OTRA FORMA DE CLASIFICAR LOS PIC ES DE ACUERDO AL NÚMERO O GAMA DE PATILLAS

Por otro lado, pueden tomarse diversas maneras de clasificar los PIC, y ninguna debe considerarse definitiva, debido a la rápida evolución de estos dispositivos. A continuación, se presentan ejemplos de distintas formas de clasificar los PIC, según diversos aspectos.

De acuerdo a la familia de productos:

- PIC10, PIC12, PIC14, PIC16, PIC17, PIC18.

Según el tipo de memoria empleada:

- Flash, OTP, ROM.

De acuerdo al número de patillas E/S:

- 4-17 patillas, 18-27 patillas, 28-44 patillas, 45-80 patillas.

Según el tamaño de la memoria (bytes)

- 0.5K-1K, 2K-4K, 8K-16K, 24K-32K, 48K-64K, 96K-128K.

En la clasificación por familias, las principales diferencias radican en el número de instrucciones y su longitud y el número de puertos y funciones. Esto se refleja en el encapsulado, la complejidad interna y de programación y en el número de aplicaciones.

Figura 6. Existen modelos de programador de PIC que son compactos; por lo tanto, su uso es más sencillo.

PIC de 8 patillas

Se trata de un grupo de PIC bastante difundido en el mercado. Su principal característica es el reducido tamaño, ya que todos sus componentes disponen de 8 patillas.

Se alimentan con un voltaje de corriente continua comprendido entre 2,5 V y 5,5 V, y consumen menos de 2 mA cuando trabajan a 5 V y 4 MHz. El formato de sus instrucciones puede ser de 12 o de 14 bits, y su repertorio es de 33 o 35 instrucciones, respectivamente.

Aunque solo tienen 8 patillas, pueden destinar hasta 6 como líneas de E/S para los periféricos porque disponen de un oscilador interno R-C que constituye una de sus principales características.

Los modelos 12C5xx tienen instrucciones de 12 bits, mientras que los 12C6xx tienen instrucciones de 14 bits. Los modelos 12F6xx poseen memoria flash para el programa y EEPROM para los datos.

PIC16C(R)5X con instrucciones de 12 bits

Se trata de una serie de recursos limitados, pero con una buena relación coste/prestaciones. Disponen de 18, 20 o 28 patillas y pueden alimentarse a partir de una tensión de 2,5 V, lo que los hace ideales en las aplicaciones que funcionan con pilas, teniendo en cuenta su bajo consumo (menos de 2 mA a 5 V y 4 MHz). Tienen un repertorio de 33 instrucciones cuyo formato consta de 12 bits. No admiten ningún tipo de interrupción, y la pila solo dispone de dos niveles. Poseen memoria de programa tipo OTP (16C5X) o ROM (16CR5X).

PIC16XXX con instrucciones de 14 bits

Es la gama más variada y completa de los PIC. Abarca distintos modelos con encapsulado a partir de 18 patillas, y cubre un multiplicidad de opciones que integran abundantes periféricos. Dentro de esta gama se halla el conocido PIC16X84 y sus variantes.

En esta gama, sus componentes añaden nuevas prestaciones a las que poseían los de gamas inferiores, haciéndolos más adecuados en las aplicaciones complejas. Admiten interrupciones, poseen comparadores de magnitudes analógicas, convertidores A/D, puertos serie y diversos temporizadores. El repertorio de instrucciones es de 35, de 14 bits cada una, y compatible con gamas inferiores. Sus distintos modelos contienen toda la galería de los recursos que se precisan en las aplicaciones de microcontroladores de 8 bits. También dispone de interrupciones y de una pila de 8 niveles que permite el anidamiento de subrutinas.

El temporizador TMR1 que hay en algunos PIC de esta gama tiene un circuito oscilador que puede trabajar asíncronamente y que puede incrementarse, aunque el microcontrolador se halle en el modo de reposo (sleep), posibilitando la implementación de un reloj en tiempo real.

PIC14000

Dentro de esta gama se encuentra el PIC14000, que soporta el diseño de controladores inteligentes para cargadores de baterías, pilas pequeñas, fuentes de alimentación ininterrumpibles y cualquier sistema de adquisición y procesamiento de señales que requiera gestión de la energía de alimentación. Los PIC14000 admiten cualquier tecnología de las baterías como Li-Ion, NiMH, NiCd, Ph y Zinc.

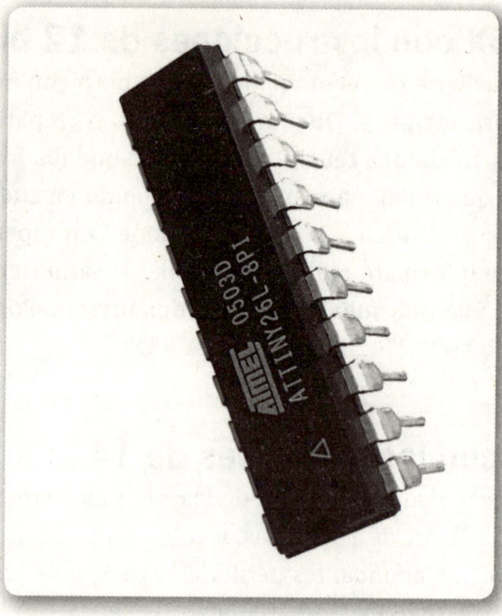

Figura 7. La propiedad más destacable de los **PIC de 16 bits** es su arquitectura abierta y el gran número de patillas, que le permiten mayor ampliación con elementos externos.

PIC17CXXX con instrucciones de 16 bits

Se alcanzan las 58 instrucciones de 16 bits en el repertorio, y sus modelos tienen un sistema de gestión de interrupciones vectorizadas. También incluyen controladores de periféricos, puertas de comunicación serie y paralelo con elementos externos, un multiplicador hardware y mayores capacidades de memoria, que alcanza los 8 K de palabras en la memoria de instrucciones y 454 bytes en la memoria de datos. Quizás la característica más destacable de estos componentes es su arquitectura abierta, que consiste en la posibilidad de ampliación del microcontrolador con elementos externos. Para este fin, las patillas sacan al exterior las líneas de los buses de datos, direcciones y control, a las que se conectan memorias o controladores de periféricos. Esta facultad obliga a estos componentes a tener un elevado número de patillas (40 y más). Esta filosofía de construcción del sistema es la que se empleaba en los microprocesadores, y no suele ser una práctica habitual cuando se emplean microcontroladores.

Figura 8. Este módulo de bajo voltaje incorpora, en su electrónica, un microcontrolador PIC provisto de una memoria flash al igual que una memoria USB convencional.

El programador de PIC

El dispositivo **programador de PIC** permite leer y grabar PIC de varios pines (8, 18, etcétera) así como memorias EEPROM o flash. Es decir, este dispositivo permite planificar la manera en que va a funcionar nuestro PIC, de acuerdo a nuestras necesidades. En otras palabras, hace que el integrado sea capaz de modificar su comportamiento en función de una serie de instrucciones que es posible comunicarle.

¿LA PILA EN LOS PIC?

La pila en los PIC es una zona de memoria que está separada. Tiene una estructura **LIFO** (**Last In First Out**), así que el último valor que se guarda es el primero que sale. Se la carga con la instrucción **CALL** (**llamada**) o por una interrupción que hace que se cargue el contenido de la PC en el valor superior de la pila (acción necesaria porque no tiene un flag que indique su agotamiento).

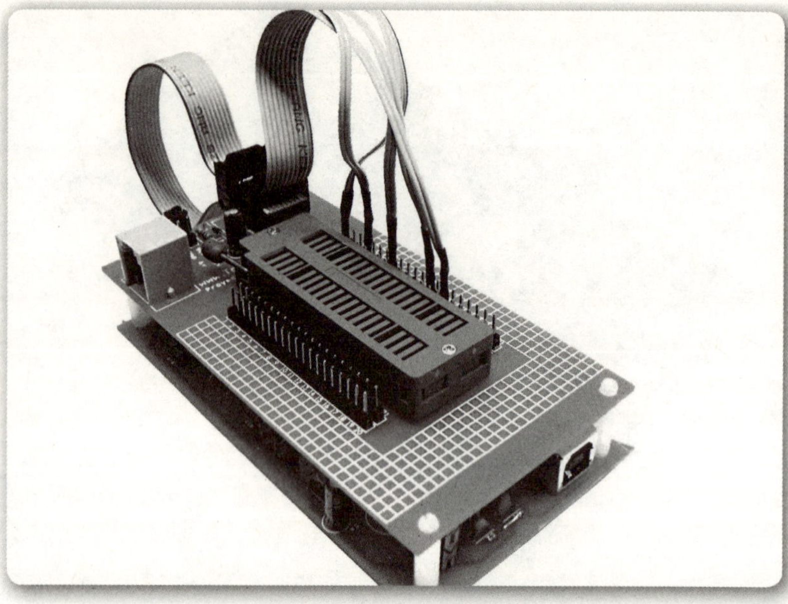

Figura 9. Además de su circuito destinado a la lectura y grabado de PIC, este programador dispone de un adaptador en su parte superior para soportar mayor variedad de chips.

La mayoría de estos dispositivos posee un **zócalo de 18 pines**, el cual permite conectar tanto PIC como memorias EEPROM seriales o flash. El detalle para considerar en cuanto a la colocación de los PIC de 18 pines es que ocupen la totalidad del zócalo; en cambio, los PIC de 8 pines o menores se colocan ocupando la parte superior del zócalo. Las memorias se ubican una hilera anterior al fin del zócalo (el pin 1 de la memoria debe coincidir con el 5 del zócalo).

SE PUEDE UTILIZAR UN CONECTOR HEMBRA CENTRONICS PARA CIRCUITO IMPRESO

El led, generalmente marcado como **Enc**, permite observar que el sistema se encuentra alimentado; mientras que el led marcado como **PIC** se enciende indicando que es seguro insertar o quitar un chip (PIC o memoria) y se apaga por instantes breves cuando una lectura o programación de un PIC está en curso. Mientras este último led esté apagado, no se debe quitar o insertar ningún integrado del zócalo.

El funcionamiento del circuito es muy simple: por lo general, los pines del puerto paralelo 2, 3, 5 y 10 permiten interconectar el circuito con la PC. El pin 2 es el encargado de traer los datos (desde la PC hacia el integrado). El pin 3 es el envío de los pulsos de reloj (desde la PC hacia el integrado). El pin 10, por otra parte, permite a la PC leer los datos desde el programador. El pin 5, por último, es el encargado de controlar la tensión de programación necesaria para cuando queremos leer o escribir en un PIC.

Los microcontroladores PIC se programan utilizando el mismo protocolo que las memorias EEPROM seriales; por consiguiente, el programador debe servir tanto para PIC como para memorias.

Casi siempre, estos circuitos requieren como única alimentación 12 V de corriente continua con una intensidad de 200 mA. De tener una fuente de mayor tensión (13.5 V, como mucho), se la puede utilizar sin inconvenientes, no es necesario que la fuente sea regulada. Si se tiene una fuente de 12 V con más corriente (de 1 ampere o incluso mayor), se la puede utilizar también sin problemas.

Figura 10. Alargue en serie con conector **DB9** hembra y macho inyectados, necesarios en algunos casos para conectar a la computadora.

Programar un PIC

La actividad de programar un PIC se suele dividir en cuatro pasos bien definidos:

- **Editar**: consiste en escribir el programa, confeccionar una lista de instrucciones en un lenguaje que nos permita indicarle al PIC lo

EL DISPOSITIVO PROGRAMADOR DE PIC PERMITE LEER Y GRABAR PIC DE VARIOS PINES

que deseamos que haga. Existen varios lenguajes como: Ensamblador, Basic, C, etcétera. Todos ellos pretenden acercarse a nuestra manera de pensar y de hablar. Sin embargo, los PIC no conocen más que unos y ceros. Por eso, es necesario el siguiente paso.

- **Compilar**: es traducir el programa al lenguaje de máquina. Para realizar esta traducción, hacemos uso de un software (por ejemplo, MPASAM de Microchip) que transforma el programa fuente, aquel que editamos en el paso 1, en otro que sí podemos comunicarle al PIC (lenguaje de máquina).
- **Quemar el PIC**: en este paso, se graba el programa en el PIC. Mediante una tarjeta electrónica programadora y un software seleccionado para la ocasión, se pasa el programa compilado de la PC al PIC. Son solamente unos cuantos clics y listo, pero para ello se debe tener cierta paciencia.

Es necesario hacer una aclaración en este momento. Con frecuencia, llamamos **Programador de PIC** a la tarjeta electrónica que transfiere el programa compilado de la PC al PIC. Esto es correcto, mientras entendamos que este aparato no va a pensar por nosotros y que es incapaz de programar instrucciones por sí mismo.

- **Probar el programa**: en este último paso, se trata de verificar el funcionamiento del programa. Es decir, consiste en determinar y comprobar que el PIC se comporta como lo programamos, que realiza las acciones que le inculcamos, etcétera. Si todo salió bien, seguimos adelante; si no, volvemos al primer paso (Editar).

¡EN BUSCA DEL ADECUADO!

Son muchos los circuitos o programadores disponibles en el mercado para programar microcontroladores PIC o memorias EEPROM seriales, flash, etcétera. Sin embargo, muchos deciden tomar lo mejor de cada uno de ellos y elaborar uno propio con las características que lo hacen especial para el país en donde se reside, buscando adecuarlo con componentes económicos y software de uso simple.

PIC16

El **PIC16** es un microcontrolador de la familia Microchip. Se trata de un circuito integrado que incluye una CPU (unidad central de proceso), una memoria no volátil para contener un programa (ROM, PROM, EPROM o EEPROM), una memoria de lectura y escritura que guarda los datos (RAM, la cual es volátil), interfaces de entrada y salida y recursos auxiliares (circuitos de reloj, temporizadores, convertidores analógico a digital o viceversa, protección contra fallas de alimentación, entre otras).

Dentro de la gran diversidad de microcontroladores que existen, se pueden clasificar como: de 4, 8, 16 o 32 bits. Las prestaciones de los microcontroladores de 16 y 32 bits son superiores a las de los otros; sin embargo, la realidad demuestra que la clasificación de 8 bits es la que domina el mercado. La razón de esto reside en que la gran mayoría de aplicaciones de los microcontroladores hace que los de 4 y 8 bits sean los más apropiados para el desarrollo de proyectos, mientras que los de 16 y 32 bits tienen prestaciones superiores a los requerimientos de las aplicaciones y, además, un precio superior, lo cual no es lo más conveniente a la hora de desarrollar un proyecto.

Figura 11. Debido a la composición del material de los microcontroladores con tecnología **CMOS**, estos son sensibles a la electricidad estática.

La mayoría de los microcontroladores fabricados se basan en la tecnología **CMOS** (*Complementary Metal Oxide Semiconductor*).

Existen distintas marcas de microcontroladores. Sin embargo, son los de Microchip los que gozan de gran popularidad, debido a su facilidad de uso y sus prestaciones en cada una de las gamas que ofrecen, entre algunas otras ventajas que se mencionan a continuación:

- Su manejo es sencillo.
- Hay excelente información sobre el dispositivo.
- El precio es accesible.
- Tienen buena velocidad, consumo, tamaño, alimentación, y su conjunto de instrucciones es reducido.
- Las herramientas de desarrollo son sencillas de manejar.
- La disponibilidad es inmediata.
- Poseen compatibilidad de software en todos los modelos de la misma gama.
- Hay una amplia gama de voltajes.
- Existe gran variedad de software libre.

Todas estas características son las que han llevado a Microchip a ocupar el segundo lugar en ventas de microcontroladores, compitiendo con Intel y Motorola.

Los microcontroladores PIC16 se encuentran situados dentro de la gama media. Esta gama es la más variada y completa de los PIC, la cual abarca modelos con encapsulado que van desde 18 hasta 68 pines, cubriendo varias opciones que integran distintos periféricos.

La gama media se puede clasificar en:

- Gama media estándar (PIC16C55X).
- Gama media comparador analógico (PIC16C62X/64X/66X).
- Gama media con módulo de captura (CPP), modulación de ancho de pulso (PWM) y puerto serie (PIC16Cx).

PROGRAMADOR DE MICROCONTROLADORES

El programador para microcontroladores es una herramienta esencial para quien busca dedicarse al desarrollo de proyectos con microcontroladores; tanto los PIC como otro tipo de microcontrolador se adaptan a cualquier tamaño de PIC. Es posible realizar el armado y ensamblado de un programador propio o, si se prefiere, se puede encontrar ensamblado de fábrica a un precio accesible.

- Gama media con CAD de 8 bits (PIC16C7X).
- Gama media con CAD de precisión (PIC14000).
- Gama media con memoria flash y EEPROM (PIC16F87X y PIC16X8X).
- Gama media con driver LCD (PIC16C92X).

Arquitectura

Sobre la arquitectura del PIC, mencionaremos a continuación las características más importantes.

Figura 12. El microcontrolador **PIC16F84** es uno de los más utilizados, debido a su facilidad de uso, sus prestaciones y su precio accesible.

El procesador es segmentado tipo pipe-line: esto significa que se aplica una técnica de segmentación que permite al procesador realizar simultáneamente la ejecución de una instrucción y la búsqueda del código de la siguiente. Así, permite que se pueda ejecutar una instrucción en un ciclo (cada ciclo de instrucción son cuatro ciclos de reloj).

El procesador es de tipo RISC (*Reduced Instruction Set Computing*), cuyas características principales son: las instrucciones tienen tamaño fijo, se presentan en un reducido número de formatos, y solo las instrucciones de carga y almacenamiento acceden a la memoria de datos. Además, estos procesadores suelen disponer de varios registros de propósito general.

Poseen una arquitectura tipo Harvard, lo cual quiere decir que se utilizan dispositivos de almacenamiento separados para las instrucciones y para los datos. Por lo tanto, cuentan con un bus de comunicación independiente para la memoria de datos y la memoria del programa.

Son de arquitectura ortogonal basada en bancos de registros. Esto significa que cualquier instrucción puede utilizar cualquier elemento de la arquitectura como fuente o destino. Todos los elementos del sistema (temporizadores, puertos in/out, posiciones de memoria, etcétera) están implementados físicamente como registros.

Sobre la memoria de los PIC, se guarda el programa que la CPU ejecutará. La memoria del programa, en este caso, se cuantifica en palabras, y cada palabra consta de 14 bits.

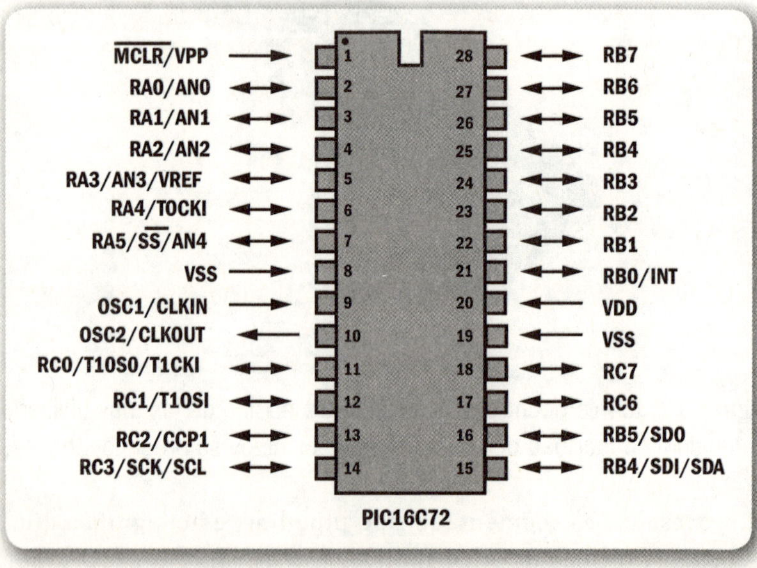

Figura 13. El diagrama de conexiones del **PIC16C74** muestra los pines. Este microcontrolador se usa en aplicaciones más complejas.

Dentro de la memoria del programa, encontramos unos registros que se encargan de diferentes tareas y se mencionan a continuación:

El **contador del programa** o **PC** (*Program Counter*) es un registro que indica la próxima instrucción que ejecutará la CPU. Cuando arranca el microcontrolador, el valor del PC es de 0x0000 y, automáticamente, se va incrementando; con esto se asegura que el programa contenido en el PIC sea ejecutado instrucción por instrucción.

La **pila** o **stack** se refiere a una memoria que almacena de manera temporal el valor del contador de programa, en el momento en que el programa ejecuta una subrutina o cuando salta a una interrupción.

Los microcontroladores cuentan también con una memoria RAM, la cual está dividida en sectores llamados **bancos**, y cada byte de la memoria RAM se conoce como **registro**.

Dentro de los registros de la memoria RAM, existen dos tipos: los registros de propósito especial y los registros de propósito general.

Todos los puertos con los que cuentan los PIC16 son bidireccionales; esto quiere decir que pueden actuar como puertos de entrada y como puertos de salida, y son configurables por medio del software para programarlos.

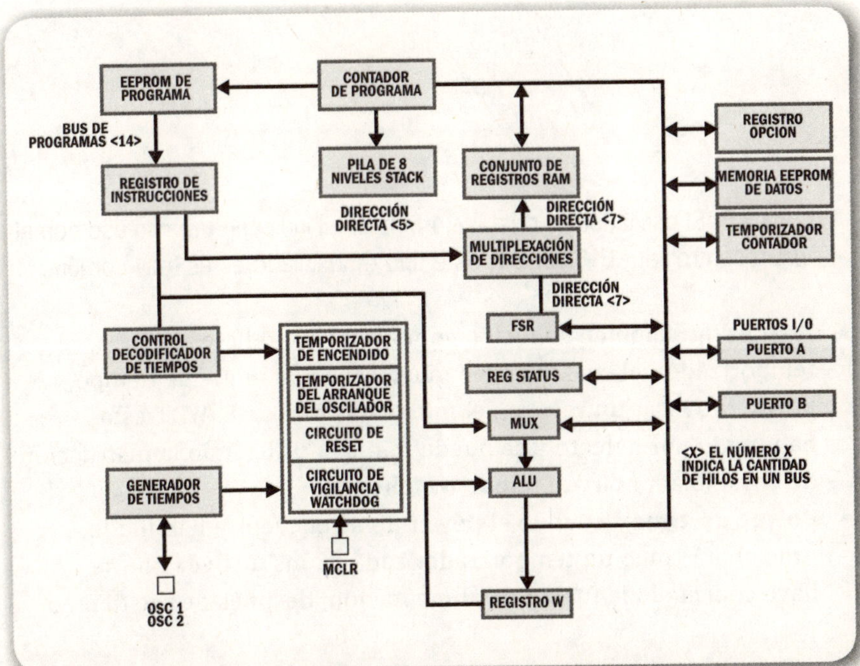

Figura 14. Diagrama de bloques del microcontrolador **PIC16F84**, que muestra la arquitectura interna del PIC y cómo están relacionados sus componentes.

Para finalizar con las características de los microcontroladores PIC, mencionaremos a continuación varios aspectos que se pueden configurar, y que dependen del proyecto que se realizará; muchas de estas características pueden ser útiles:

- **Selección del oscilador**: esta opción sirve para adaptar el circuito interno con el componente externo que actuará como la fuente del reloj del sistema, y para que este pueda estar sincronizado con el microcontrolador.

Figura 15. El oscilador de cristal a 4 Mhz es el indicado para su uso con el microcontrolador **PIC16F84**; este tipo de osciladores es muy común.

- **Watchdog**: también conocido como **WDT**, se refiere a un temporizador, el cual, una vez que alcanza su límite de tiempo, puede provocar un reset en el microcontrolador. El WDT está habilitado por defecto y se puede reiniciar utilizando la instrucción de ensamblador clrwdt (**clear watchdog**).
- **Power up timer**: cuando el power up se encuentre habilitado, funcionará como un temporizador cada 72 ms una vez que se haya conectado la fuente de alimentación; después de ese tiempo,

PROBLEMAS CON LA ELECTRICIDAD ESTÁTICA

Cuando manejamos los microcontroladores se debe tener especial cuidado, ya que una pequeña descarga de electricidad estática puede arruinarlos. Por eso, es recomendable manejarlos con cuidado, sujetando el encapsulado de plástico con unas pinzas, o usando una pulsera antiestática. Para almacenarlos antes de un montaje, es preferible mantenerlos en una bolsa de plástico antiestática.

empieza a ejecutarse el programa, con el propósito de esperar a que se normalice la tensión.

- **Protección de código**: es el encargado de proteger la memoria del programa, evitando que se pueda leer mediante el dispositivo con el que el PIC es programado.
- **Escritura en memoria del programa**: se representa con los bits WRT1 y WRT0, con lo que es posible escribir en la memoria del programa en tiempo de ejecución.
- **Modo ICD** (*In Circuit Debbuger*): se representa con DEBUG; al estar habilitado este bit, se puede monitorear el estado de los elementos internos de hardware.

PIC18

En el momento de elegir un microcontrolador para el desarrollo de una aplicación en concreto, hay que tener en cuenta varios factores, como la documentación del dispositivo y las herramientas de desarrollo disponibles, así como también el precio, la cantidad de fabricantes que lo producen y, por supuesto, las características del microcontrolador. A continuación, se mencionan varias características.

Figura 16. Los PIC de gama mejorada se utilizan en aplicaciones más complejas, como en la industria automotriz.

- **Costo**: de acuerdo a las características disponibles en el microcontrolador y a la marca del fabricante que los realiza, puede existir una diferencia de precios, a veces bastante significativa, la cual no es muy recomendable si se desea realizar el proyecto en una escala mayor de producción. Si el fabricante desea reducir los costos, debe tener en cuenta las herramientas de apoyo con que va a contar: emuladores, simuladores, ensambladores, compiladores, entre otros.
- **Aplicación**: antes de seleccionar un microcontrolador, es imprescindible analizar los requisitos de la aplicación, para decidir cuál es el microcontrolador que mejor se adecue a las necesidades del proyecto.
- **Procesamiento de datos**: puede ser necesario que el microcontrolador realice cálculos críticos en un tiempo limitado. En ese caso, debemos asegurarnos de seleccionar un dispositivo suficientemente rápido para ello. Por otro lado, habrá que tener en cuenta la precisión de los datos que se manejarán: si no es suficiente con un microcontrolador de 8 bits, puede ser necesario acudir a microcontroladores de 16 o 32 bits, o incluso a hardware de coma flotante. Una alternativa más barata y –quizá– suficiente es usar librerías para manejar los datos de alta precisión.
- **Conexiones de Entrada/Salida**: para determinar las necesidades de entrada/salida del sistema, es conveniente dibujar un diagrama de bloques, de tal forma que sea sencillo identificar la cantidad y el tipo de señales por controlar. Una vez realizado este análisis, puede ser necesario añadir periféricos hardware externos o cambiar a otro microcontrolador más adecuado a ese sistema.

APLICACIÓN DE LOS PIC18

Los PIC18, por sus características avanzadas y por su mayor cantidad de pines para señales de entrada y salida, son utilizados en aplicaciones más complejas, como en la industria automotriz, en las comunicaciones o en el control industrial. En cambio, los PIC16 cuentan con menos componentes y son ideales para proyectos más sencillos y de carácter educativo.

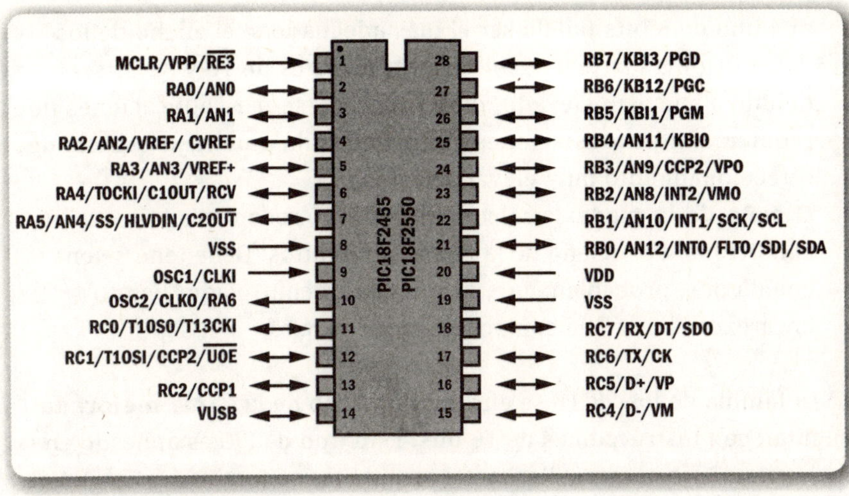

Figura 17. Ejemplo de un PIC18, que muestra los pines de conexión con los que cuenta y la disposición en el encapsulado.

- **Consumo**: algunos productos que incorporan microcontroladores están alimentados con baterías, y su funcionamiento puede ser tan vital como activar una alarma antirrobo. Lo más conveniente en un caso como este puede ser que el microcontrolador se encuentre en estado de bajo consumo, pero que despierte ante la activación de una señal (una interrupción) y ejecute el programa adecuado para procesarla.
- **Memoria**: para detectar las necesidades de memoria de nuestra aplicación, debemos separarla en memoria volátil (RAM), memoria no volátil (ROM, EPROM, etcétera) y memoria no volátil modificable (EEPROM). Este último tipo de memoria puede ser útil para incluir información específica de la aplicación, como un número de serie o parámetros de calibración.
  En cuanto a la cantidad de memoria necesaria, puede ser imprescindible realizar una versión preliminar –aunque sea en pseudocódigo– de la aplicación y, a partir de ella, hacer una estimación de cuánta memoria volátil y no volátil es necesaria, y si es conveniente disponer de memoria no volátil modificable.
- **Ancho de palabra**: el criterio de diseño debe ser seleccionar el microcontrolador de menor ancho de palabra que satisfaga los requerimientos de la aplicación. Usar un microcontrolador de 4 bits supondrá una reducción importante en los costos, mientras

que uno de 8 bits puede ser el más adecuado si el ancho de los datos es de un byte. Los microcontroladores de 16 y 32 bits, debido a su costo elevado, deben reservarse para aplicaciones que requieran altas prestaciones (entrada/salida potente o espacio de direccionamiento muy elevado).

- **Diseño de la placa**: la selección de un microcontrolador concreto condicionará el diseño de la placa de circuitos. Debe tenerse en cuenta que, probablemente, usar un microcontrolador barato encarezca el resto de componentes del diseño.

La familia de los PIC18 se encuentra dentro de la **gama mejorada**; cuentan con instrucciones de 16 bits. Este tipo de PIC es aplicado en la industria de los automóviles, en el área de las comunicaciones y en el control industrial. Estos modelos proveen una alta velocidad (40 Mhz).

Entre sus características principales, podemos destacar las siguientes:

- Tienen un espacio de direccionamiento de memoria de programa que permite alcanzar los 2 MB y 4 KB para la memoria de datos.
- Cuentan con tecnología flash para la memoria del código.
- Posee un conjunto de 77 instrucciones, de 16 bits cada una.
- Presenta orientación a la programación en lenguaje C con la incorporación de compiladores.
- Ofrece nuevas herramientas para emulación.

Modelos

Inicialmente aparecieron cuatro modelos (PIC18C242/252/442/452) de 28 a 40 pines, que tenían hasta 16 KB de memoria de programa y hasta 1.536 bytes de RAM. Pueden funcionar a 40 Mhz, con 16 causas

TIPOS DE ENCAPSULADOS

Un encapsulado es la carcasa plástica del dispositivo. Hay de dos tipos: uno de disposición rectangular, con pines del lado izquierdo, y otros, del lado derecho. Son los más comunes en el momento de desarrollar un prototipo. Existe otra clase, la de los cuadrados, que cuentan con pines a cada lado del cuadrado y se los utiliza para montajes de soldadura en placas hechas a medida.

de interrupción, 4 temporizadores, dos módulos CCP, convertidores analógico a digital de 5 u 8 canales, y comunicación serie y paralelo.

Empezaremos por comentar sobre la arquitectura de los PIC de gama mejorada, que, al igual que la gama media, está basada en la arquitectura Harvard. Esto quiere decir que los buses de la memoria del programa y la memoria de datos están separados y, gracias a esto, se puede tener acceso a las dos memorias al mismo tiempo.

> **LA DOCUMENTACIÓN Y LAS HERRAMIENTAS DE DESARROLLO DISPONIBLES SON DETERMINANTES**

Respecto de la memoria del programa, podemos decir que los microcontroladores PIC18 implementan un contador de programa capaz de manejar los 2 MB de la memoria del programa.

Cada uno de los **PIC 18F2455** y **4455** tienen 24 KB de memoria flash, y pueden almacenar hasta 16.384 instrucciones; los PIC18F2550 y 4550 tienen 32 KB de memoria flash y pueden almacenar hasta 16.384 instrucciones.

Acerca de la memoria RAM, los bancos 4 a 7 de la memoria de datos están mapeados a un puerto dual especial de RAM. Cuando el módulo USB está desactivado, los **GPR** (*General Purpose Register*) o registros de propósito general, en estos bancos, se utilizan como cualquier otro GPR en la memoria de datos. Cuando se permite el módulo USB, la memoria en estos bancos se asigna como RAM de almacenamiento intermedio para las operaciones del USB. Esta área se comparte entre el núcleo del microcontrolador y el motor de la interfaz en serie del USB, y se utiliza para transferir datos directamente entre los dos.

En teoría, se pueden utilizar las áreas de la RAM del USB para almacenar variables. En la práctica, la naturaleza dinámica de la asignación del almacenamiento intermedio hace que sea peligroso.

TRANSPORTE DE ENERGÍA

Quizás alguna vez nos hayamos preguntado por qué la energía se transporta utilizando alta tensión. Pues bien, la respuesta es sencilla: para mantener la potencia eléctrica constante (en condiciones ideales). Si la tensión aumenta, la corriente disminuye. De esta forma, mientras más baja sea la corriente, tendremos menos pérdidas por efecto de Joule y necesitaremos conductores de menor sección.

INICIALMENTE APARECIERON CUATRO MODELOS DE 28 A 40 PINES, CON HASTA 1536 BYTES DE RAM

Además, el banco 4 se utiliza para controlar el almacenamiento intermedio del USB cuando se permite el módulo, y no se debe utilizar para otros propósitos durante ese tiempo.

La **memoria EEPROM** (*Electrically Erasable Programmable Read-Only Memory*) es una matriz de memoria permanente, separada de la RAM de datos y de la memoria de programa, que se utiliza en almacenamientos de larga duración de los datos del programa. No está mapeada directamente en los registros de archivo o en la memoria, sino que se trata en forma indirecta a través de los registros especiales de la función (**SFR** o *Special Function Registers*).

Hay cuatro registros de propósito específico para leer y escribir datos en la memoria EEPROM, los cuales son: **EECON1**, **EECON2**, **EEDATA**, **EEADR**.

Los datos almacenados en la memoria EEPROM permiten la lectura y escritura de bytes. Cuando se conecta al bloque de la memoria de datos, el EEDATA sostiene los 8 bits de datos para la lectura/escritura, y el registro EEADR lleva a cabo el direccionamiento de la localización de la EEPROM.

La memoria de datos EEPROM se clasifica como muy resistente a los ciclos de escritura/borrado. Un byte escribe y, automáticamente, borra la localización para escribir los datos. El tiempo de escritura se controla por un contador de tiempo en el chip; variará con la tensión y la temperatura así como en diferentes PIC.

El reloj en estos microcontroladores de gama mejorada puede ser externo o también puede ser interno, ya que cuentan con esta capacidad.

CONTROL DE UN MOTOR DE DC CON PWM

El método de PWM sirve para manipular el ancho de pulso que pasa a través de un componente electrónico o eléctrico, con la finalidad de realizar procesos de control. Al controlar este ancho de pulso, es posible, por ejemplo, realizar un sistema de control de velocidad para un motor de corriente directa desde el mismo microcontrolador.

Los microcontroladores PIC18 de gama mejorada, así como los microcontroladores PIC16, poseen diferentes periféricos, que se pueden utilizar de acuerdo al proyecto que se esté desarrollando:

> LOS PIC18 TIENEN UN CONTADOR QUE MANEJA LOS 2 MB DE LA MEMORIA DE PROGRAMA

- **Temporizador o contador**: el **pin Timer0** es un temporizador o contador ascendente de 8 bits; cuando trabaja con el reloj del PIC, se lo conoce como **temporizador** y, cuando recibe los pulsos de una fuente externa a través del **pin RA4/TOCKI**, se lo llama **contador**.
- **Convertidor analógico/digital**: se utiliza para convertir señales analógicas de voltaje o corriente, proporcionadas por sensores o transmisores especializados en la variable por medir y que típicamente tienen un rango de salida de 0-5 voltios, en un valor binario que puede ser manejado en forma digital por el programa de aplicación del sistema del microcontrolador.
- **PWM** (**Pulse Width Modulation**): el uso de un microcontrolador con módulo de PWM tiene varias ventajas sobre un circuito analógico, como son la precisión y un mejor control de las variables involucradas, además de espacio y ahorro de energía.

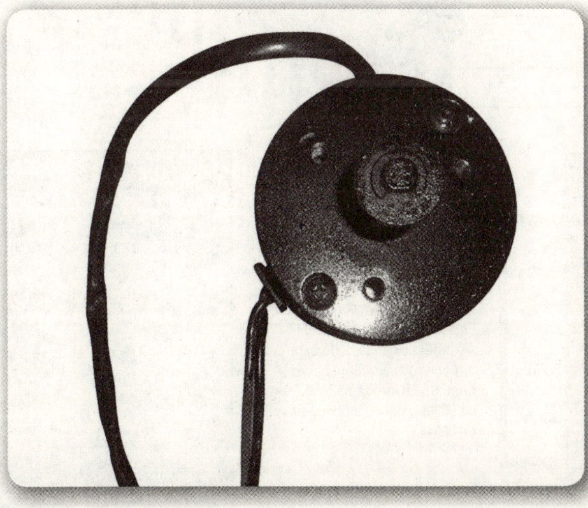

Figura 18. EL **PWM** es un recurso de control, que tiene aplicaciones variadas, desde el control de intensidad de luz de un led hasta el control en la velocidad de un motor de DC.

PIC16F por dentro

La arquitectura interna de un PIC16F84 es del tipo Harvard, con almacenamiento físico separado para instrucciones (bus de 14 bits) y datos (bus de 8 bits). Posee un conjunto de 35 instrucciones (RISC), memoria auxiliar EEPROM de 64 x 8 bits, 2 puertos de E/S, watchdog y un temporizador (Timer).

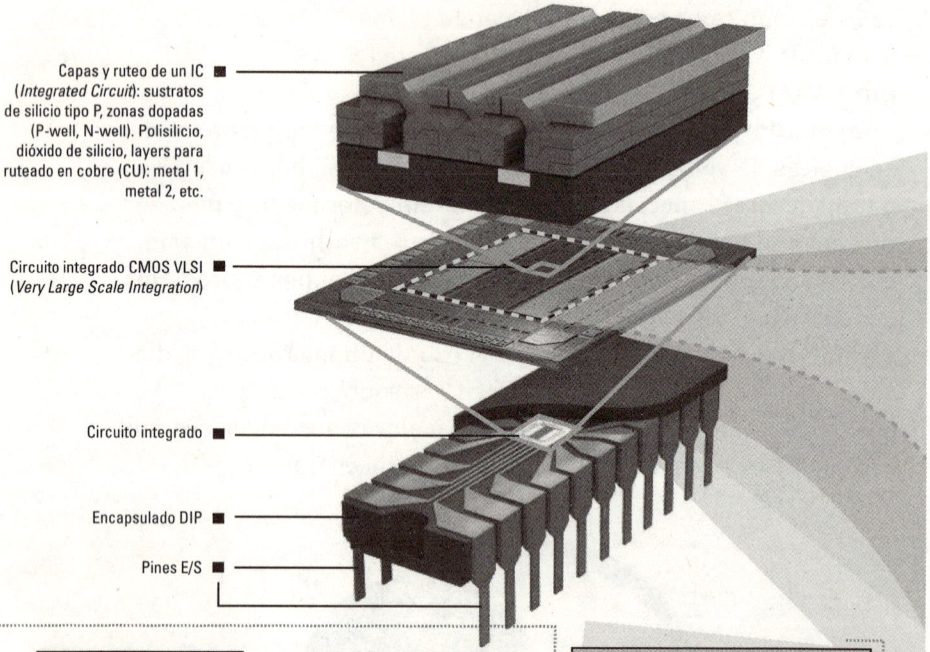

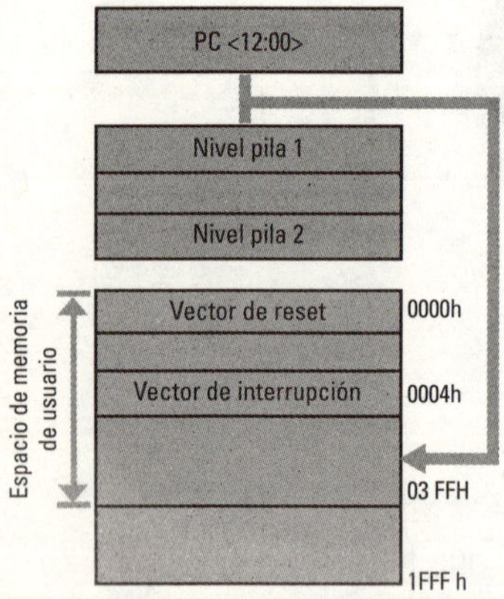

Memoria FLASH de datos:

Esta arquitectura posee un PC (*Program Counter*) de 13 bits, capaz de direccionar 8 k x 14 bits de memoria de programa. Para este PIC, sólo se implementa físicamente la primera porción de 1 k x 14 bits (0000h-3FFFh). Acceder por encima de esta dirección, causará un acceso circular. El Vector de RESET está en 0000h, y el de interrupciones en 0004h.

	Banco 0	Banco 1	
00 h	Dir. Ind.	Dir. Ind.	80 h
01 h	TMR0	OPTION	81 h
02 h	PCL	PCL	82 h
03 h	STATUS	STATUS	83 h
04 h	FSR	FSR	84 h
05 h	PORT A	TRIS A	85 h
06 h	PORT B	TRIS B	86 h
07 h	-	-	87 h
08 h	EEDATA	EECON1	88 h
09 h	EEADR	EECON2	89 h
0A h	PCLATH	PCLATH	8A h
0B h	INTCON	INTCON	8B h
0C h	68 Registro de propósito general	Mapeados (acceso) en el banco 0	8C h
4F h			CF h
50 h			D0 h
7F h			FF h

ARQUITECTURA INTERNA DE PIC16F84

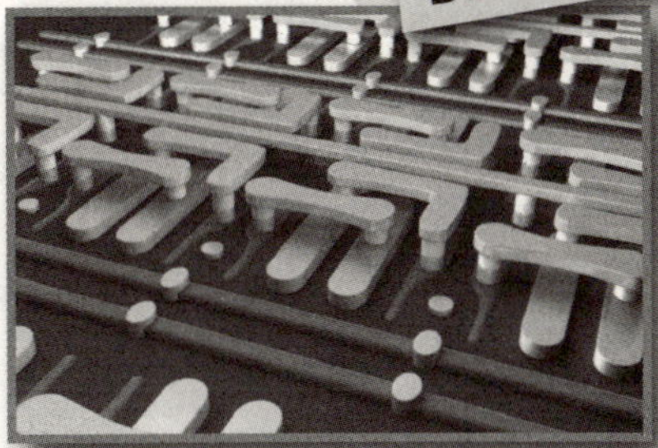

Un microcontrolador como el PIC16F84A es un circuito integrado (IC) conformado por un bloque microprocesador o CPU (Unidad Central de Procesos), memoria de programa Flash EEPROM , memoria de datos RAM y puertos de E/S y periféricos.
La CPU o núcleo microprocesador consta de una Unidad de Control (UC), una Unidad Aritmético Lógica (ALU), registros internos e interfaz a memoria. La ALU es la encargada de realizar las operaciones aritméticas básicas (resta, suma, división y multiplicación) y de operaciones lógicas (OR, NOT, AND, etc.).
La Unidad de Control es la que maneja a la ALU enviándole las órdenes en la secuencia en que deben ser ejecutadas y también se ocupa de transportar los resultados obtenidos.

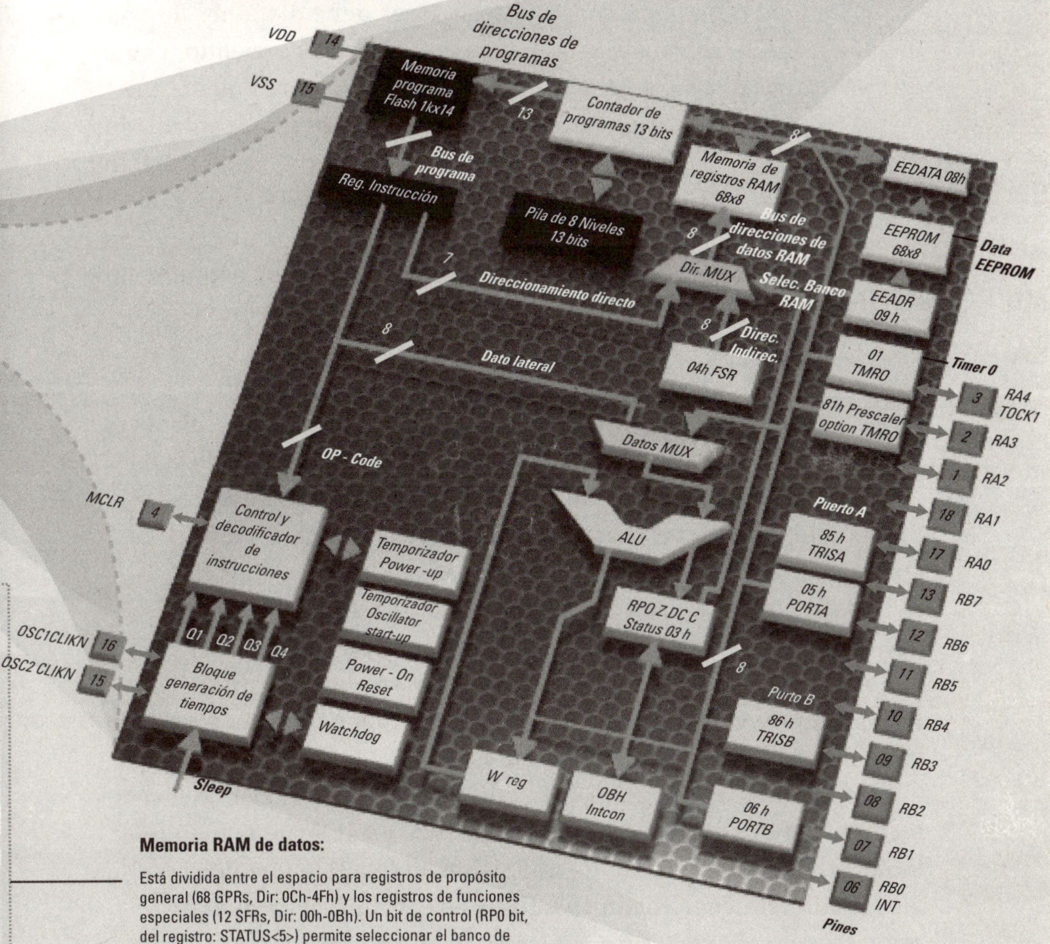

Memoria RAM de datos:

Está dividida entre el espacio para registros de propósito general (68 GPRs, Dir: 0Ch-4Fh) y los registros de funciones especiales (12 SFRs, Dir: 00h-0Bh). Un bit de control (RP0 bit, del registro: STATUS<5>) permite seleccionar el banco de memoria a utilizar por medio de direccionamiento indirecto. Cada banco posee 128 bytes.

PIC32

A partir de noviembre de 2007, se introdujeron en el mercado los nuevos microcontroladores PIC de 32 bits con una velocidad de procesamiento de hasta 1.6 DMIPS. Sus frecuencias de reloj pueden alcanzar los 80 MHz a partir de osciladores de cristal de cuarzo estándares de 4 a 5 MHz, gracias a un **PLL interno**.

Un microcontrolador es un circuito integrado programable que se caracteriza por contener prácticamente todos los factores necesarios para controlar el funcionamiento de una tarea determinada como, por ejemplo, un sistema de alarma, un ascensor, etcétera.

Un sistema basado en microcontroladores debe disponer de una memoria donde se almacena el programa que está corriendo, el que, una vez programado, solo servirá para realizar la tarea que le fue asignada. La aplicación de un microcontrolador dentro de un circuito reduce de manera drástica el tamaño y el número de componentes por utilizar; ello se traduce en menor probabilidad de averías, ya que tenemos menos componentes que puedan sufrir daños, menos volumen y menos peso.

EN LOS ÚLTIMOS AÑOS, LOS MICROCONTROLADORES BAJARON SUS PRECIOS

En los últimos años, se ha facilitado enormemente el trabajo con microcontroladores al haber bajado sus precios y aumentado sus prestaciones y capacidades, lo que nos lleva a pensar que, en muchas ocasiones, vale la pena utilizarlos en vez de aplicar lógica discreta, como se utilizaba hace algunos años.

Esta situación influyó mucho en la política de Microchip, que comenzó a ofrecer de forma gratuita, en su página web, la documentación y todo el software necesario para la utilización de PIC en proyectos. De este modo, se volvió mucho más accesible para el público que demandaba su uso.

Esta estrategia comercial –en conjunto con otras cuestiones técnicas– hizo que hoy en día Microchip se estableciera como líder indiscutido en el mercado de microcontroladores y que nos resultara muy fácil incluir microcontroladores PIC no solo en pequeños proyectos de aficionados a la electrónica, sino también en grandes sistemas digitales.

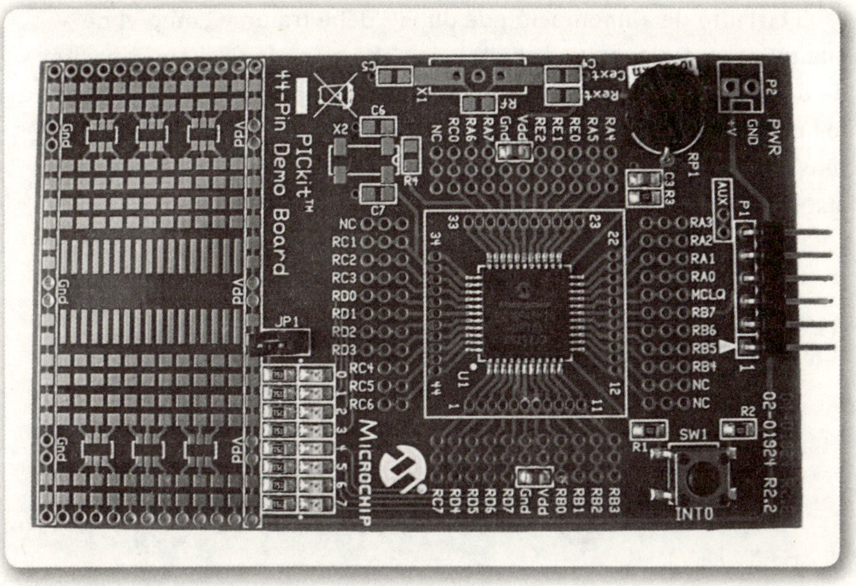

Figura 19. PIC de 32 bits diseñado para su uso con proyectos **DIY** (**Do It Yourself**), de muy bajo costo. Compatible con placas Arduino.

Pasamos ahora a la parte técnica de los PIC. Aquí, vamos a desarrollar varios aspectos fundamentales que todos poseen en común. Ellos son: alimentación, osciladores, puertos y, finalmente, la programación de PIC, en la que podremos adentrarnos más en lo que es la aplicación y el control de periféricos, además de la programación propiamente dicha.

Alimentación de un PIC

Por lo general, los PIC se alimentan con 5 voltios de tensión (de corriente continua) aplicados entre las patas Vdd y Vss (denominaciones que derivan de **Drain** y **Source**, respectivamente, debido a su arquitectura interna de transistores y el nombre de sus partes). Vdd se conecta al positivo (5 V) y Vss, al negativo (masa o tierra).

El consumo de corriente para el funcionamiento del microcontrolador depende directamente de la tensión de alimentación, de la frecuencia de trabajo y de las cargas que soporte a la salida en sus puertos, aunque, siendo tantas las variables, generalmente hablamos de unos pocos miliamperes.

El circuito de alimentación de un PIC debe tratarse como el de cualquier otro dispositivo digital; se tiene que conectar un capacitor de desacople de unos 100 nF (nano faradios) lo más cerca posible de los pines de alimentación. Se lo utiliza para desviar cualquier tipo de tensión alterna generada por el ruido eléctrico y que no ingrese en el sistema para evitar inestabilidad.

Figura 20. Circuito con PIC que controla dos displays de siete segmentos, utilizado para pruebas de contadores vía pulsadores. Alimentado con batería de 9 V y posteriormente regulado a 5 V.

Oscilador

ES SENCILLO PERO VITAL PARA EL CORRECTO FUNCIONAMIENTO DEL SISTEMA

Todo microcontrolador necesita de un circuito que le indique a qué ritmo debe realizar su trabajo; eso lo hace el llamado oscilador o reloj (**clock**). Este genera una onda cuadrada de alta frecuencia que se utiliza como señal para sincronizar todas las operaciones internas del sistema del microcontrolador.

En general, todos los componentes del clock se encuentran integrados en el PIC, y se requieren solo unos pocos componentes externos, como un cristal de cuarzo o una red RC, para definir la frecuencia de trabajo. En varios modelos, el oscilador completo se encuentra dentro del encapsulado del microcontrolador.

Los pines **OSC1/CLKIN** y **OSC2/CLKOUT** son los bits utilizados para este fin. Se permiten cinco tipos de osciladores para definir la frecuencia de funcionamiento:

- **XT**: cristal de cuarzo.
- **RC**: oscilador con resistencia y capacitor.
- **HS**: cristal de alta velocidad.
- **LP**: cristal para baja frecuencia y bajo consumo de corriente.
- **Externa**: la señal de reloj se aplica de manera externa al circuito.

El **oscilador XT** es el más utilizado en los microcontroladores y está basado en un cristal de cuarzo o resonador cerámico. Es un oscilador estándar que permite una frecuencia muy estable de entre 100 kHz y 4 MHz. En muchos proyectos, se utiliza un cristal de 4 MHz, el cual va acompañado de dos capacitores de entre 15 y 33 pF. Los PIC32 pueden llegar a frecuencias de clock de hasta 80 MHz utilizando cristales de solo 4 MHz, gracias a una tecnología interna llamada **PLL** o **Lazo de seguimiento de fase**, en el que la frecuencia del cristal y la fase son realimentadas para lograr una señal de mayor frecuencia.

Si se comprueba con un osciloscopio la señal en el pin OSC2/CLKOUT, se debería visualizar una onda senoidal de igual frecuencia que la del cristal utilizado.

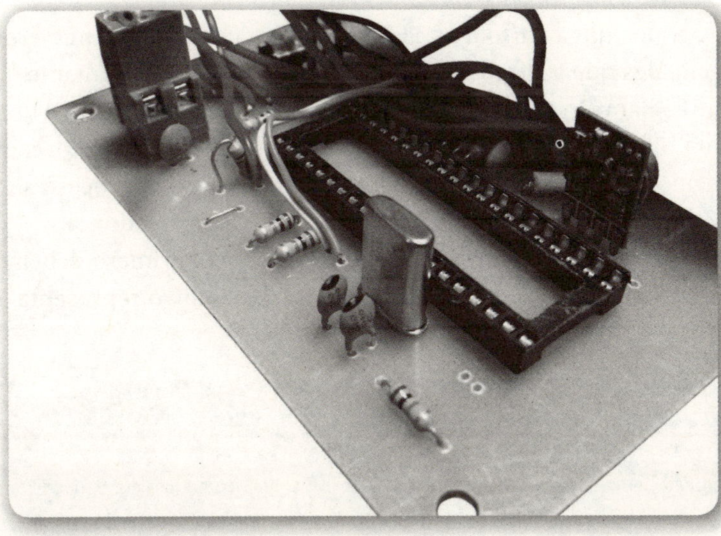

Figura 21. Configuración de clock XT con un cristal de 4 MHz y dos capacitores de 22 pF para hacer funcionar un **PIC 16F887**.

Puertos de Entrada/Salida (I/O)

El PIC se comunica con su alrededor a través de los puertos. Estos están constituidos por líneas digitales de entrada o salida que trabajan entre 0 y 5 V estableciendo estos valores como "0" lógico y "1" lógico, respectivamente. Los puertos se pueden configurar tanto como entradas para recibir datos (digitales) del exterior –tales como señales de temperatura o presión– o como salidas para controlar dispositivos externos como, por ejemplo, una pequeña pantalla LCD.

Un puerto consta de un máximo de 8 líneas o bits que son accesibles independientemente a través de patas individuales del PIC. Cada bit puede ser configurado como entrada o salida en forma independiente unas de otras. Dependiendo del modelo de PIC, podemos llegar a encontrar hasta seis puertos.

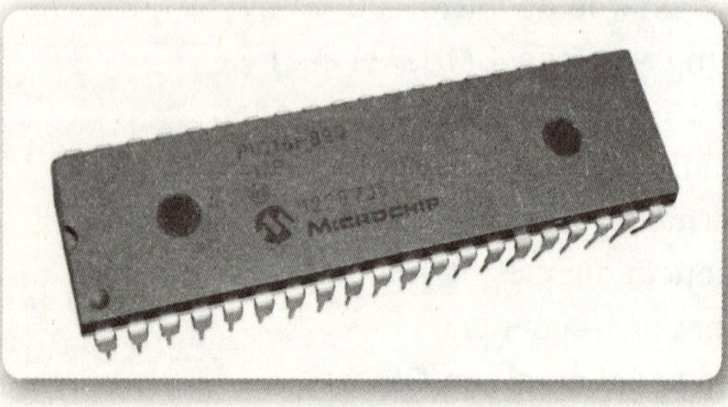

Figura 22. PIC 16F887: posee tres puertos con 8 bits cada uno. Algunos bits pueden ser configurados como entradas analógicas.

Programación

El programa que controla un PIC consiste en una serie de números hexadecimales que se graba en la memoria de programa mediante un dispositivo llamado **Programador/Grabador**. Este se conecta a una PC, mediante USB o puerto Serie, donde un software ejecuta la grabación de la memoria de programa en el microcontrolador. Este proceso se denomina **Programación/Grabación** del microcontrolador.

Para llegar a tener un archivo hexadecimal (.hex), primero debemos tener uno en lenguaje **Assembler** (.asm); dicho archivo representa

LAZO DE SEGUIMIENTO DE FASE

Es un circuito con detectores de fase, filtros pasabajos y amplificadores operacionales. Se lo utiliza con una frecuencia de entrada denominada **natural**, que es realimentada para tener a la salida otra frecuencia de igual fase, pero de mayor frecuencia.

la manera de expresar las instrucciones de una forma más natural al hombre y que, sin embargo, es muy cercana al microcontrolador, ya que cada una de sus instrucciones se corresponde con otra en código de máquina, que es el único lenguaje que entienden los microcontroladores, formado por unos y ceros del sistema binario. En los PIC, nos encontramos con un diseño, mencionado anteriormente, del tipo **RISC**, lo que significa que posee un set de instrucciones reducido.

El set de instrucciones es un grupo de instrucciones representadas en caracteres alfanuméricos, que simbolizan las órdenes o las tareas que realiza; en otras palabras, son **nemónicos** que nos remiten a tareas que podemos identificar. Por ejemplo, saber que el código hexadecimal **50** implica la tarea de **SUMAR**, no nos remite en absoluto al número **50** con la operación suma; sin embargo, si a ese número 50 lo "enmascaramos" con un nemónico, por ejemplo **ADD**, nos remitiría –en pocas letras– a la palabra en inglés que define la acción de sumar. Así es como son realizadas las instrucciones en el lenguaje de Assembler.

Sabiendo esto, podemos incorporar el término de **código fuente**, que está compuesto por una sucesión de líneas de programa. Y aquí es realmente donde el usuario escribe las instrucciones de modo tal que el microcontrolador realice la tarea con la que fue estipulado.

Existen varios software dedicados a asistir al programador en Assembler sin la necesidad de aprenderse el set de instrucciones; incluyen un tipo de programación grafica que, en muchas ocasiones, es más amigable que la interfaz de texto. Este software se encarga de transformar sus propias instrucciones en instrucciones de Assembler.

En esta sección, el usuario introduce la utilidad que le va a dar a su PIC; aquí es donde se analizan y procesan los datos que se obtienen a la entrada en cuestión y se modifican estados en las salidas, ya sea para encender un led indicador o activar un mecanismo complejo externo.

LENGUAJE ASSEMBLER

Este lenguaje de programación utiliza nemónicos, es decir, grupos de caracteres alfanuméricos que simbolizan las órdenes o las tareas que se van a realizar con cada instrucción. Los nemónicos se corresponden con los nombres de las instrucciones en inglés que, de alguna forma, nos recuerdan la operación por realizar con la instrucción y nos facilitan su memorización.

Entorno MPLAB

El **MPLAB** es un editor IDE gratuito de entorno de desarrollo integrado (*Integrated Development Environment*) que se ejecuta bajo Windows y está destinado a productos de la marca Microchip Technology. Se lo puede bajar directamente del sitio web del fabricante.

Con este entorno, se pueden desarrollar aplicaciones para los microcontroladores PIC.

Incluye todas las utilidades necesarias para la completa realización de un proyecto basado en microcontroladores PIC: permite crear y editar un archivo fuente de un proyecto, además de poder ensamblarlo y simularlo en pantalla para comprobar su correcto funcionamiento; también deja ver cómo se manejan los datos en la memoria de programa y en la memoria de files, además de los registros internos del PIC.

El MPLAB incluye un editor de texto, donde se crea y edita el programa que luego se ensamblará con el llamado **MPASM**, incluido en el software. También incluye un simulador, llamado **MPLAB SIM**, encargado de verificar paso a paso el recorrido del programa y la visualización, en forma de tablas, de las distintas memorias y los diferentes registros internos del microcontrolador.

Los primeros pasos con este IDE son bastante estándares. Una vez dentro del programa, podremos crear un proyecto donde se guardarán todos nuestros programas, aunque es recomendable trabajar siempre en proyectos individuales que no presenten confusiones. Una vez hecho esto, debemos seleccionar el dispositivo PIC donde vamos a ejecutar el programa. Para ello, se accede al menú **Configure/Select/Device** y allí tendremos una lista de los dispositivos con los que podremos trabajar. Después, deberíamos fijar la frecuencia con la cual nuestro clock va a trabajar, y es muy importante que coincida con la frecuencia del circuito que vamos a simular. Esto se realiza yendo al menú **Debugger/Settings/Clock**.

Para activar el simulador, deberíamos acceder a **Debugger/Select Tool** y allí seleccionar el simulador MPLAB SIM que nos provee el MPLAB. El motivo por el cual debemos ir manualmente a seleccionarlo en vez de ya tenerlo integrado por defecto es que nosotros podremos incluir otro software ajeno a Microchip para que simule los programas que realicemos, en caso de encontrarnos más cómodos con otro simulador que ya hayamos usado anteriormente.

Luego de realizar estos pasos, podremos empezar a programar. Podemos crear un nuevo archivo entrando en **File/New**, y allí nos encontraremos con una pantalla de edición en blanco donde podremos escribir el primer programa. Se recomienda guardar el archivo con extensión de Assembler antes de comenzar a programar ya que, de esta forma, el MPLAB nos reconoce que vamos a trabajar con un archivo Assembler con sus instrucciones adentro. De esta forma, irá pintando y remarcando, de diferentes colores y formas, las instrucciones y sintaxis que vaya reconociendo a medida que vamos programando. Esto es de gran ayuda para tener una visión más clara de cómo se está estructurando el programa que realizamos.

Para ensamblar o compilar el programa una vez que esté terminado, podemos acceder mediante el atajo **CTRL+F10**. Si al final del mensaje vemos **BUILD SUCCEDED**, se confirma que el compilado ha sido exitoso y está en condiciones de ser simulado. También pueden aparecer avisos **Message** que nos indican situaciones que debemos tener en cuenta porque podrían causar errores en el programa, pero que no impiden el correcto ensamblado. Si al final del ensamblado, la pantalla indica **BUILD FAILED**, significa que existen errores; por lo tanto, el proceso de ensamblado ha generado un archivo de errores con su descripción. El programa nos brinda una forma de ver los errores apuntados a las líneas donde estos se encuentran, haciendo doble clic en el mensaje de error (esto puede variar según la versión del programa con la que se esté trabajando). Una vez subsanados los errores, tendremos que volver a ensamblar el archivo fuente.

RESUMEN

En este capítulo, comenzamos viendo los inicios del PIC en la industria y su evolución a lo largo de los años, así como también su arquitectura, set de instrucciones y usos comunes. Luego, aprendimos qué es el programador PIC, un requisito para que pueda utilizarse el microcontrolador y lo que le da gran parte de su flexibilidad de uso, el dispositivo que debe ser utilizado para grabar la información en el PIC. Analizamos, en particular, las familias PIC16, PIC18 y, finalmente, el más moderno de ellos, el PIC32, que se utiliza en nuestros días como estándar en la creación de circuitos programables. Por último, estudiamos el entorno MPLAB, que es el software que se utiliza como entorno para programación de los PIC.

Actividades

TEST DE AUTOEVALUACIÓN

1 ¿Cuáles son las prestaciones que presenta un **microcontrolador PIC** y cómo se diferencia de sus antecesores?

2 ¿Cuáles son los diferentes modelos de **microcontroladores** que existen hoy en el mercado y cuáles son las maneras más usuales de clasificación?

3 ¿Qué hemos recomendado en este capítulo para mantenerse informado sobre los PIC?

4 ¿Qué es un **programador de PIC** y cómo se los puede conectar?

5 Desarrolle las principales características del **PIC16**, **PIC18** y **PIC32**.

6 ¿Cuáles son las características más importantes de la **arquitectura del PIC**?

7 ¿Qué es y cómo funciona un **contador de programa** o PC?

8 ¿Qué es lo que hay que tener en cuenta al momento de **elegir un microcontrolador** para el desarrollo de una aplicación?

9 ¿Cuáles son las diferencias entre los controladores de gama media y los de gama mejorada?

10 ¿Cómo se alimenta un PIC y cómo sabemos a qué ritmo debe realizar su trabajo?

PROFESOR EN LÍNEA

Si tiene alguna consulta técnica relacionada con el contenido, puede contactarse con nuestros expertos: profesor@redusers.com

*ApA

Analizador de espectro con PIC

En esta sección, veremos la construcción de un circuito de gran utilidad para las tareas del técnico electrónico: el analizador de espectros (AE). Si bien existe una gran cantidad de diseños disponibles para construirlo, nos basaremos en uno realizado en base a microcontroladores PIC. Dicha tecnología nos permitirá flexibilizar ciertos parámetros del diseño, haciendo que sea más versátil y buscando una mayor simplificación en la selección y uso de los componentes.

- **Analizador de espectro de audio....198**
  - Introducción al proyecto....200
  - Consideraciones de diseño....201
  - Características....205
- **Componentes electrónicos....208**
  - Filtros activos con Microchip FilterLab....211
  - Sección de procesamiento digital....216
  - Sección de salida....223
- **Prueba del AE digital....232**
  - Conclusiones....237
- **Resumen....239**
- **Actividades....240**

Analizador de espectro de audio

El analizador de espectros es un dispositivo de mediciones electrónicas que, por medio de una pantalla, nos permite realizar muestras visuales de los diferentes componentes de un determinado espectro de frecuencias de la señal que se inyecte en su entrada. La señal de entrada, por su parte, puede ser sonora, óptica o simplemente eléctrica, pero su visualización dependerá de la capacidad de procesarla que tenga el instrumento en cuestión, ya que las ondas antes mencionadas no poseen la misma frecuencia, y además su intensidad puede tener grandes variaciones, haciéndolas difíciles de sensar.

LAS SEÑALES BAJO ANÁLISIS PUEDEN SER DE TIPO ELÉCTRICO, ACÚSTICO U ÓPTICO

Este instrumento es utilizado en muchos casos para medición del espectro de potencia eléctrica, aunque para algunos usos está siendo reemplazado poco a poco por un instrumento más sofisticado llamado **analizador vectorial de señales** o **VSA**, por la sigla en inglés de *Vector Signal Analyzer*.

Recordando los aportes de la **teoría de Fourier**, una señal cualquiera está compuesta por una serie de señales senoidales de amplitud, frecuencia y fase determinada, que conocemos como **espectro de frecuencia**.

El analizador de espectro, a diferencia de un osciloscopio, es un instrumento de medición electrónica que nos muestra una señal en el dominio de la frecuencia en lugar del tiempo, por lo que recurrimos a él cuando necesitamos descomponer una señal en sus diferentes elementos de frecuencias para analizar de manera independiente el comportamiento de la amplitud con la frecuencia de cada componente.

Si consideramos un par de ejes coordenados XY, en el eje X (abscisas) representamos la frecuencia de la señal bajo análisis en una escala lineal, mientras que en el eje Y (ordenadas), el nivel de esa señal medido en dBm, en escala logarítmica. La frecuencia central del analizador de espectro concuerda con la frecuencia medida en el punto medio de la pantalla. El analizador de espectro es un instrumento de medición de banda estrecha; la sensibilidad y las frecuencias de trabajo son mucho mayores que en un osciloscopio: µV contra mV y decenas de GHz.

En cuanto a la utilidad de un analizador de espectro, con él podemos conocer la energía de una señal en una frecuencia en particular reconociendo sus componentes. Las aplicaciones se relacionan con la detección de transmisiones que se encuentren fuera del ancho de banda de trabajo y que pudieran interferir con otros canales de comunicación, medir la intensidad de la **interferencia electromagnética** (EMI) que pudiéramos generar y verificar si se encuentra dentro de los valores que establecen las regulaciones vigentes. P Podemos medir la distorsión en una señal modulada o sin modular, visualizar los componentes de una señal y sus alteraciones (distorsión armónica, señales producto de la intermodulación, señales que nos interfieren y nivel de ruido), observar y medir señales moduladas y realizar mediciones de tipo general sobre señales de microondas.

Algunas mediciones requieren resguardar la información completa de señal, frecuencia y fase; este tipo de análisis se llama vectorial. Una versión avanzada de un analizador de espectro, el analizador vectorial, permite observar no solo la información de la amplitud sino también de la fase de cada componente. Por su diseño y funcionamiento, es adecuado para la medición de señales rápidas de banda ancha o espectro extendido.

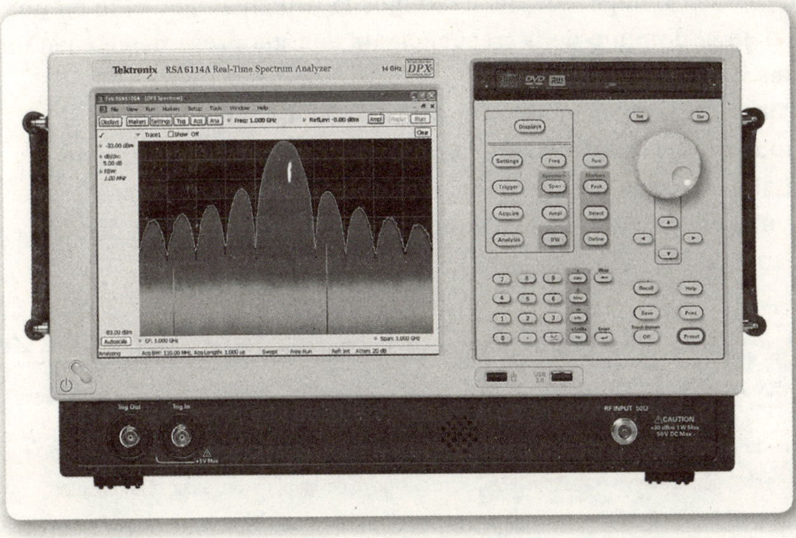

Figura 1. Valores adecuados de sensibilidad y margen dinámico facilitarán la medición de señales de valores fuertes o débiles sin afectar la precisión.

Introducción al proyecto

A continuación, desarrollaremos un proyecto para construir un **analizador de espectro digital** y observar detalladamentente la amplitud de cada uno de los componentes de la señal de audio medida.

PROCESAREMOS EN TIEMPO REAL UNA SEÑAL DE AUDIO EN 20 BANDAS DE FRECUENCIA

Antes de construir nuestro analizador, necesitamos conocer sobre procesamiento de señales y procesadores de señal digitales (DSP), conversor analógico-digital (ADC), microcontroladores, amplificadores operacionales y .

El componente principal de nuestro instrumento es un procesador digital de señal, integrado en un chip a un microcontrolador, de modo de garantizar flexibilidad y potencia en el procesamiento de la señal y reducir el número y la complejidad de los componentes electrónicos utilizados.

Si bien la señal bajo análisis varía su amplitud en función del tiempo, la transformaremos en una señal equivalente en el dominio de la frecuencia. La principal ventaja es que implementamos distintos tipos de análisis imposibles de ejecutar en una señal en el dominio del tiempo. Así, realizaremos la principal medición en una señal en el dominio de la frecuencia: la energía presente en cada una de las frecuencias de interés.

Por tratarse de un analizador de espectro digital, utilizamos el método de la **Transformada inversa de Fourier** para, luego de digitalizar la señal de audio (dominio del tiempo), usar un procesador de señal digital para implementar la FFT y observarla en un display; en nuestro caso, LED.

¿ANALÓGICO O DIGITAL?

El **analizador de espectro analógico** se vale de un filtro pasa banda de frecuencia variable, cuya frecuencia central se ajusta de manera automática dentro del rango del filtro, mientras que el **analizador de espectro digital** utiliza un proceso matemático, llamado **Transformada inversa de Fourier**, para transformar una señal en sus componentes espectrales.

Figura 2. Utilizaremos un **dsPIC30F6012A** de la familia **dsPIC 30F** de **Microchip** para analizar el espectro de la señal de audio que nos interesa.

Consideraciones de diseño

El proyecto propone construir un instrumento para analizar el espectro de señales de audio en tiempo real y veinte bandas de frecuencia específicas para observarlo en una matriz de 20 por 20 LEDs.

Nuestro **analizador de espectro** consta de tres grandes bloques: bloque analógico, bloque DSP y bloque display; un esquema similar a la estructura de un analizador de espectro digital, de tiempo real, o analizador de Fourier, donde, luego del filtro pasa bajos, la etapa DAC digitaliza la señal de entrada y el DSP ejecuta la Transformada rápida de Fourier (*Fast Fourier Transform* o **FFT**), transformando una señal

DESARROLLANDO CON DSPIC

Las herramientas de desarrollo disponibles ofrecen una suite muy completa, que incluye el hardware y el software para implementar aplicaciones basadas en dsPIC. Entre las facilidades más importantes, encontramos un programador/depurador integrado, alimentación mediante puerto USB, una máxima frecuencia de muestreo, un convertidor ADC y algunos sensores externos integrados.

en el dominio del tiempo en una señal en el dominio de la frecuencia. Luego, observamos el resultado en un display LED, LCD o en el monitor de una PC.

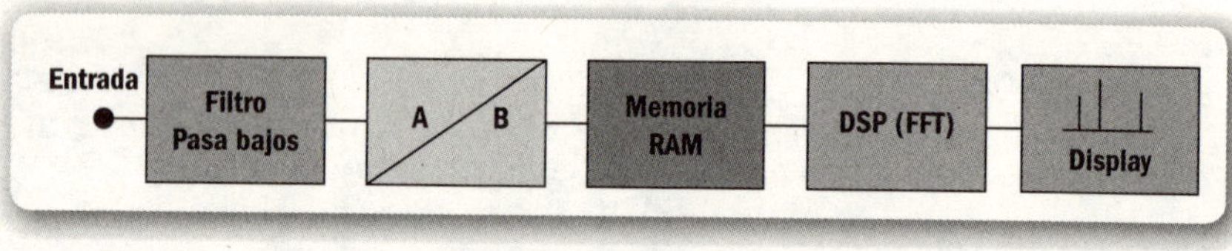

Figura 3. Un analizador de Fourier tiene menor sensibilidad, rango dinámico y rango de barrido que un analizador con filtros múltiples.

En el instrumento, la señal de audio analógica ingresa al bloque analógico, donde un filtro pasa bajos –con frecuencia de corte igual a la frecuencia de Nyquist (dos veces la máxima frecuencia de la señal de audio)– elimina los componentes de frecuencia más alta (aliasing). Por esta razón, a este filtro pasa bajos lo conocemos como **filtro antialiasing**, y si no utilizáramos la presencia de frecuencias de audio superiores a la frecuencia de Nyquist, ocasionaría errores en el muestreo de la señal de audio y no recuperaríamos la señal de audio digital con fidelidad. El filtro pasa bajos realiza esta operación antes de la conversión analógica-digital en el DAC, en el dsPIC, dentro del bloque DSP.

El bloque DSP, construido alrededor de un dsPIC30F6012A de Microchip, es un chip especializado que contiene en su interior un microcontrolador de 16 bits, desarrolla una velocidad de CPU de 30 MPIS, dispone de 52 pines de I/O con una memoria RAM de tipo flash con 8192 bytes y 144 KB de memoria de programa. Este bloque es el que realiza la conversión A/D y el procesamiento de la señal digital.

MICROCONTROLADOR CONTRA DSPIC

A diferencia de un microcontrolador, el dsPIC posee dos bloques de memoria separados e independientes, cada uno con su propio bus de acceso, para buscar la siguiente instrucción y el dato en el mismo ciclo de reloj (**fetch**); tiene más unidades de ejecución que realizan operaciones en paralelo y está optimizado en cuanto a velocidad y procesamiento de señales digitales en tiempo real.

Por último, el bloque display consta de una matriz de cuarenta barras con diez LEDs cada una y transistores bipolares excitadores, dado que la máxima corriente de salida del dsPIC no debe superar los 25 mA. Seleccionamos esta alternativa por el bajo costo y la disponibilidad de los LEDs, lo que contribuye a reducir los requisitos de hardware. Como el rango audible para un ser humano es de diez octavas y está comprendido entre 20 Hz y 20 kHz, para nuestro analizador vamos a definir veinte bandas de frecuencia y cada una de las frecuencias centrales. Podemos escribir el código del analizador en lenguaje C mediante MPLAB C30, y utilizar librerías existentes para las funciones que ejecutará el dsPIC.

EL DSPIC30F6012A INTEGRA, EN UN MISMO CHIP, FLEXIBILIDAD Y POTENCIA

PAP: CREAR EL DIAGRAMA EN BLOQUES

01 La sección analógica contiene cuatro amplificadores operacionales para dos filtros pasa bajos antialiasing y el control de ganancia de la etapa.

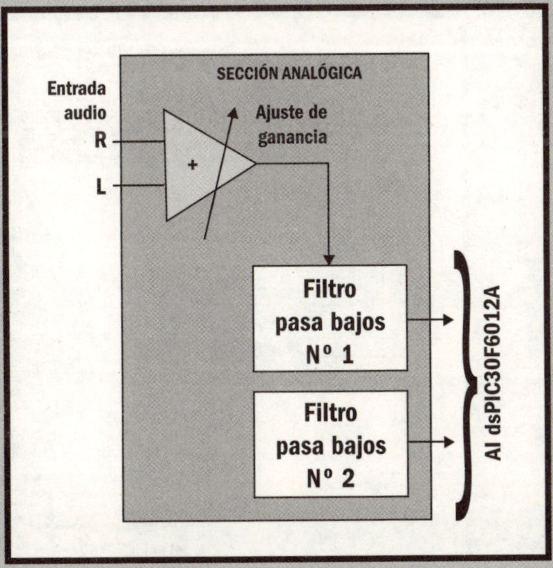

02 Realice la etapa que procesa la señal digital en base a un **dsPIC30F6012A**, con 54 pines de I/O, de la empresa **Microchip**.

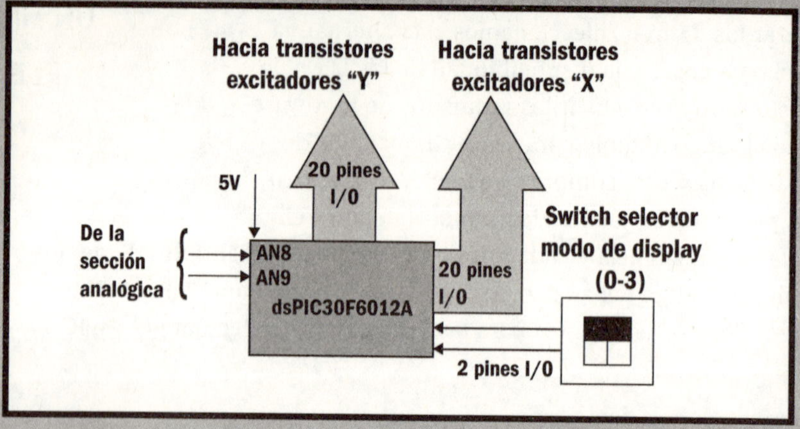

03 Observe el espectro de la señal de audio digitalizada por medio de una matriz de 40 LEDs excitados con veinte transistores **NPN** y tres chips **Darlington**.

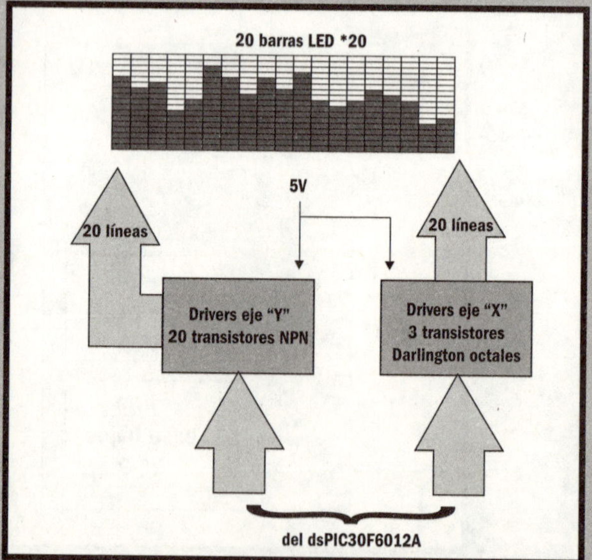

04 Por último, analice el comportamiento del sistema al conectar cada una de las partes y obtener el analizador de espectro digital.

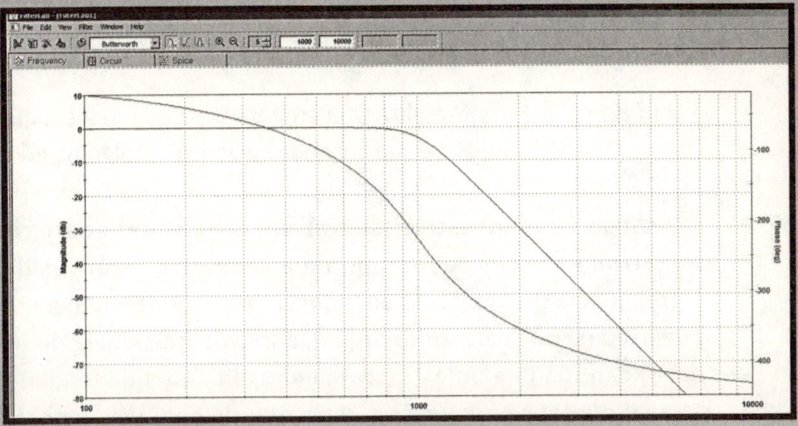

Características

La señal de audio que ingresa al analizador de espectro es analógica (dominio del tiempo) y el tipo de señal necesaria para su procesamiento en el dsPIC es digital (dominio de la frecuencia), es decir, que debemos realizar algún tipo de conversión en la señal analógica original.

El circuito electrónico que convierte la señal analógica a digital es el conversor analógico-digital o DAC.

EL DAC DEL DSPIC30F6012A

La profundidad de bits es la cantidad de bits utilizados en el proceso de codificación. Cuantos más bits, mayor profundidad, lo que brinda más valores de amplitud posibles, mayor rango dinámico, menor ruido y mayor fidelidad. Valores típicos en la profundidad de bits son: 16 bits en señales de calidad, CD de audio, 24 bits en DVD de audio y 32 bits como nivel de calidad óptimo.

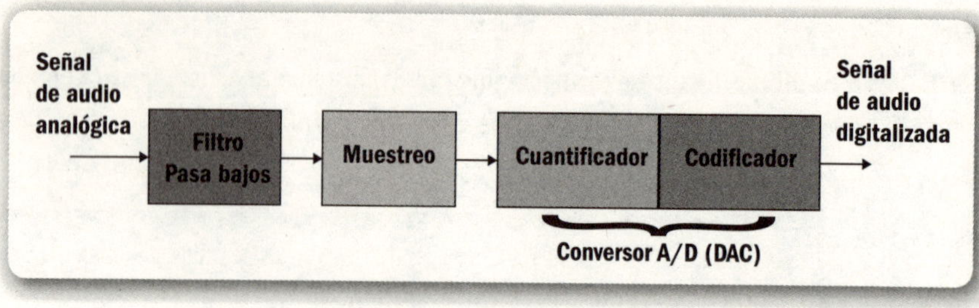

Figura 4. El DAC realiza tres procesos: muestreo y cuantificación de la señal de audio y codificación en código binario.

Realizamos el muestreo (**sampling**) de la **señal analógica tomando muestras** del valor de la amplitud a intervalos regulares de tiempo. La frecuencia de muestreo la conocemos como frecuencia o tasa de muestreo (kHz) y, en audio digital, a mayor frecuencia de muestreo, mayor cantidad de muestras y mayor calidad y fidelidad al convertir la señal digital en analógica y reproducirla en un sistema de sonido. La frecuencia de muestreo mínima requerida debe ser igual al doble de la máxima frecuencia de audio por digitalizar y se conoce como **Teorema de Nyquist**. En la cuantificación, asignamos a cada muestra de la señal analógica el valor discreto más cercano a la amplitud de la señal original. Este proceso se conoce como cuantificación de las muestras.

Por último, en el proceso de codificación, cada valor numérico discreto producto de la cuantificación se convierte en código numérico binario equivalente a los valores de tensiones que conforman la señal analógica original. Así, obtenemos una señal de audio digital equivalente a la señal de audio analógica en la entrada.

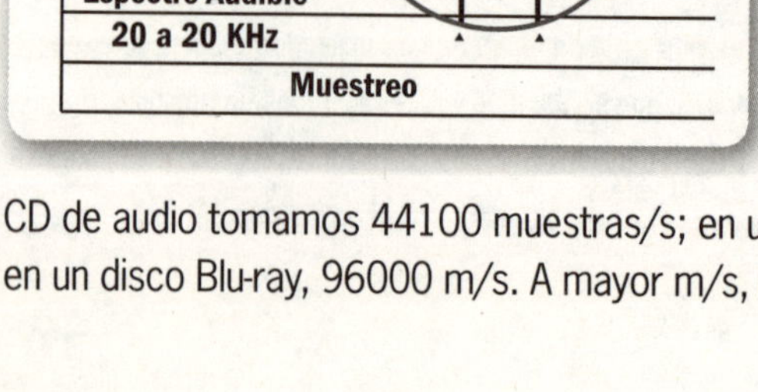

Figura 5. En un CD de audio tomamos 44100 muestras/s; en un DVD estándar, 48000 m/s y, en un disco Blu-ray, 96000 m/s. A mayor m/s, mejor calidad.

Algunas consideraciones

Hemos diseñado el analizador de espectro para atender el efecto visual de una señal de audio analógica. En la construcción del instrumento de tres secciones, utilizaremos: cuatro amplificadores operacionales MCP6022 para construir dos filtros pasa bajos antialiasing pertenecientes a la sección analógica; un procesador DSP de cincuenta y cuatro pines I/O de Microchip; el dsPIC30F6012A, que recurre a la Transformada de Fourier para transformar la señal de audio en el dominio del tiempo presente en la entrada en una señal digital en el dominio de la frecuencia; y una matriz de LEDs para visualizar los resultados, construida alrededor de cuarenta LEDs, excitados por transistores NPN del tipo BC337 en el eje Y (amplitud de la señal) y tres chips del tipo ULN 2803, que contienen ocho transistores Darlington cada uno, en el eje X (frecuencias).

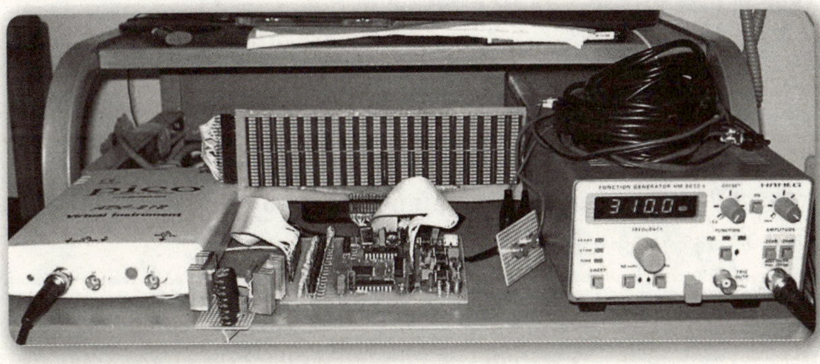

Figura 6. Recurriendo a circuitos integrados operacionales, procesadores de señal **DSP** y excitadores **NPN** y **Darlington**, construimos un sencillo y eficaz analizador de espectro.

En particular, necesitamos filtros pasa bajos con una respuesta en frecuencia lo más aproximada a un filtro ideal, por lo que recurrimos a un filtro pasa bajos de orden 5. Con **FilterLab**, el software de Microchip para filtros analógicos y digitales, diseñamos y simulamos su comportamiento. También simulamos el comportamiento de la Transformada de Fourier mediante el software **dsPICWORKS** de Microchip. Descargamos ambas aplicaciones desde el sitio del fabricante: **www.microchip.com**. La programación del dsPIC30F6012A la realizamos en lenguaje C, mediante la herramienta gratuita **MPLABC30**, de modo de escribir, depurar y compilar el programa que controla el funcionamiento del analizador de espectro digital de audio. En el mismo sitio, disponemos de gran cantidad de rutinas a partir de las librerías elaboradas para los diferentes modelos de dsPIC, con lo que reducimos el tiempo destinado al desarrollo del software.

Componentes electrónicos

En el diagrama en bloques del analizador de espectro digital de audio tenemos el **bloque analógico** como primera etapa, que, de manera básica, consiste en un filtro pasa bajos antialiasing, es decir, que solo deja pasar las frecuencias de audio por debajo de un cierto límite conocido como frecuencia de corte.

La etapa de **filtrado analógico** es un bloque crítico dentro de nuestro analizador de espectro, ya que si no utilizamos un filtro analógico o lo diseñamos de forma incorrecta, las señales fuera de la mitad del ancho de banda del convertidor AD se solapan con la señal original y, una vez que se solapan las señales y se digitalizan, es imposible diferenciar entre el ruido, las señales dentro de la banda del filtro y las señales fuera de él.

Podemos construir un filtro de acuerdo con dos tecnologías: pasiva o activa. En un filtro pasivo solo tenemos resistencias, condensadores e inductancias, todos componentes pasivos; mientras que, en un filtro activo, tenemos, además, a los amplificadores operacionales (AO), como componentes activos. La desventaja de un filtro pasivo es que la corriente que absorbe el componente siguiente puede modificar la respuesta en frecuencia del filtro, inconveniente que no presenta un filtro activo. Un filtro pasivo funciona bien en frecuencias mayores a unos 300 kHz, donde utilizamos inductancias que no son tan voluminosas, pesadas ni costosas; mientras que, a frecuencias menores, preferimos filtros activos, que no recurren a inductancias, y diseñamos alrededor de AO y redes RC. La **atenuación** (dB) depende de los valores de resistencia R y la capacidad C, utilizados al configurar el filtro.

FILTERLAB OBTIENE FÁCIL LA FRECUENCIA, EL DIAGRAMA Y LA SIMULACIÓN SPICE DEL CIRCUITO

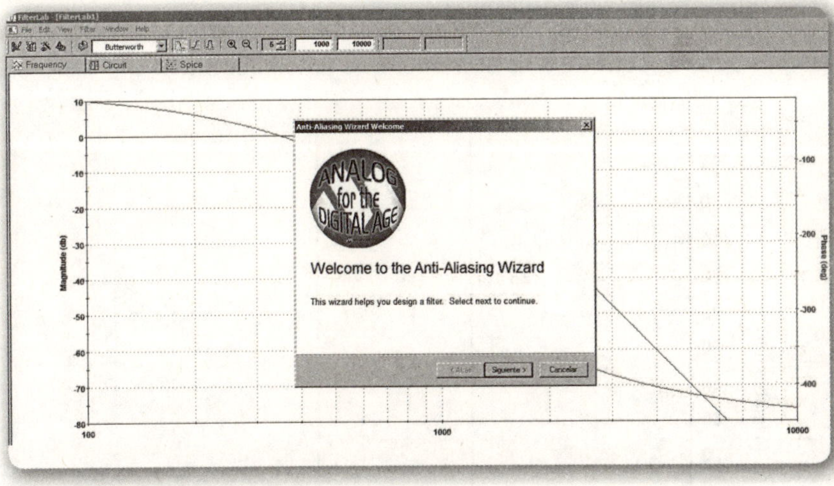

Figura 7. FilterLab 2.0 de **Microchip** es una herramienta innovadora que simplifica el diseño de filtros activos pasa banda antialiasing con AO.

Un **amplificador operacional** es un amplificador DC de alta ganancia, del orden de 100000 veces o más, en un circuito integrado que consta de dos entradas, (+) o No Inversora y (-) o Inversora, y una salida que depende de la forma en que conectamos estas entradas. En nuestro analizador de espectro digital de audio construimos la primera etapa, o bloque analógico, por medio de amplificadores operacionales de ocho pines Microchip MCP6022.

Respecto del **filtro activo**, tenemos distintas configuraciones para construirlo; entre ellas, el **filtro de Butterworth**, uno de los filtros electrónicos más básicos diseñado para producir la respuesta más plana que sea posible hasta la frecuencia de corte. En otras palabras, la salida se mantiene constante casi hasta la frecuencia de corte, luego

GANANCIA POR ANCHO DE BANDA

Un parámetro adicional en el diseño de filtros pasa bajos antialiasing es **GSWP**. Es el producto ganancia por ancho de banda (**Gain Bandwidth Product**): es constante, y en él intervienen la ganancia (K) y el ancho de banda (fp). Como GBWP es constante, 10 MHz en un AO MCP6022, si aumenta fp, disminuye K y viceversa.

disminuye a razón de 20 * n [dB por década] (o aproximadamente 6 * n [dB por octava]), donde n es el número de polos del filtro.

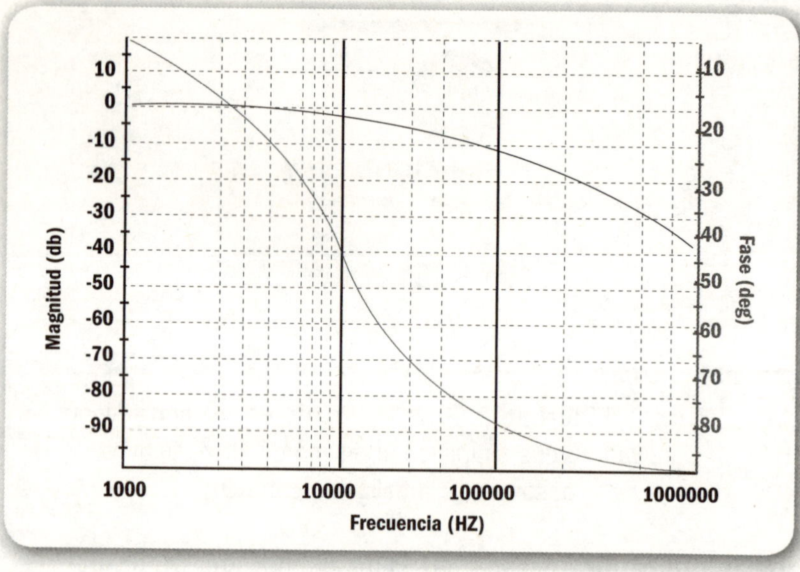

Figura 8. Filtro activo de Butterworth, donde observamos una atenuación de -3 dB y una variación en la fase de aproximadamente 45° a 10 kHz.

Desde el punto de vista de la respuesta en frecuencia, un filtro posee tres regiones o bandas: la banda de paso, formada por el rango de frecuencias que pasan por el filtro sin ser atenuadas; la banda de rechazo, formada por el rango de frecuencias rechazadas, y una región entre ambas, llamada banda de transición. Desde un punto de vista práctico, un polo se refiere a la proporción en que varía la atenuación en la región de transición a causa de cada red RC empleada para determinar la respuesta de frecuencia del filtro.

> UN AMPLIFICADOR OPERACIONAL ES UN AMPLIFICADOR DC DE ALTA GANANCIA

En nuestro analizador, utilizamos un filtro de orden 5 y obtenemos una atenuación de 100 dB por década o unos 30 dB por octava. Una década es el intervalo de frecuencias entre un determinado valor de frecuencia y diez veces este, mientras que una octava es el intervalo de frecuencias entre una frecuencia y el doble de dicho valor.

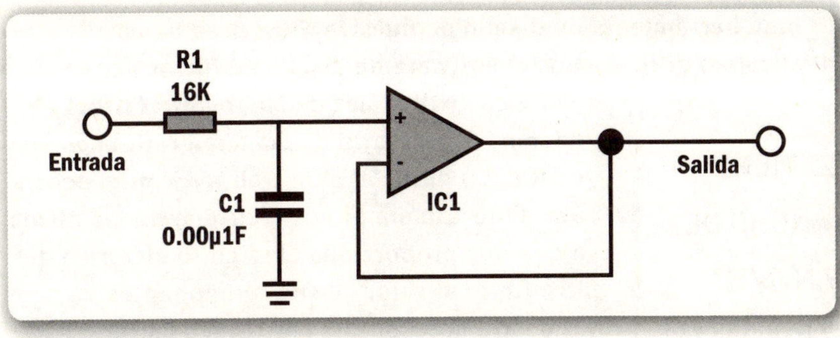

Figura 9. El filtro pasa bajos de primer orden de Butterworth básico se puede modificar a otros tipos de filtros; por ejemplo, filtro pasa altos.

Filtros activos con Microchip FilterLab

Los parámetros a los que debemos recurrir para diseñar filtros antialiasing adecuados son tres. En primer lugar, la frecuencia de corte del filtro debería ser, al menos, de 1 kHz; la relación SNR ideal es -74 dB y, por último, solo tendríamos que filtrar la señal analógica sin invertirla ni incorporar ganancia alguna.

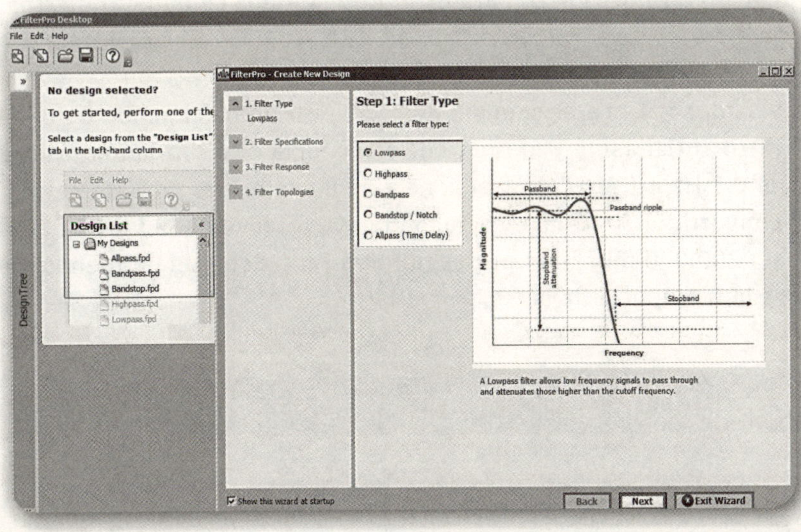

Figura 10. Los filtros activos son vitales hoy en día aunque su diseño y verificación puede ser tedioso. **FilterPro™** nos facilita ese proceso.

Como herramienta de diseño de nuestro filtro pasa bajos antialiasing, utilizaremos el software de diseño de filtros activos analógicos y digitales de Microchip, **FilterLab**. Podemos descargarlo de manera gratuita en su versión 2.0 desde el sitio web **www.microchip.com**. FilterLab simplifica el diseño de los filtros ya que nos proporciona el circuito eléctrico del filtro junto al valor de sus componentes y muestra la respuesta en frecuencia.

AO MCP6022 TIENE 10MHZ DE ANCHO DE BANDA, 8,7 NV/√HZ DE RUIDO Y 0,00053% DE DISTORSIÓN

Además, nos permite diseñar filtros pasa bajos hasta de octavo orden con respuesta **Butterworth**, **Bessel** o **Chebyshev** en frecuencias desde 0.1 Hz hasta 10 MHz, y seleccionar el tramo plano de un filtro pasa banda o de la zona de transición hasta la zona fuera de banda. Cuenta con otras opciones como factor de ripple mínimo y modificar el valor de los capacitores, así como generar un modelo en formato SPICE para realizar análisis del filtro en el dominio del tiempo mediante simulaciones SPICE.

Otra de las opciones de FilterLab es el asistente **Anti-Aliasing Wizard** que colabora en el diseño de conjuntos de filtros pasa bajos-convertidores A/D. Para esto, necesitamos considerar ciertos parámetros como el ancho de banda, la frecuencia de muestreo, la resolución del DAC y la relación señal a ruido (SNR) del convertidor A/D. La frecuencia de corte determina el ancho de banda del filtro antialiasing y el rango de frecuencia está limitado a valores desde 0.1 Hz a 1 MHz. La frecuencia de muestreo es un parámetro del convertidor A/D –en este caso, del dsPIC30F6012A– y es de 200 ksps o 200.000 muestras por segundo o Hz y debe ser, al menos, dos veces la frecuencia de corte.

VELOCIDAD DE CRECIMIENTO

La velocidad de crecimiento (**Slew Rate**) surge de la no linealidad de los amplificadores y de su incapacidad para seguir variaciones rápidas de la señal de entrada. Es la máxima tasa de cambio en la tensión de salida cuando la tensión de entrada cambia y se mide en **[V/us]**. Nos interesa una SR lo mayor posible. El valor típico en un **AO MCP6002** es **7 [V/us]**.

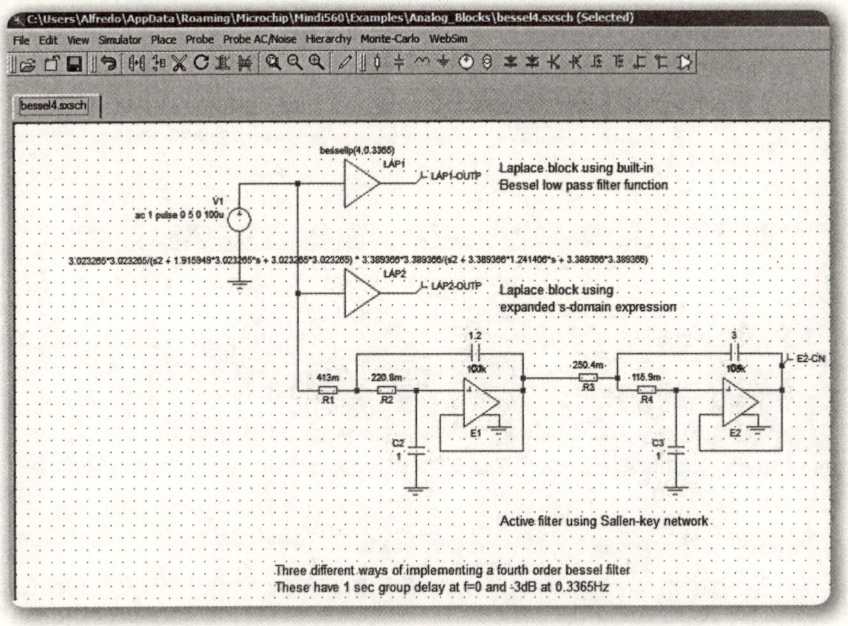

Figura 11. Una herramienta para diseñar filtros activos es **Mindi™ Circuit Designer & Simulator** de **Microchip**: **http://webdc.transim.com/microchip**.

Otro parámetro del **DAC**, comprendido entre 8 y 24 bits, es la resolución del convertidor A/D. Para el DAC del dsPIC30F6012A es 12 bits. La relación señal a ruido (**SNR**) la determinamos mediante la expresión 6.02 * resolución + 1.76 [dB], y para 12 bits de resolución es 74 dB, valor considerado ideal, que FilterLab implementa por defecto.

> FILTERLAB ES UNA BUENA HERRAMIENTA DE DISEÑO DE FILTROS ANALÓGICOS Y ACTIVOS

Una vez que ingresamos estos valores, FilterLab nos propone alternativas en cuanto a la topología y orden del filtro; seleccionaremos la opción más conveniente. En nuestro diseño, por razones de simplicidad, escogeremos topología Butterworth y orden 5.

Respecto del amplificador operacional, tenemos que considerar características adicionales a las ya conocidas, que colaboran en evitar inconvenientes con la distorsión no lineal y la distorsión en la respuesta del filtro. Nos interesan GBWP y SE.

PAP: DISEÑO DE LOS FILTROS ACTIVOS

01 Luego de que descargue e instale **FilterLab** en su PC, abra y seleccione la opción `Anti-Aliasing Wizard`, para iniciar el asistente en el proceso de diseño.

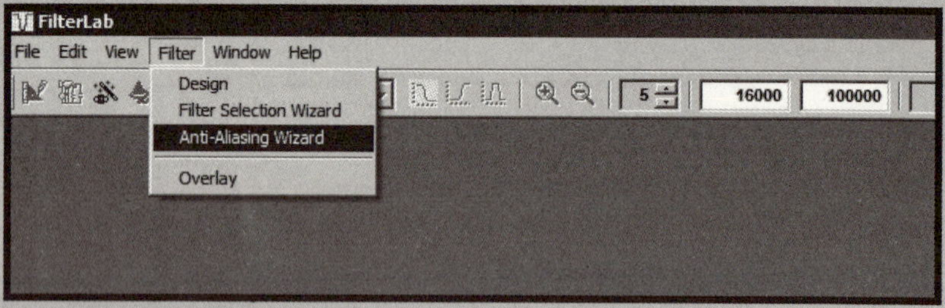

02 Escoja la **topología de Butterworth** para su filtro e ingrese la frecuencia de corte del filtro pasa bajos antialiasing, medida en Hz.

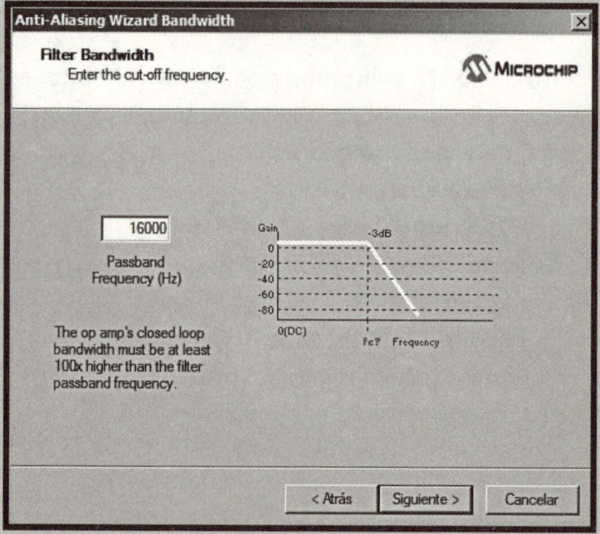

03 Ingrese la frecuencia de muestreo del conversor A/D del **dsPIC30F6012A**. Esta información la obtiene de la hoja de datos.

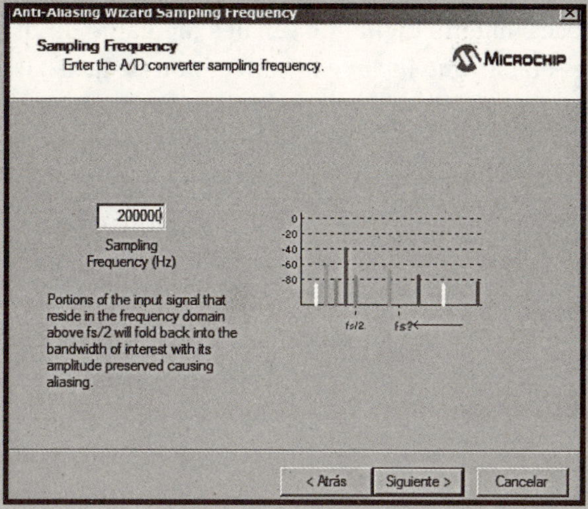

04 Por último, ingrese el valor de la resolución del DAC del dsPIC, de 12 bits, y la SNR, -74 dB, en forma predeterminada para un DAC de 12 bits.

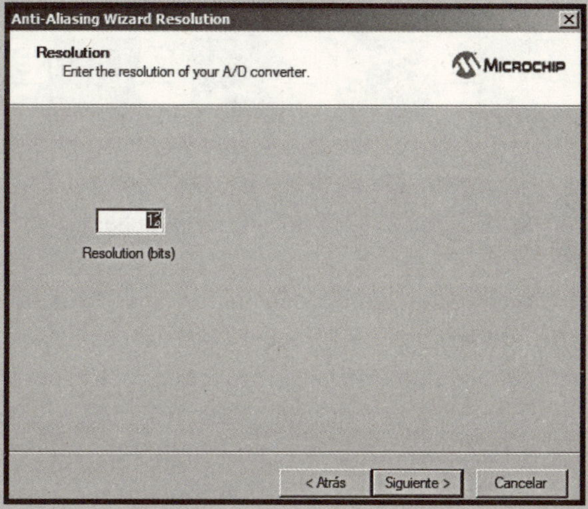

Sección de procesamiento digital

Un **procesador digital de señales** (**DSP**) es un procesador en un chip diseñado para resolver un conjunto de operaciones matemáticas sobre una señal continua o analógica digitalizada. Representamos el procesamiento digital de señales mediante un diagrama en bloques de tres etapas que incluye la conversión de la señal analógica a digital, el procesamiento y la conversión de la señal procesada a una señal analógica.

CON CONVERSIÓN A/D, D/A Y PROCESAMIENTO DIGITAL SE PROCESAN LAS SEÑALES

Para aplicaciones de procesamiento digital de señales, seleccionamos un dsPIC, antes que un microcontrolador PIC, dado que en el dsPIC las instrucciones aritméticas complejas se ejecutan en un ciclo; dispone de conversores A/D veloces y precisos, que están preparados para que los programemos en lenguajes de alto nivel (por ejemplo, C), y la velocidad y rendimiento son superiores a muchos microcontroladores.

Por último, un PIC funciona ejecutando un programa predeterminado, mientras que, en un dsPIC, el resultado depende de la señal analógica digitalizada y la ejecución, de los datos obtenidos en tiempo real.

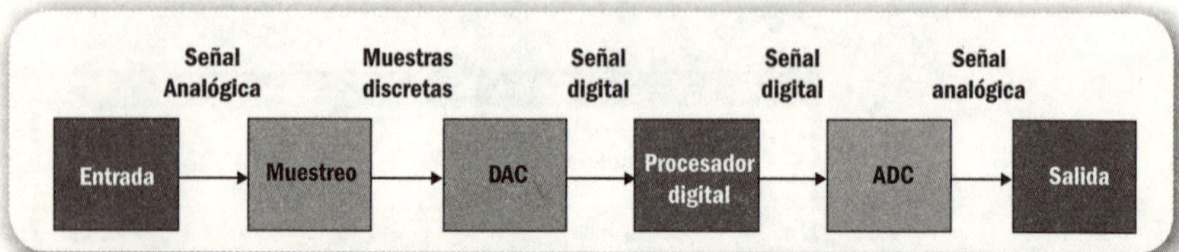

Figura 12. DSP representado por tres etapas: conversión analógica-digital, procesamiento de la señal y conversión digital-analógica.

El muestreo se realiza considerando el **Teorema de Muestreo** (**Nyquist-Shannon**). La frecuencia de muestreo es el número de muestras por segundo y, cuanto mayor sea este valor, más parecida será la señal digital a la señal analógica original. No debemos olvidar que tanto el DAC como el procesador digital tienen que disponer de tiempo entre dos muestras para ejecutar los procesos asignados.

Es común que utilicemos, en el procesador digital, la Transformada de Fourier, que hace uso intensivo de la función suma de productos

(Σ Ci.F(x)), lo que implica que el procesador digital tiene que disponer de un conjunto de instrucciones muy potentes y rápidas, siendo la multiplicación la más importante. De manera frecuente, medimos la velocidad del DSP mediante el tiempo por ciclo de instrucción (tiempo para ejecutar la instrucción más rápida del procesador). Su inverso, dividido por un millón, se conoce como MIPS o rendimiento del procesador en millones de instrucciones por segundo.

DSPIC30F EMPLEA UN CONTROLADOR DE SEÑAL DIGITAL DE PROPÓSITO GENERAL

Procesamiento de la señal digital con dsPIC30F6012A

Podemos conectar el analizador de **espectro digital** en tiempo real para señales de audio a cualquier dispositivo de audio, ya que acepta señales analógicas de audio en su entrada. Nuestro analizador de espectro analiza señales de audio comprendidas entre 20 Hz y 20000 Hz, digitaliza y procesa la señal de audio mediante un DSP de la familia dsPIC30F de Microchip que distribuye la energía de la señal de audio en veinte bandas de frecuencia específicas y las muestra en una matriz de 20 x 20 LEDs. Recordemos que, en la sección analógica, por cuestiones de reducción de tamaño en el montaje final, utilizamos filtros de quinto orden.

Recurrimos a un DSP que utiliza la Transformada rápida de Fourier para procesar toda la banda de audio de la señal de entrada mediante un conjunto de veinte filtros pasa banda de distintas frecuencias centrales que, en seguida, nos permiten observar los resultados del análisis en un display LED. El display LED soporta cuatro modos de funcionamiento.

LIMITACIONES DEL DSPIC30F

El **dsPIC30F6012A** tiene limitaciones de memoria, velocidad y procesamiento matemático. Para superarlas, dividimos el espectro de audio en dos rangos con límite en 1 kHz, utilizamos dos FFT con 256 puntos de muestreo cada una, dos filtros pasa bajos antialiasing con frecuencias de corte de 2 kHz y 16 kHz y tasas de muestreo de 8 kHz hasta 1 kHz y 80 kHz en frecuencias superiores.

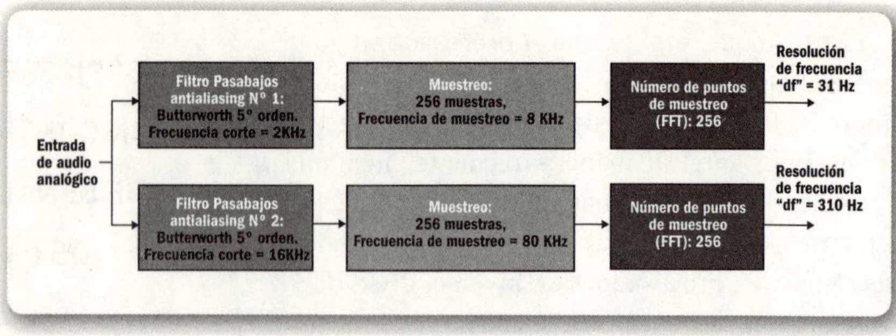

Figura 13. Mediante dos tasas de muestreo y dos FFT, simplificamos el diseño de nuestro analizador de espectro digital en frecuencias de audio.

La **Transformada rápida de Fourier** es una herramienta fundamental en el procesamiento digital de señales, y, si bien no es una nueva transformada, se trata de un algoritmo para el cálculo de la Transformada discreta de Fourier (DFT), ya que elimina una gran parte de los cálculos repetitivos que se desarrollan en la transformada discreta, con lo que logramos mayor velocidad de cálculo y, en general, mayor precisión disminuyendo los errores de redondeo.

Aplicar el algoritmo FFT implica considerar algunas limitaciones tanto en la señal como en el espectro resultante. Por ejemplo: la señal muestreada que deseamos transformar debe contener un número de muestras igual a una potencia de dos: 5012, 1024, 2048 o 4096 en la mayoría de los DSP. El rango de frecuencias cubierto por la FFT depende de la cantidad de muestras realizadas y de la proporción de muestreo.

Podríamos preguntarnos por qué razón no utilizamos alguno de los dos tipos principales de filtros digitales –respuesta al impulso infinita (*Infinite Impulse Response* o **IIR**) y respuesta al impulso finita (*Finite Impulse Response* o **FIR**)– para procesar la señal digital, en lugar de FFT. Considerando el orden de los filtros requeridos (mayor que ocho para lograr una resolución de 30 Hz en frecuencias bajas) y la velocidad del dsPIC (30 MIPS), no tenemos otra forma que realizarlo mediante software, programando la FFT en el dsPIC30F.

Actualmente, Microchip comercializa dsPIC de 16 bits agrupados en dos familias: la familia dsPIC30F, desarrollo original, y la familia dsPIC33F, que incorpora algunas mejoras, tales como: la disponibilidad de mayor número de pines I/O; mayor capacidad de memoria flash; el doble de interrupciones; mayor capacidad de memoria SRAM; no utiliza

EEPROM; tiene un nuevo modo de bajo consumo; y utiliza un controlador de acceso directo a memoria o DMA, de ocho canales, por lo que libera a la CPU de la tarea de transferir datos entre periféricos y la memoria, además de utilizar una alimentación de 3.3 V.

UN DSPIC30F6012A TIENE UN RENDIMIENTO DE 30 MILLONES DE INSTRUCCIONES POR SEGUNDO

Para diseñar y construir nuestro analizador de espectro digital de audio, recurrimos al dsPIC30F6012A, un controlador de señal digital (DSC) de 16 bits de alto rendimiento. Para el desarrollo del software, Microchip ofrece un paquete de herramientas muy similar al utilizado en microcontroladores PIC: el entorno gratuito MPLAB ICD 3 IDE que contiene un ensamblador MPLAB ASM30, software de simulación SIM30, compilador C MPLAB C30 y el inicializador gráfico de programas MPLAB VDI. Para el desarrollo y análisis de algoritmos DSP, utilizamos la herramienta gratuita de Microchip, **dsPICWORKS**, apta para diseñar filtros digitales, generar señales, facilitar operaciones matemáticas para procesar señales aritméticas y digitales, mostrar y cuantificar elementos de una a tres dimensiones. Además, este software nos ofrece una extensa variedad de librerías, muchas de ellas gratuitas.

En el proceso de diseño es muy importante definir los componentes espectrales de la señal de audio digitalizada por observar. Considerando que el espectro de frecuencias audibles está comprendido entre 20 Hz y 20 k o diez octavas, obtenemos una buena resolución si definimos veinte bandas de frecuencia (media octava) en el rango de audio considerado. Por limitaciones en el oído humano, no es necesario extendernos a frecuencias menores a 30 Hz ni superiores a 15 kHz y, dado que el oído humano no tiene gran resolución en frecuencias bajas, por razones del hardware contenido en el dsPIC

DESVENTAJAS DE LA FFT

Aplicar la FFT reduce el rango dinámico de la señal mostrada en el display led y justifica limitar a 30 dB el rango dinámico del analizador de espectro. El rango o margen dinámico es la máxima diferencia de nivel entre dos señales aplicadas al mismo tiempo a la entrada, que pueden medirse con un cierto nivel de incertidumbre. 30 dB indica una diferencia de 1000 veces.

utilizado, 31 Hz sería la frecuencia central del primer filtro, 62 Hz la del segundo y 93 Hz la del tercero. Del mismo modo, en las frecuencias más altas del espectro no necesitamos mostrar los componentes espectrales con una resolución mayor a 5 kHz, por lo que la frecuencia del último filtro sería de 15 kHz. Considerando el rango de octavas de las frecuencias para las cuales el oído humano es más sensible, las frecuencias centrales de los filtros 4 a 19 serían 126 Hz, 170 Hz, 230 Hz, 310 Hz, 420 Hz, 563 Hz, 760 Hz, 1024 Hz, 1380 Hz, 1862 Hz, 251 Hz, 3386 Hz, 4565 Hz, 6155 Hz, 8300 Hz y 11200 Hz.

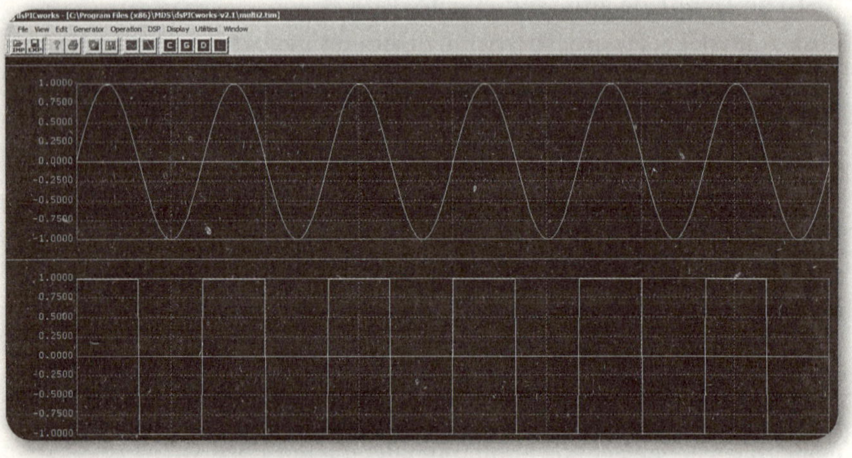

Figura 14. dsPICWorks proporciona una interfaz con **MPLAB IDE** y con el ensamblador para **dsPIC30F**, **MPLAB ASM30**, además de procesamiento **DSP**.

Por debajo de 100 Hz, necesitamos una resolución de frecuencias de 30 Hz entre una frecuencia central y la otra, que depende de la longitud de la FFT ("N" puntos de muestreo) y de la frecuencia de muestreo; mientras que, por el Teorema de Nyquist, la frecuencia de muestreo tiene que ser al menos dos veces la máxima frecuencia de audio por muestrear. Si limitamos a 20 kHz la frecuencia máxima de audio, la frecuencia de muestreo mínima será de 40 kHz. Para reducir el orden de los filtros de Butterworth del bloque analógico a orden 5, es suficiente realizar un sobremuestreo (en inglés, **oversampling**) de 80 kHz. Realizando el cociente entre 80 kHz y 30 Hz, obtenemos un valor N de 2667. Como para aplicar la FFT y procesar una señal requerimos una frecuencia de muestreo que sea múltiplo de 2, y como el valor 2667 está comprendido entre 2048 y 4096, entonces el valor adecuado de N es 4096. Mediante un oversampling de 80 kHz, reducimos el orden de los filtros antialiasing a 5 y disminuimos la complejidad en el procesamiento digital de la señal en el DSP.

MPLAB ICD 3 ES UNA HERRAMIENTA DEPURADORA QUE CORRE SOFTWARE MPLAB IDE

Para descomponer la señal de entrada en veinte sub bandas, recurrimos a un conjunto de algoritmos para implementar un paralelo de veinte filtros pasa banda no uniformes mediante la Transformada rápida de Fourier. El dsPIC30F6012A tiene la velocidad y la capacidad de memoria suficiente para implementar estos algoritmos en tiempo real.

Para diseñar un circuito impreso (PCB), recurrimos al software de diseño **Eagle** (acrónimo de *Easily Applicable Graphical Layout Editor*), que podemos descargar desde **www.cadsoftusa.com**.

PAP: DISEÑO DEL PCB DE LA SECCIÓN DSP

01 Abra la ventana de diseño de **Eagle** con los componentes fuera de la placa, haciendo clic sobre el icono PCB. Desplácelos dentro de la placa con Move.

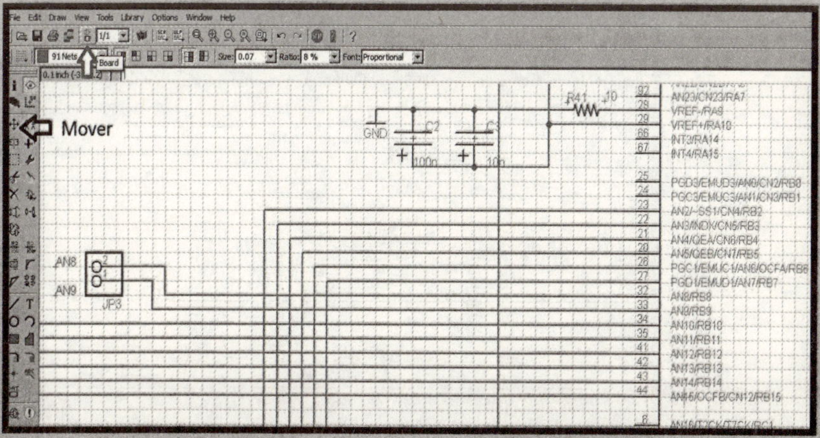

02 Las líneas que unen los componentes coinciden con las uniones de los hilos en el esquema, lo que facilitará dibujar las pistas de la placa PCB.

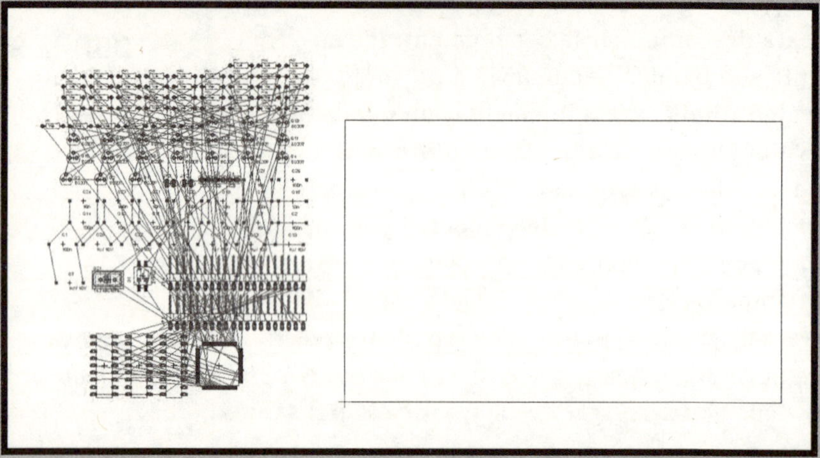

03 Puede trazar las pistas de manera automática (`AutoRoute`) o manual (`Route`). Por lo general, se finaliza el diseño de la placa en forma manual.

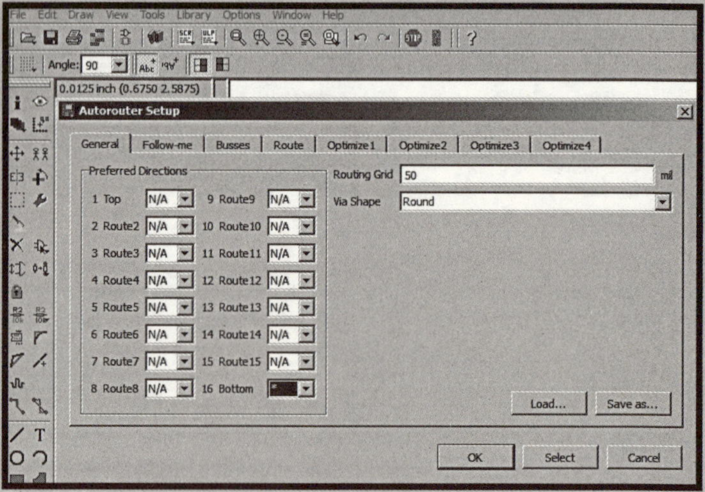

04 Observe el trazado definitivo de la cara inferior del PCB del analizador que muestra los bloques analógico y digital. El diseño es doble faz.

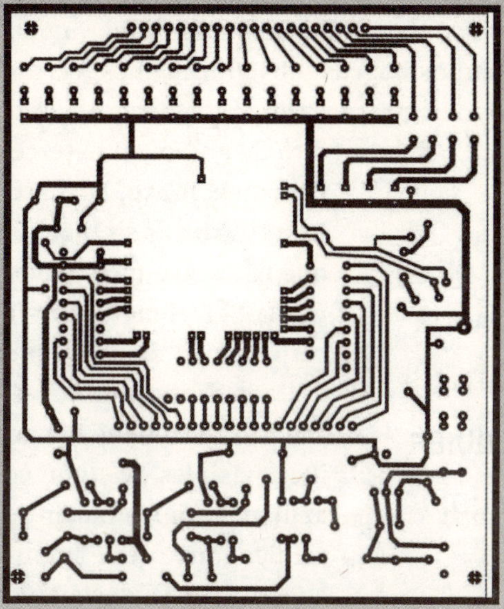

Sección de salida

Podemos conectar nuestro analizador de espectro digital de audio en tiempo real a cualquier dispositivo de audio, ya que acepta una señal de audio analógica en su entrada, que digitalizamos y procesamos mediante el dsPIC30F6012A. La salida procesada se corresponde con la distribución de energía de la señal de audio y la revelamos mediante veinte bandas de frecuencia específicas en un display de 20 x 20 LEDs.

Las especificaciones de diseño para el bloque de salida se relacionan con la cobertura del analizador de espectro digital de audio, 0 Hz hasta 20000 Hz, y la división del espectrograma en veinte barras gráficas con LED. Cada barra gráfica representa el nivel de potencia de señal total en una banda específica del espectro; como se requieren veinte bandas espectrales, necesitamos veinte filtros pasa banda proporcionados por el dsPIC. Cada barra gráfica consiste de 20 LEDs, y tenemos que mostrar el análisis del espectro de audio frecuencia en tiempo real, por lo cual deberemos procesar la señal de audio en tiempo real.

En el esquema eléctrico de la sección, podemos observar un interruptor doble en formato **DIP** (*Dual in line package*), que nos permite seleccionar cuatro formas diferentes de mostrar el espectro de audio en la matriz de LEDs. El primer modo de funcionamiento, que denominamos **barras**, nos grafica el espectro de audio en tiempo real; en el modo de presentación, que denominamos **picos**, observamos el valor pico del espectro de audio; en el tercer modo de display, que llamamos **lento**, las barras suben lentamente hasta alcanzar su pico, donde se mantienen hasta que llega otro pico mayor que el actual; y, por último, en el modo **lluvia**, las barras caen hasta cero a partir del valor pico alcanzado.

PODEMOS CONECTAR NUESTRO ANALIZADOR DE ESPECTRO DIGITAL DE AUDIO A CUALQUIER DISPOSITIVO DE AUDIO

Cada **diodo emisor de luz** (*Light Emitting Diode* o **LED**) tiene la particularidad de emitir luces visibles de algún color (verde, rojo, azul, amarillo) a partir de los materiales semiconductores e impurezas utilizadas para construirlo. La decisión de utilizar LEDs para configurar el display del analizador de espectro surge de la necesidad de mantener reducida la complejidad del instrumento. Además, entre las características de los diodos que constituyen una ventaja en el momento de construir el analizador de espectro, mencionamos el bajo costo, la simplicidad en la conexión, su fiabilidad (justamente, por la simplicidad en la conexión) y la eficiencia energética (bajo consumo de energía en comparación con la energía luminosa que obtenemos). Por supuesto que, como cualquier dispositivo electrónico, presenta algunas limitaciones en cuanto a la sensibilidad a la temperatura y la necesidad de mantener la corriente que atraviesa el LED lo más constante posible para asegurarnos el tiempo de vida del diodo.

Para reducir el consumo eléctrico que genera alimentar de manera simultánea a cada uno de los 400 LEDs, recurrimos a veinte pines I/O para X y veinte pines I/O para Y a partir del procesador dsPIC alimentado con una corriente que no supera los 500 mA. Un detalle importante para tener en cuenta es que las barras de LED se encienden al menos con una frecuencia de cincuenta veces por segundo, de modo de evitar el parpadeo de la imagen.

La matriz de LEDs es el elemento fundamental en este bloque, y la excitamos por medio de transistores NPN de uso general y circuitos integrados Darlington ULN2803. Como la corriente que nos entrega el dsPIC30F6012A en sus salidas es insuficiente para excitar la matriz de LEDs, tenemos que recurrir a veinte transistores NPN de uso general –BC337– y a tres arreglos de transistores Darlington integrados en el chip ULN2803.

Si bien las resistencias que utilizamos para construir el bloque analógico debían mantener una tolerancia del 1 %, para el resto de las resistencias, incluyendo las que pertenecen al bloque display, es suficiente una tolerancia del 5 %.

Al seleccionar un tipo de LED, seguramente nos resultará complejo distinguir a simple vista su modelo. Por eso, como regla práctica, cuando no dispongamos de la hoja de datos del fabricante, vamos a limitar la corriente que atraviesa el diodo a 20 mA. En nuestro analizador, además, utilizamos arreglos de LEDs rectangulares colocados uno encima del otro para constituir las veinte barras de veinte LEDs cada una.

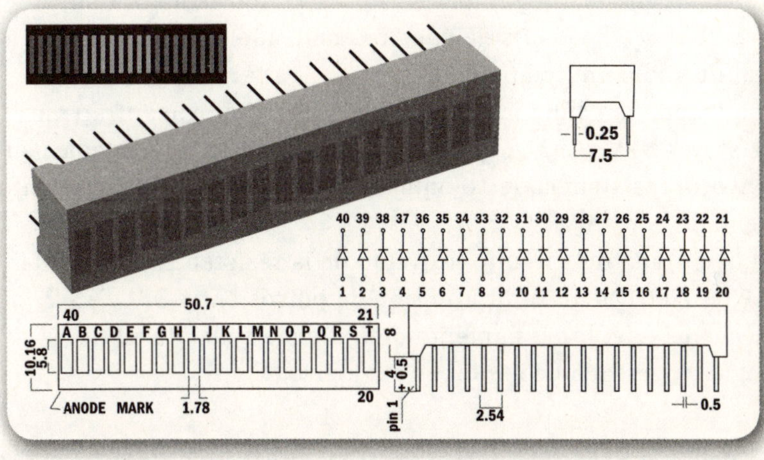

Figura 15. Barra de veinte LEDs a tres colores: rojo, amarillo y verde. Nuestro analizador permite experimentar y adaptarlo a nuevas aplicaciones.

Electrónica de la matriz de LEDs

Si analizamos las curvas de salida de un transistor en continua (IC-VC), observaremos que el semiconductor puede funcionar en alguna de tres zonas: saturación, activa o corte. La zona donde la corriente de colector no es proporcional a la corriente de base, se denomina zona de saturación, caracterizada porque la tensión colector-emisor (VCE) es menor a 0.7 V, la tensión de base (VB) es menor que 0 y la tensión base-emisor es 0.7 V.

En el otro extremo de la gráfica IC-VC, llamada zona de corte, la corriente de colector (IC) es aproximadamente igual a cero. Entre ambas, la zona activa se caracteriza porque la corriente de colector se mantiene constante y se cumple la relación IC = β * IB (IB es la corriente de base y β la ganancia de corriente continua del transistor), la tensión colector-emisor (VCE) es mayor o igual que 0.7 V y la tensión base-emisor (VB) es igual a 0.7 V.

LA MATRIZ DE LEDS POSIBILITA CUATRO MODOS DE FUNCIONAMIENTO DEL ESPECTRO DE AUDIO

Un transistor funcionando en la zona activa nos permite construir amplificadores de señal. En cambio, si el transistor conmuta entre las zonas de corte y saturación, decimos que funciona como interruptor, aplicación que utilizamos para excitar la matriz de LEDs de nuestro analizador de espectro digital de audio en tiempo real.

Analizando la configuración del bloque digital, encontraremos transistores NPN BC337 con una resistencia de 1 K conectada a su base y otra resistencia de 10 ohm en su emisor, y todo el conjunto alimentado con +5 V.

En la entrada del circuito, extremo de la resistencia conectada al dsPIC30F6012A, se aplica un tren de pulsos entre 0 V y +5 V, consecuencia del procesamiento digital de la señal de audio analógica ingresada en el bloque analógico.

VISUALIZAR SONIDOS

Definimos una señal de audio por su amplitud, frecuencia fundamental, período y componentes en frecuencia. Visualizamos la señal de audio en el dominio del tiempo o en el de la frecuencia. Un método sencillo para visualizar una señal de audio es el dominio temporal (**time domain representation**), donde representamos la amplitud de audio respecto del tiempo.

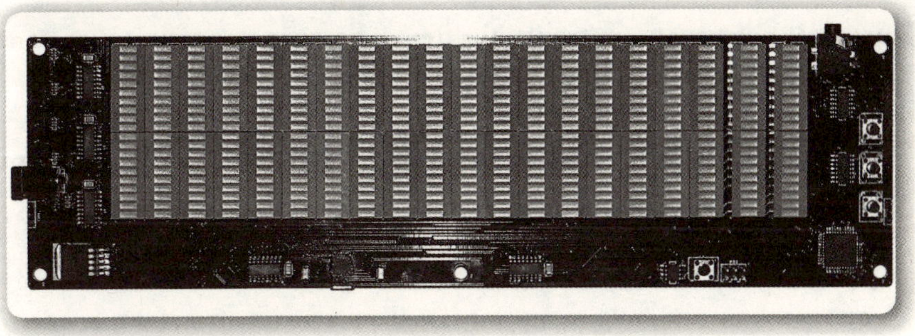

Figura 16. Podemos construir nosotros mismos la matriz de LEDs de acuerdo con las indicaciones del texto, aunque también es posible adquirirla a través de la Web.

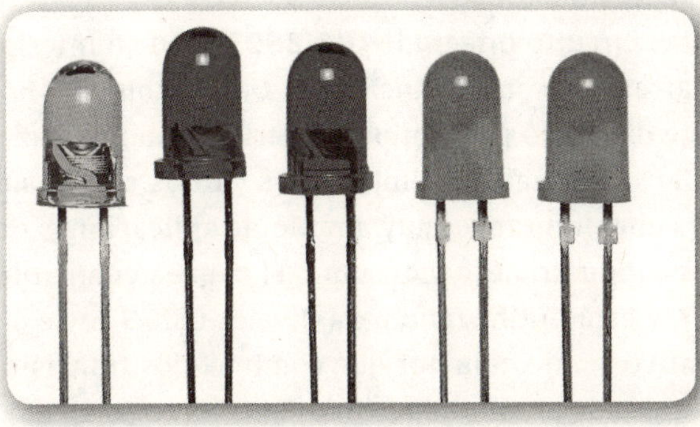

Figura 17. El LED rojo, construido con **AsGaAl**, emite luz en 800 nm; el LED amarillo, de **AsGaP**, en 590 nm; y el LED verde, de **InGaAlP**, en 560 nm.

Bajo estas condiciones, el transistor BC337 funcionará en corte cuando la tensión en su entrada sea 0 V y, en saturación, cuando el pulso alcance +5 V.

Restando de +5 V la suma de las tensiones base-emisor y la tensión entre emisor y masa (caída en la resistencia de 10 ohm) y dividiendo por la corriente de base necesaria para saturar al transistor, obtenemos el valor de la resistencia de base; en este caso, 1 K.

En el circuito del colector, considerando los +5 V de alimentación, la caída en el LED, la caída de tensión colector-emisor en saturación y la caída de tensión en la resistencia del emisor (IC * RE), determinamos el valor de la resistencia de emisor RE; 10 ohm en nuestro analizador.

Para que un circuito opere en conmutación con todos los transistores, todas las corrientes y las temperaturas deberían funcionar bajo condiciones de saturación fuerte. En la práctica, aun en el peor caso, un transistor de silicio para pequeña señal tiene un β mayor que 10. Una regla práctica para asegurar la saturación fuerte e independizarnos del valor de β, es que la corriente de base (IB) sea aproximadamente la décima parte de la corriente de colector (IC) de saturación.

En la **hoja de datos** (**datasheet**), hallamos las características, especificaciones, funciones, aplicaciones, etcétera, de un componente electrónico particular. Para un transistor, encontramos sus límites de funcionamiento en corriente, tensión y otros valores. Tienen especial importancia las limitaciones en la zona de ruptura y las corrientes y potencias máximas. Mantenernos alejados de estos límites extiende la vida del semiconductor.

Respecto del circuito integrado **ULN2803A**, en su interior contiene un arreglo de ocho transistores Darlington de alta corriente, especialmente diseñado para implementarlo como interfaz de lámparas, relays, cabezales de impresoras y otras cargas similares destinadas a cubrir un rango muy amplio de aplicaciones de computadoras, industriales y consumo. El chip es compatible con la familia TTL y está optimizado para niveles CMOS entre 6 y 15 V.

Un dispositivo semiconductor que combina dos transistores bipolares en cascada en un dispositivo único, que conocemos como configuración Darlington, es sumamente utilizado en electrónica cuando necesitamos alta ganancia de corriente, es decir, que podemos controlar cargas grandes con corrientes pequeñas. Entonces, la ganancia de corriente total (β total) del Darlington es el producto de la ganancia de los transistores individuales, y es frecuente que encontremos valores de 1000 o superiores. La tensión base-emisor (VBE) es la suma de ambas tensiones base-emisor, alrededor de 1.4 V en transistores de silicio.

ESPECTRO DE UNA SEÑAL

Es una representación en el dominio de la frecuencia de la amplitud y la fase respecto a la frecuencia. Una representación en frecuencia (**frequency domain representation**) toma las características espectrales de una señal de audio: frecuencia fundamental y otras frecuencias. Los componentes individuales del espectro se llaman **armónicas** y son enteros simples de la frecuencia fundamental.

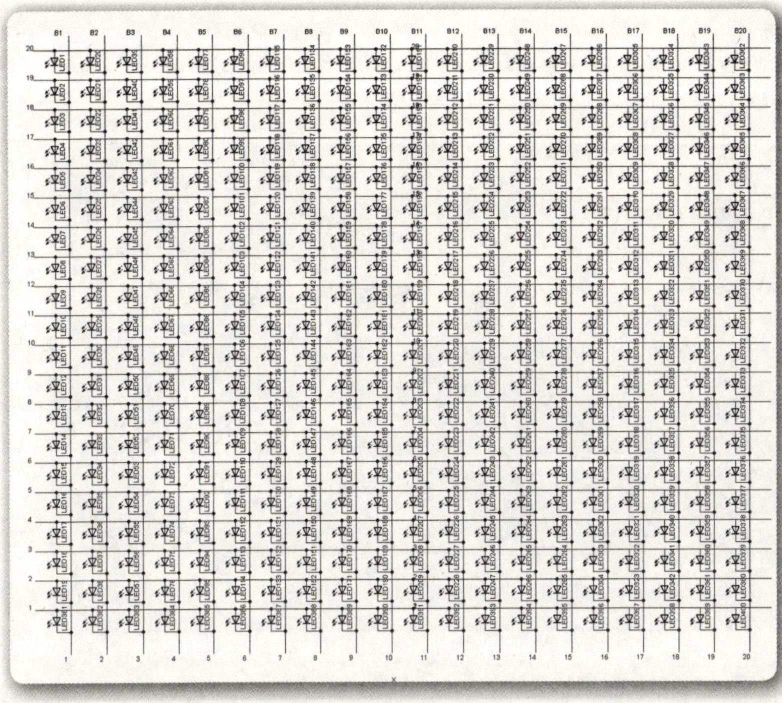

Figura 18. El arreglo de 20 por 20 LEDs establece una matriz de 400 LEDs y una resolución de 1.5 dB en cada banda del analizador de espectro.

PAP: ARMADO DEL AE COMPLETO

01 El componente central es un procesador **dsPIC30F6012A** asociado con chips **ULN2803A**, transistores **BC337** y algunos componentes adicionales.

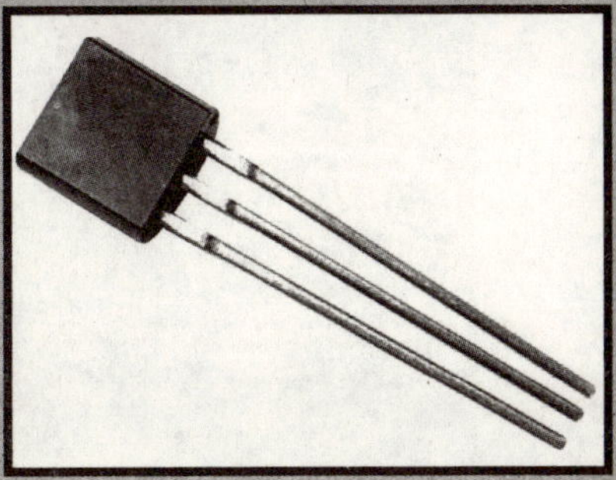

02 Para reducir el tamaño de la placa, podría recurrir a dispositivos de montaje superficial (SMD) en semiconductores y componentes anexos.

03 En el centro de la placa principal, observe el **dsPIC30F6012A**; a la izquierda, un grupo de transistores **BC337** y, a la derecha, los chips **ULN2803A**.

04 Como opción a utilizar LEDs rectangulares para construir el display LED, recurra a barras de diez diodos y así obtiene un montaje compacto.

05 Por medio de la herramienta **MPLAB ICD2**, desarrolle el software en lenguaje C, depúrelo y haga la compilación. Se obtiene en **www.microchip.com.**

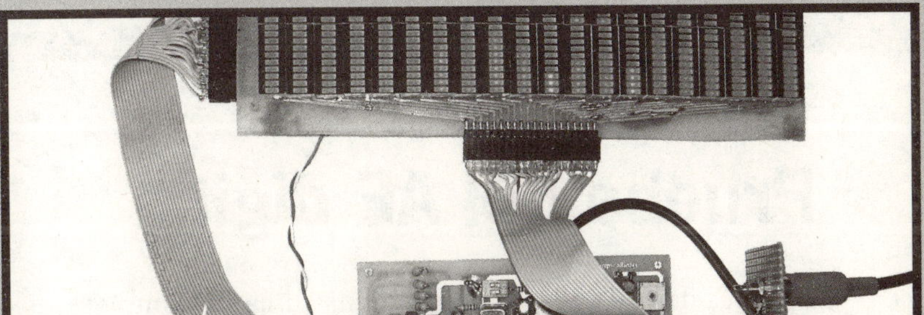

06 Observe el montaje completo, donde puede verse la interconexión de la placa principal con el display LED, la fuente de alimentación y la entrada de audio.

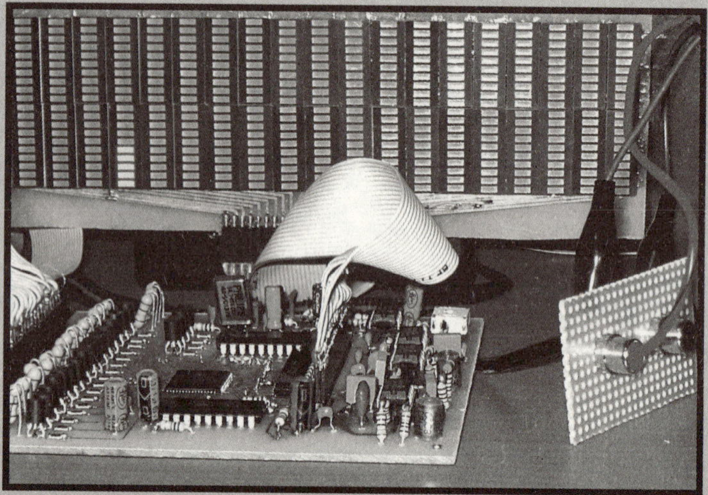

Prueba del AE digital

Antes de realizar la prueba del instrumento completo, es necesario testear el bloque analógico para asegurarnos de que los filtros activos pasa bajos antialiasing funcionan dentro de las especificaciones de diseño. El software **FilterLab** nos permite simular el funcionamiento de un filtro activo.

Un **filtro pasa bajos** admite el paso de una banda específica de frecuencias, llamada banda pasante, que, en el caso del filtro pasa bajos, es desde DC (cero Hz) hasta la frecuencia de corte FC (Hz). Para frecuencias superiores a FC, el filtro atenúa la tensión de salida y, a partir de una frecuencia especificada como FS, debe de existir una atenuación mínima. La banda de frecuencias entre FC y FS es conocida como banda de transición y, por encima de la frecuencia FS, banda eliminada. En nuestro analizador, utilizamos filtros de tipo

Butterworth, ya que tienen una respuesta plana en ambas bandas y su diseño es el más simple. La sensibilidad de entrada varía entre 0 y 10 V, ajustable mediante un potenciómetro.

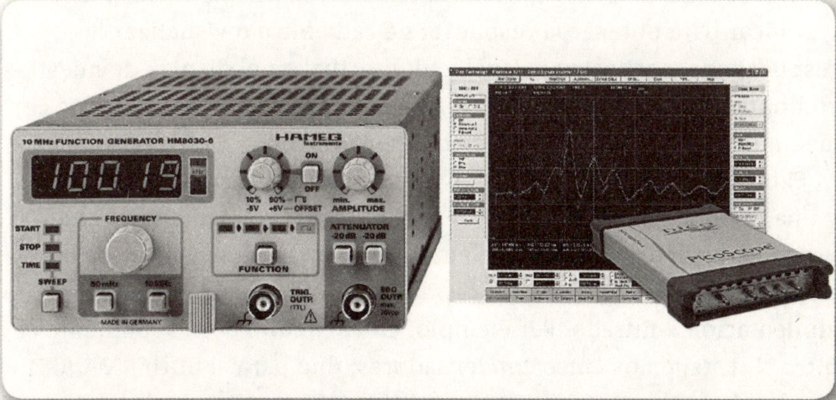

Figura 19. Instrumentos de medición: un generador de funciones y un multi instrumento virtual para conectar a una PC.

Para realizar la prueba de ambos filtros, vamos a usar un generador de señales y un osciloscopio/analizador virtual, conectados de manera adecuada. Una vez efectuado el montaje, realizaremos las pruebas de los dos filtros. Obtendremos la gráfica que relaciona los dB en función de la frecuencia. Desde el generador de señales, aplicamos la forma de onda más básica y utilizada comúnmente en análisis de audio: la señal senoidal, en nuestro caso de 1 VPP de amplitud y una frecuencia que variará desde 10 Hz hasta 10 kHz para

HACEMOS PRUEBAS ADICIONALES CON UNA ONDA CUADRADA Y SEÑALES DE AUDIO REAL

MULTI INSTRUMENTOS Y PC

Un multi instrumento es una herramienta poderosa porque es un osciloscopio, un analizador de espectro, un generador de señal, un multímetro y un medidor LCR, que funcionan de manera simultánea y en tiempo real. Se vincula a una PC y muestra tanto el uso como los resultados en su display. También presenta la amplitud y la potencia de los componentes espectrales.

el filtro N° 1 (frecuencia de corte de 2 kHz), y desde 10 Hz hasta 50 kHz para el filtro N° 2 (frecuencia de corte de 16 kHz). Podemos, en ambos casos, registrar cada lectura de amplitud para cada una de las frecuencias de prueba, hallar la relación en dB que corresponda y graficar para obtener la respuesta de cada filtro o visualizar la respuesta del osciloscopio/analizador virtual en el display de nuestra computadora personal. Luego, vamos a comparar estos resultados con la simulación que realizamos mediante FilterLab.

El orden de los filtros N° 1 y N° 2 es igual a cinco para cada uno, y una regla aproximada que podemos utilizar para comprobar el orden de un filtro se hace mediante el número de condensadores en cada etapa, excluyendo los condensadores relacionados con la alimentación y filtrado. Por ejemplo, en el circuito correspondiente al filtro N° 1, tenemos cinco condensadores: uno para el filtro IC2A (C5), dos condensadores (C8 y C9) para el filtro IC3A y dos condensadores para el filtro IC3B (C14 y C15). La atenuación en un filtro pasa bajos es de 20 * n [dB por década] a partir de la frecuencia de corte FC, o de aproximadamente 6 * n [dB por octava] donde **n** es el número de polos del filtro. En nuestro caso, la atenuación tanto del filtro N° 1 (FC = 2 kHz) como del filtro N° 2 (FC = 16 kHz) es de 100 dB/década o 30 dB/octava. En las pruebas mediante onda senoidal deberíamos verificar estos valores de atenuación.

Una característica importante en un analizador de espectro, relacionada con los filtros analógicos, es la **resolución de frecuencia**, entendida como la habilidad del analizador de espectro para separar dos entradas senoidales simultáneas en sus distintas respuestas en frecuencias. Nuestro analizador, basado en Fourier, no presenta inconvenientes de resolución dado que Fourier considera que una onda senoidal tiene energía solo en una frecuencia.

CULMINACIÓN PROFESIONAL

Como es un instrumento de medición electrónico, es recomendable colocar el AE en el interior de un gabinete. Además de las operaciones mecánicas para su instalación, hay que identificar su frente. Entonces, podemos diagramar el frente con **Eagle**, dibujarlo con el editor de gráficos vectoriales **Inkscape** (**http://inkscape.org**), e imprimirlo en un papel adhesivo de buena calidad.

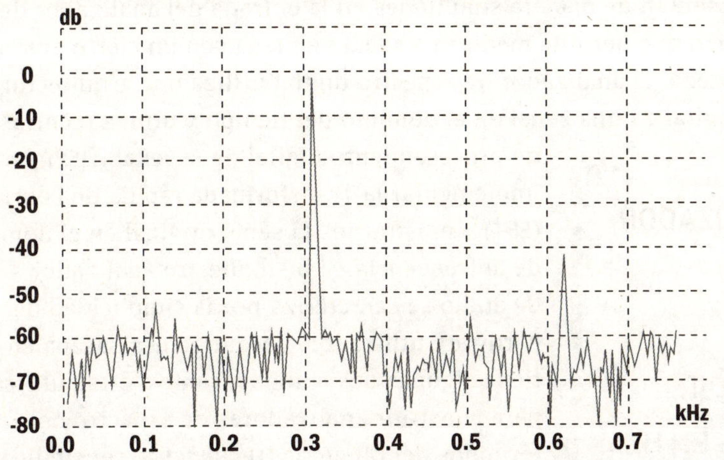

Figura 20. Espectrograma al aplicar un tono de 310 Hz a la entrada del bloque analógico. La frecuencia de 620 Hz está a -30 dB de la fundamental.

El segundo grupo de pruebas se relaciona con nuestro analizador de espectro montado y funcionando y la realización de la medición más común: la frecuencia expresada en Hz. De manera básica, el proceso consiste en digitalizar la señal de entrada, adquirir los datos, ejecutar la operación FFT y procesar los resultados para mostrarlos en el display.

La primera prueba consiste en aplicar un tono de audio de 310 Hz y amplitud 0 dB, correspondiente a la frecuencia del espectro que observaremos en la barra siete del display LED. Tanto en la barra correspondiente como en el espectrograma, deberíamos observar 0 dB. La amplitud de la frecuencia 620 Hz (segunda armónica del tono de 310 Hz) se encuentra atenuada 30 dB.

A continuación, aplicamos un tono de frecuencia 170 Hz (correspondiente a la barra siete del display LED) y amplitud -20 dB, y en el espectrograma deberíamos observar ese mismo valor de amplitud. Por último, aplicando un tono de 3350 Hz y amplitud -10 dB en la entrada del bloque analógico, deberíamos obtener un valor aproximado igual en la salida, barra quince. Estas mediciones se tendrían que realizar para el resto de las frecuencias correspondientes a cada barra.

El **rango dinámico** de nuestro analizador es de aproximadamente -30 dB, y es la relación, expresada en dB, de la amplitud de señal más grande respecto de la amplitud de la señal más pequeña cuando se presentan de manera simultánea en la entrada del analizador de espectro que permite medir una señal pequeña con un cierto grado de certeza. El analizador de espectro digital utiliza una arquitectura que digitaliza una señal en el dominio del tiempo y utiliza técnicas de procesamiento digital de la señal (DSP) para implementar la Transformada rápida de Fourier (FFT) y mostrarnos la señal original en el dominio de la frecuencia. Si bien nuestro analizador de audio se caracteriza por la simplicidad del hardware utilizado, la arquitectura basada en FFT tiene algunas desventajas frente a otras utilizadas para construir analizadores de espectro en términos del rango de frecuencias, sensibilidad y rango dinámico.

CON UN ANALIZADOR DE ESPECTRO DE AUDIO, PODEMOS MEDIR FRECUENCIAS EN HZ

Por último, para verificar el funcionamiento correcto de la **matriz de LEDs**, vamos a probar cada segmento de modo individual, conectando una fuente con la tensión y polarización adecuada; luego, comprobamos el funcionamiento de cada barra y, por último, el funcionamiento de la matriz completa. En este caso, es conveniente intercalar un instrumento para verificar la corriente que necesitan los 400 LEDs. Los requerimientos de corriente se encuentran entre 700 mA y 1200 mA para tensiones de alimentación continua entre 5 V y 12 V, obviamente más elevados que el conjunto bloque analógico y bloque digital cuyo requerimiento es de 100 mA para una alimentación continua de 5 V.

Respecto del software escrito en lenguaje C, antes del funcionamiento permanente del AE, debemos testear el software tanto en la conversión A/D, el procesamiento FFT y el control del encendido del display LED. La herramienta gratuita de Microchip,

TÓPICOS DE MEDICIONES

Podemos realizar pruebas adicionales, utilizando el mismo generador de señales y el osciloscopio/ analizador virtual (multi instrumento), mediante onda cuadrada y onda triangular, para conocer la respuesta en fase del filtro. En ambos casos, tendremos que configurar tanto la amplitud como la frecuencia de la onda.

MPLAB C30, es adecuada para esto ya que depura y compila el código para el dsPIC. Por otra parte, el software gratuito **dsPICworks**, un sistema de procesamiento de señal de propósito general, nos facilita distintas funciones DSP para manipular secuencias de datos en tiempo discreto y ejecutar las operaciones de procesamiento digital más comunes, entre ellas, la Transformada rápida de Fourier (FFT). En la guía de usuario de este software, que descargamos desde el sitio web de Microchip en **www.microchip.com**, encontramos una amplia descripción de cómo implementar y verificar el procesamiento de señal realizado mediante FFT con **dsPICworks**, un software que ha sido diseñado para ofrecernos una interfaz sencilla y sumamente intuitiva.

ES MEJOR DISEÑAR UNA INTERFAZ PARA CONECTAR EL AE AL PUERTO USB DE UNA PC

Conclusiones

El concepto de diseño original, que nos ha conducido a través de todo el proyecto, ha sido construir un analizador de espectro digital en tiempo real y para frecuencias de audio capaz de procesar el espectro de estas señales.

Seleccionamos un **dsPIC de 16 bits** de la familia 30F de Microchip por las ventajas que aporta un chip especializado en DSP, frente a la alternativa de microcontroladores de uso general, y porque existe una multiplicidad de librerías que facilitan el uso del **dsPIC30F6012A**.

Durante el proceso de diseño y construcción del instrumento, aprendimos a utilizar software especializado en el diseño de filtros activos FilterLab, software de diseño CAD para implementar tanto la placa principal como una placa alternativa para la sección analógica; conocimos las bases

DIFERENCIA DE FASE

Al aplicar una onda no sinusoidal en la entrada, un desfasaje igual a cero hace que se mantenga, a la salida del filtro, la forma de onda que aplicamos en su entrada. Por ejemplo, aplicamos una onda cuadrada con frecuencia fundamental y armónicos y, si suponemos que se encuentra entre 0 Hz y FC en Hz, la señal de salida será aproximadamente igual a la onda de la entrada.

de software para procesar señales digitales, dsPICworks, y comprendimos la necesidad de utilizar un entorno de desarrollo especializado: la herramienta gratuita de Microchip, MPLAB. También, experimentamos en el diseño y configuración de una matriz de 20 x 20 LEDs.

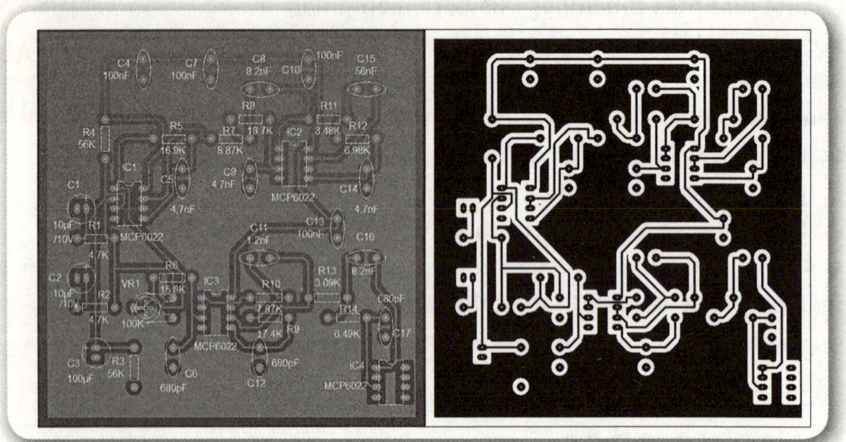

Figura 21. Si las condiciones de instalación del AE requieren separar el bloque analógico de la placa principal, podríamos utilizar este PCB.

Es necesario considerar la versión del compilador MPLAB C30 por utilizar, porque, con algunas versiones, el software no funciona. Podemos mejorar el rendimiento del dsPIC incrementando la velocidad hasta el límite, sin olvidar controlar la temperatura en el interior del semiconductor, ya que si es muy elevada podría ocasionar inestabilidad en el funcionamiento del dsPIC o, directamente, su destrucción. En este sentido, es válido el razonamiento opuesto: observar el funcionamiento del dsPIC si ajustamos la velocidad de funcionamiento a la mitad del valor máximo y analizar si tenemos alguna pérdida en el rendimiento.

ENTRENADORES PARA DSPIC

Durante el diseño del AE y las pruebas, es importante recurrir a dispositivos que faciliten la tarea. Existen herramientas de desarrollo que funcionan con PICs de gama baja, media y alta, con distintos encapsulados, y soportan los dispositivos dsPIC de 16 bits. Pueden requerir módulos extra para permitirnos ejecutar, depurar y grabar procesadores digitales de señales dsPIC de **Microchip**.

Como en todo diseño, podemos mejorar las prestaciones del AE luego de evaluar su funcionamiento. Por ejemplo, podríamos reemplazar la matriz de 400 LEDs por un display LCD de alta resolución. Así, mediante el uso de tres filtros pasa bajos antialiasing –en lugar de los dos que empleamos en el montaje– y efectuando las modificaciones adecuadas en el software, estaríamos en condiciones de ampliar la cantidad de bandas de frecuencia a 32, 64, 128, 256 o 512 y en tiempo real. Otra alternativa sería diseñar una interfaz de salida para conectar, mediante USB, el analizador de espectro a una PC. Es probable que mejoremos el rango dinámico en unos pocos dB mediante algunas modificaciones en el software. Por último, podríamos recurrir a los mismos principios de diseño para implementar otras aplicaciones, solo libradas a la imaginación y motivación del lector.

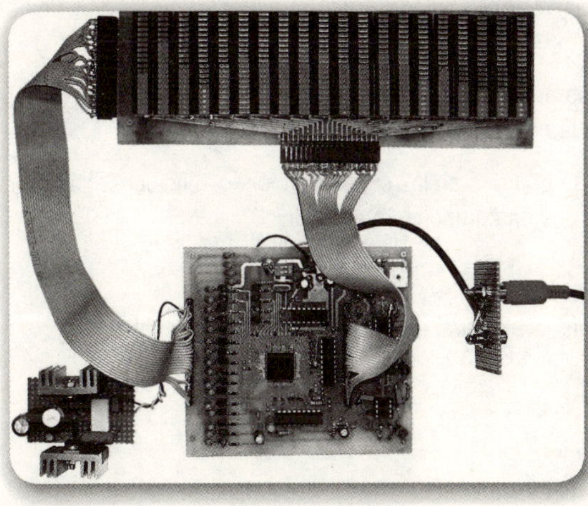

Figura 22. Montaje final del prototipo del analizador de espectro. Observamos la fuente de alimentación a la izquierda de la placa principal.

RESUMEN

En este primer apéndice, construimos un analizador de espectros (AE) basándonos en uno realizado sobre microcontroladores PIC. Este circuito es de gran utilidad para las tareas del técnico electrónico ya que permite hacer mediciones electrónicas por medio de una pantalla y realizar muestras visuales de los diferentes componentes. Pudimos flexibilizar ciertos parámetros del diseño, logrando que sea más versátil, y buscando una mayor simplificación en la selección y uso de los componentes.

Actividades

TEST DE AUTOEVALUACIÓN

1 ¿Qué es un **analizador de espectro**, cuál es su utilidad y en qué se diferencia de un osciloscopio?

2 ¿Cuál es el **circuito electrónico** que convierte la señal analógica a digital?

3 ¿Cuáles son las etapas y características que tiene el **diagrama en bloques** del analizador de espectro digital de audio?

4 ¿Para qué podemos utilizar el software **FilterLab**?

5 ¿Qué es y para qué sirve un **DSP** o **procesador digital de señales**?

6 ¿Cómo se **conecta** un analizador de espectro digital a un dispositivo de audio, en su entrada y salida?

7 ¿Cómo se puede **simplificar el diseño** de un analizador de espectro digital en frecuencias de audio?

8 ¿Dónde se concentran las especificaciones, funciones, características, etcétera, de un componente electrónico?

9 ¿Cómo realizamos la **simulación** del funcionamiento de un filtro?

10 ¿Qué es un **multi instrumento** y para qué se lo utiliza?

*ApB

Modificador de voz

Este proyecto persigue la idea de modificar una señal de voz, tomada por medio de un micrófono, y reproducirla de manera que se diferencie sustancialmente de la señal original emisora. Un proyecto que, más allá de sus fines didácticos en cuanto a la aplicación de conocimientos de electrónica, puede utilizarse para bromear con amigos.

- **Modificador de voz 242**
  - Potencia, energía y valor medio..... 243
  - Espectro de una señal..................... 248
  - Transformada de Fourier................ 250
  - Características de la voz humana... 251
  - Usos y aplicaciones del proyecto.... 253
- **Presentación del circuito 256**
  - Materiales necesarios.................. 261
- **Funcionamiento del circuito..268**
  - Entrada de audio 269
  - Procesamiento de la señal 269
  - Amplificación de la señal 270
  - Salida de la señal de audio 271
  - Alimentación de los integrados 271
- **Montaje del circuito 272**
  - Alternativas digitales...................... 282
  - Conclusiones finales....................... 285
- **Resumen................................ 287**
- **Actividades............................ 288**

Modificador de voz

Cualquiera puede entender qué es la voz humana, dado que la utilizamos a diario para entablar conversaciones, como una de nuestras principales formas de comunicación.

Desde que los primeros inventores lograron traducir las señales de voz en impulsos eléctricos para poder grabarlas y después reproducirlas o simplemente transmitirlas a otro sitio, nunca se ha detenido el trabajo para mejorar el procesamiento, almacenamiento y envío de información en forma de audio, ya sean sonidos de instrumentos musicales o de la voz humana. Particularmente, la voz, que hoy en día puede ser utilizada hasta para identificar a una persona, cuenta con una serie de parámetros que se pueden modelizar y reproducir, con lo que también surge la posibilidad de alterar dichos parámetros, como la frecuencia, el tono, el volumen, los formantes y demás.

Antes de comenzar a desarrollar un circuito modificador de voz recordemos que, desde un aspecto físico, la voz es una onda mecánica de sonido creada al atravesar flujo de aire por nuestras cuerdas vocales. Podemos representarla como una señal que varía en el tiempo.

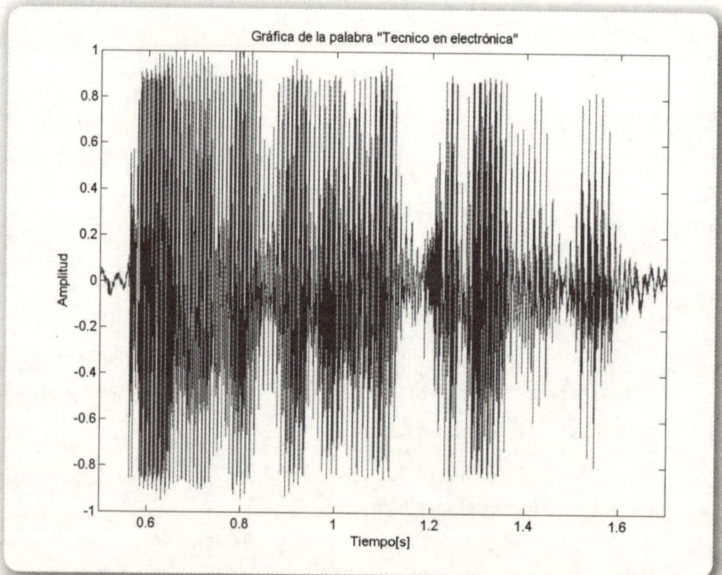

Figura 1. Gráfica en función del tiempo de la frase "Técnico en electrónica" generada con la función **wavrecord** de **MatLab**.

Esta onda de sonido será captada por un micrófono (transductor) y será transformada en una señal de tensión que variará su amplitud según las **distintos tonos** de la persona hablante. Para caracterizar esta señal, vamos a definir brevemente algunos conceptos fundamentales que sirven para analizar cualquier señal en general y, en especial, una de audio.

Potencia, energía y valor medio

La **potencia instantánea de una señal x(t)** se define como el módulo al cuadrado de la señal:

$$p(t) = |x(t)|^2$$

Esta función representa físicamente la potencia que disiparía una resistencia de 1 Ω cuando la atraviesa una corriente de valor x(t). Es necesario notar que esta potencia es una función del tiempo. Para distintos tiempos, tendríamos distintas potencias. Nuestra señal de voz concentrará su potencia en los momentos de mayor amplitud.

TODAS LAS SEÑALES DE ENERGÍA TIENEN POTENCIA MEDIA IGUAL A CERO

La **energía de una señal x(t)** se define como:

$$E_x = \int_{\infty}^{\omega} |x(t)|^2 dx$$

Calcular la integral equivale a obtener el área bajo la curva de la función potencia instantánea. Esta integral significa sumar todos los valores que puede tomar la potencia instantánea, es decir, cuánta potencia se ha disipado desde el inicio (T = -∞) hasta el fin de los tiempos (T = +∞). Esta suma infinita de valores puede tener un límite finito, es decir, que converja en un valor, o puede ser que, a medida que se va sumando, se haga cada vez más grande y diverja. En los casos en que la integral toma un valor mayor a cero y menor estrictamente que infinito (no menor o igual), se dice que la señal es de energía. Pero existen casos en donde esta integral tiende a infinito u oscila entre distintos valores. Para esto, es útil definir el concepto de potencia media. Ejemplos de funciones que no son de energía son la función escalón unitario y las funciones senoidales como, por ejemplo, **cos (2π*t)**.

Decimos entonces que si $0<Ex<\infty$, la señal x(t) es de energía.

Definamos ahora la **potencia media de una señal x(t)** como:

$$\bar{p}_x = \lim_{T \to 2T} \frac{1}{2T} \int_{T}^{T} |x(t)|^2 dx$$

Nuevamente, si este límite existe (es decir, tiende a un número, converge en un valor distinto de infinito o es cero) se dice que la **señal es de potencia**.

Las señales periódicas, muy utilizadas en el ámbito electrónico, son un claro ejemplo de señales de potencia.

Por último, vamos a definir otro cálculo matemático que nos será de suma utilidad a la hora de tratar con todo tipo de señales: el **promedio temporal o valor medio** de una señal:

$$< x(t) >= \lim_{T \to \infty 2T} \frac{1}{2T} \int_{-T}^{T} x(t) dx$$

El valor medio de una señal no es más que un promedio en el tiempo de todos los valores que puede tomar.

Por ejemplo, el valor medio de una función senoidal es nulo. Teniendo en cuenta que calcular una integral es hallar el **área** bajo la curva, vemos que, en medio periodo, el coseno tiene un área positiva (color celeste) y, en el otro semiciclo, tiene la misma área pero negativa (color amarillo), siendo la suma de ambas en el tiempo un promedio de cero.

FRECUENCIA DE LA TENSIÓN DE LÍNEA

La tensión de alimentación de los tomacorrientes de nuestros hogares tiene una forma de onda sinusoidal con valor eficaz de aproximadamente 220 V y una **frecuencia de 50** Hz. Sin embargo, la frecuencia varía en los distintos países del mundo debido a la forma de generar y distribuir la energía eléctrica elegida por cada nación.

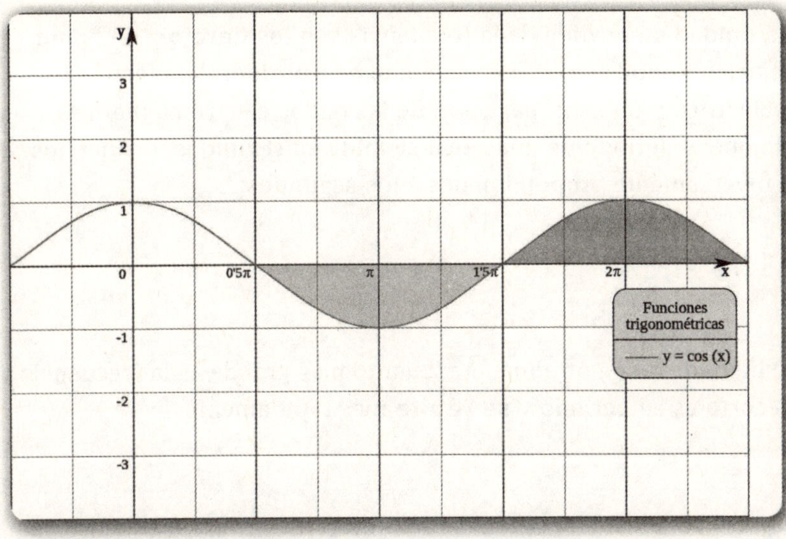

Figura 2. El valor medio de una señal senoidal es cero. En un semiciclo tiene área positiva (color celeste) y luego la misma área pero con valor negativo (color amarillo).

El concepto de valor medio de una señal es importante y nos referiremos mucho a él, ya que está asociado al valor de **corriente continua** y será necesario filtrarlo, en muchos casos, para trabajar con señales centradas en cero.

Dada la definición de promedio temporal, podemos definir la **potencia media** de una señal justamente como el valor medio de la potencia instantánea, es decir:

$$\bar{p}_x =< P(t) >=< |x(t)|^2 >= \lim_{T \to \infty 2T} \frac{1}{2T} \int_{-T}^{T} |x(t)|^2 dx$$

Luego de analizar características temporales, pasaremos al dominio de la frecuencia para permitirnos obtener información adicional de la señal.

Por definición, la **frecuencia** de una señal periódica es la inversa de su periodo fundamental T, es decir:

$$f = \frac{1}{T}\ (Hz)$$

La unidad de medida de la frecuencia son los **hercios**, en honor a Heinrich Rudolf Hertz, físico alemán descubridor del efecto fotoeléctrico y de la propagación de las ondas electromagnéticas. Dado que el período de una señal se mide en segundos, los hercios son inversamente proporcionales a los segundos:

$$1Hz = \frac{1}{S}$$

O bien, dicho de otra manera: cuanto más grande es la frecuencia, más corto es su período y **se repite** más rápidamente.

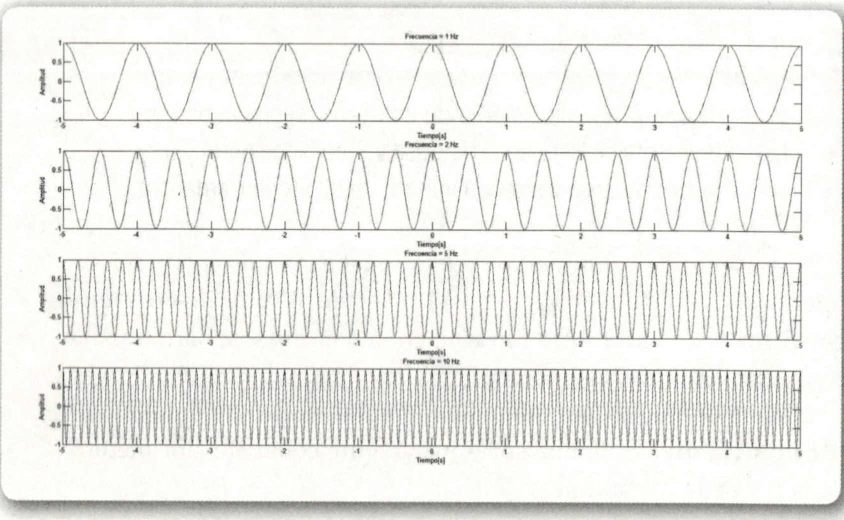

Figura 3. Al elevar la frecuencia de una señal, se aumentan las oscilaciones en el mismo período de tiempo.

Se puede decir que la función coseno es una función que solo necesita una frecuencia para quedar determinada. Ahora analicemos la siguiente función:

$$x(t) = \cos(2\pi) + 0.2sen(2\pi 8t)$$

En este caso, se ven dos funciones sinusoidales que aportan información de frecuencia, ya que una función (el coseno) se repite con frecuencia de 1 Hz y el seno con frecuencia de 8 Hz.

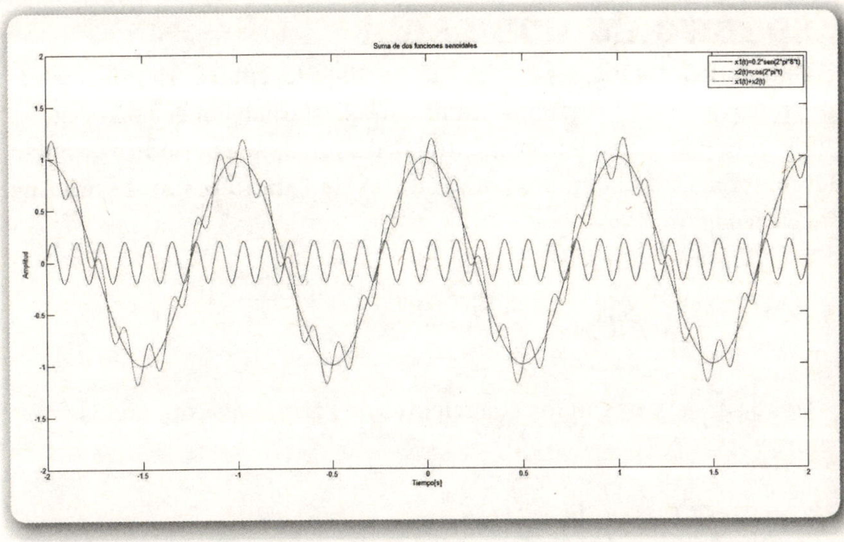

Figura 4. La suma de dos funciones sinusoidales tendrá información en frecuencia de cada señal origen.

En general, hay funciones que dan información de una frecuencia; otras, de ninguna. Otras brindan información de todas las frecuencias; más adelante, las llamaremos funciones con todos los armónicos.

Potencia media de señales periódicas

Una **señal periódica** es, por definición, una función matemática que cumple con la siguiente ecuación:

$$x(t) = x(t + T)$$

Si se cumple la igualdad anterior, la función es periódica de periodo fundamental T. Es decir: luego de un intervalo de tiempo T, la función x(t) toma el mismo valor. Por ejemplo, la función cos(t) es periódica con periodo 2π, ya que cumple que **cos(0)=cos(2π = cos(4 π)**.

En las señales periódicas, el cálculo de la potencia media se reduce a la **energía de solo un ciclo/período**, es decir, se puede obviar el cálculo del límite reduciéndose la ecuación a:

$$\bar{p}_x = \lim_{T \to 2T} \frac{1}{2T} \int_{T}^{T} |x(t)\,|^2 d.$$

Espectro de una señal

Hace muchos años, en 1807, Jean-Baptiste Joseph Fourier desarrolló un gran avance en la matemática mientras estudiaba la ecuación del calor. Así, llegó a demostrar que todas las funciones periódicas podían descomponerse como una **suma infinita de funciones sinusoidales**, por la ecuación:

$$f(t) = a_0 + \sum_{n=1}^{\infty}\left[a_n cos\left(\frac{2n\pi}{T}t\right) + b_n sen\left(\frac{2n\pi}{T}t\right)\right]$$

Donde a_0, a_n y b_n son los coeficientes de Fourier que toman los valores:

$$a_0 =< f(t) >= \frac{1}{T}\int_{-T/2}^{T/2} f(t)dt$$

$$a_n = \frac{2}{T}\int_{-T/2}^{T/2} f(t)\cos\left(\frac{2n\pi}{T}t\right)dt$$

$$a_n = \frac{2}{T}\int_{-T/2}^{T/2} f(t)\cos\left(\frac{2n\pi}{T}t\right)dt$$

El **coeficiente** a0 es el **valor medio o promedio temporal** de la señal, tal como lo habíamos definido anteriormente. Pero... ¿qué significa esta serie y por qué nos interesa a los electrónicos? Encontrar el desarrollo en serie de Fourier de una señal periódica nos permite **desglosar la señal** y poder ver qué le aporta cada frecuencia a nuestra función. Por ejemplo, antes dijimos que la función x(t)=cos(2*π*t) tiene una frecuencia de 1 Hz. Si hallamos su desarrollo en serie de Fourier, veremos que tiene solo un término, es decir, el armónico correspondiente a la frecuencia de 1 Hz tiene un coeficiente de valor no nulo. El resto de los coeficientes (incluido el valor medio) son cero.

AL REPRESENTAR LA FUNCIÓN CON MÁS ARMÓNICOS, NOS ACERCAREMOS A LA FUNCIÓN ORIGINAL

Si analizamos el desarrollo en serie de Fourier de una onda cuadrada vemos que estará compuesta por infinitos términos o, dicho de otra manera, infinitos componentes armónicos.

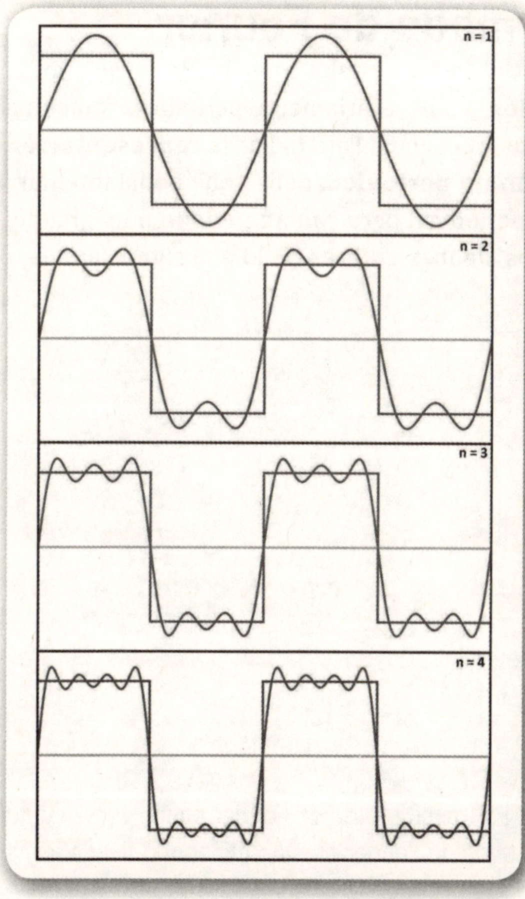

Figura 5. Al aumentar el número de armónicos (n), la serie se acerca progresivamente a la función por representar.

De esta forma, podemos describir cualquier función periódica como una suma de funciones sinusoidales en las que cada una le da un aporte en frecuencia. Cuanto más "parecida" es una función a una trigonométrica (coseno o seno) o, dicho de otra manera, cuanto más "suave" es la señal, serán necesarios menos componentes armónicos para representarla. En cambio, si la señal varía más rápido en el tiempo, tiene picos, es menos suave o más "cuadrada", serán necesarios más componentes armónicos para describirla.

Todo lo observado hasta ahora nos permite analizar los distintos componentes armónicos de las señales periódicas; en lo siguiente, examinaremos qué sucede con las señales **no periódicas**.

Transformada de Fourier

En sus análisis, Fourier estaba convencido de que podía representar cualquier función, no necesariamente periódica, como una suma infinita de senos y cosenos. Para hallar la **representación en serie de una función no periódica**, pensó que podía intentar ver la señal como si fuese periódica, pero con un periodo muy grande, tendiendo a infinito. Veamos algunas graficas de lo que significaría esto:

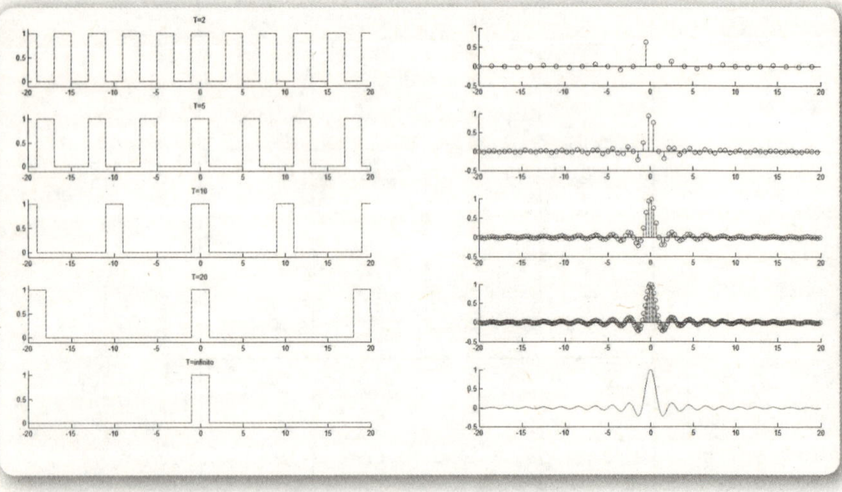

Figura 6. La transformada de Fourier puede verse como el límite de la serie de Fourier cuando el período tiende a infinito.

A medida que el período de la señal se vuelve más grande, los coeficientes de Fourier se juntan y los armónicos pasan a estar cada vez más cerca. En el límite, cuando T=infinito, la gráfica de los coeficientes de la serie de Fourier se hace continua, y la serie se transforma en una **integral**:

ANCHO DE BANDA

Si el espectro de una señal es de banda limitada (la transformada de Fourier tiene valores distintos de 0 para f<f0, pero es nula para |f|>f0), tendrá un ancho de banda (**bandwidth**) de f0. En general, las funciones tendrán información de todas las frecuencias aunque puede requerirse filtrarlas y quitarles esa parte del espectro que no sea útil.

$$F\{x(t)\} = \int_{-\infty}^{\infty} x(t)e^{-j2\pi ft}dt$$

Analizar el espectro de una señal es ver su **transformada de Fourier**. Ella nos da la información de los distintos componentes armónicos que integran la señal. La transformada de Fourier es muy útil en matemática, y trabajar en el **dominio de la frecuencia** puede resultar muchas veces más simple que realizarlo en el dominio del tiempo.

Características de la voz humana

Nuestro oído tiene la capacidad de escuchar frecuencias que varían entre los 16 a 20 Hz y los 16 a 20 kHz (según la sensibilidad del oído de cada persona), mientras que el rango al vocalizar es entre 82 y 1056 Hz.

Cuando analizamos la voz en el dominio de la frecuencia, entra en juego la llamada **frecuencia fundamental**, que brinda la información correspondiente a la velocidad de vibración de las cuerdas vocales mientras estas producen sonido. Ahora, cuando hablamos del espectro completo, que sería nuestro timbre de voz, nos encontramos con una gran cantidad de armónicos (más de 35) que, si bien la mayor parte se encuentra cerca de la frecuencia fundamental, pueden tener componentes de hasta 5 kHz.

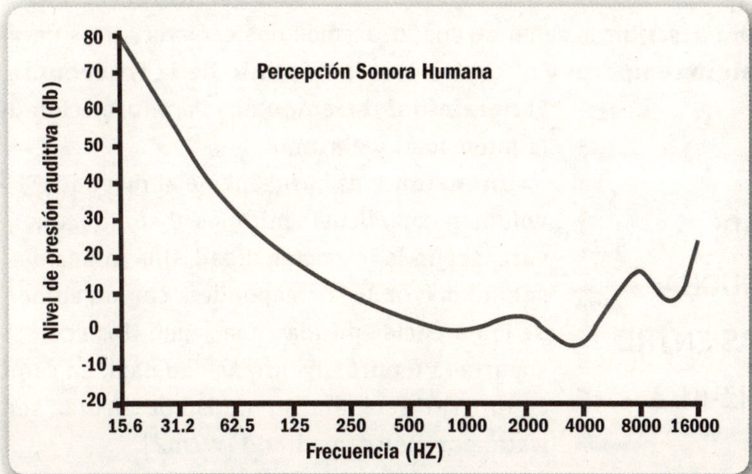

Figura 7. La sensibilidad del oído varía según la frecuencia: es más alta en el rango medios-agudos (1-5 kHz) y más baja en el límite inferior.

Los animales poseen capacidades de audición distintas a las de los humanos: un perro, puede escuchar frecuencias de hasta 60 kHz.

Si bien el espectro de la señal de voz puede contener componentes armónicos de más alta frecuencia, los valores más altos estarán concentrados en las frecuencias fundamentales, ubicadas por debajo de 1 kHz.

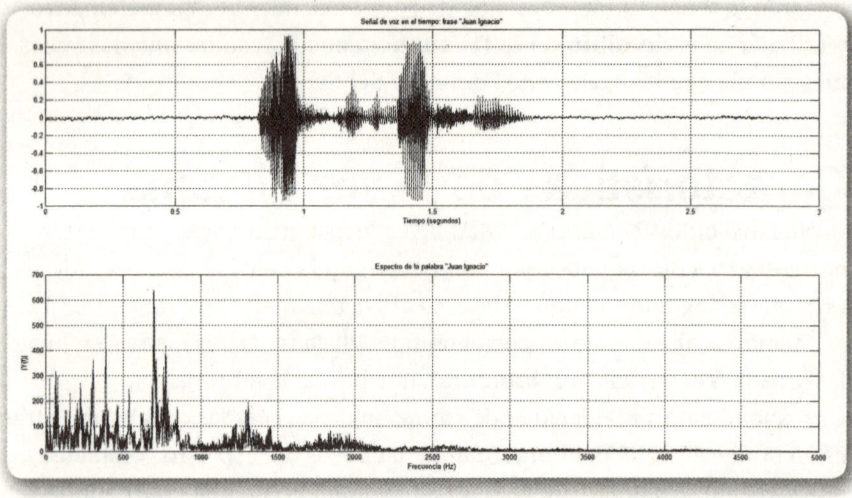

Figura 8. Análisis en el dominio del tiempo y la frecuencia de la frase "Juan Ignacio", realizada con una herramienta de software matemático (MatLab).

Para describir la señal de voz, usaremos dos características para el **dominio temporal** y otras dos para el **dominio de la frecuencia**.

El **dominio del tiempo** nos da información de la intensidad y el ritmo:

> SEGÚN SU SENSIBILIDAD, UN OÍDO ESCUCHA FRECUENCIAS ENTRE LOS 16 Y 20 HZ-KHZ

Intensidad: es básicamente el nivel de volumen con el cual emitimos el sonido, que varía según la intencionalidad. Una intensidad de sonido mayor se corresponderá con un aumento de la potencia emitida en la señal. Una voz susurrada tendrá una intensidad baja; en cambio, en un grito será alta. Su unidad de medida son los watts por metro cuadrado [w/m2].

Ritmo: se mide en número de palabras por emisión de voz. Normalmente es de dos palabras por segundo, pero depende de nuestro énfasis al hablar. Un ritmo con muchas palabras emitidas por segundo es rápido y enérgico. Un ritmo más lento puede significar aburrimiento. En el **dominio de la frecuencia**, encontramos las características más interesantes dadas por el tono y el timbre.

GAMA DE FRECUENCIAS DE LA VOZ HUMANA

VOZ	EXTENSIÓN (HZ)
Soprano	247-1056
Mezzosoprano	220-900
Contralto	176-840
Tenor	132-528
Barítono	11-440
Bajo	82-396

Tabla 1. Gama de frecuencias fundamentales de la voz humana y sus distintas extensiones.

Tono: es la frecuencia fundamental o pitch que tendrá la señal de voz. Utilizamos la entonación como un parámetro más en la comunicación. Una misma frase tendrá distintos significados según cómo la modulemos y, debido a esto, muchas veces en las largas conversaciones en chats o medios escritos se presentan malas interpretaciones (ya que, hoy por hoy, no hay manera de incluir esta información).

Timbre: son los componentes armónicos que acompañan al tono. Un mismo tono de frecuencia emitido por un piano, es distinto al de una guitarra, dado que, si bien tienen componentes fundamentales iguales, cambian sus componentes armónicos de mayor frecuencia. En la voz humana se pueden distinguir hasta 35 armónicos diferentes.

Usos y aplicaciones del proyecto

Con un modificador de voz, como su nombre lo indica, podemos añadirle efectos a nuestra voz. Su utilidad está limitada por la creatividad del usuario, ya que permite diversas aplicaciones.

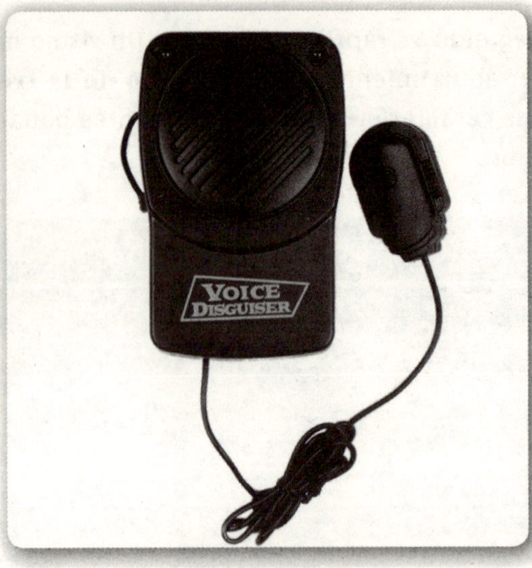

Figura 9. Un diseño típico de uso general, donde podemos observar un micrófono tipo handy y el parlante por donde va a salir nuestra voz modificada.

Comúnmente, se utiliza para llamadas VoIP embebidas en juegos online, chats o llamadas convencionales, ya sea utilizando Skype o Ventrilo. Para estos usos, existen implementaciones por software que logran efectos similares. Entonces, ¿qué nos ofrece de distinto este circuito que amerite su construcción? Básicamente, todo lo que no podemos hacer fuera de nuestra computadora.

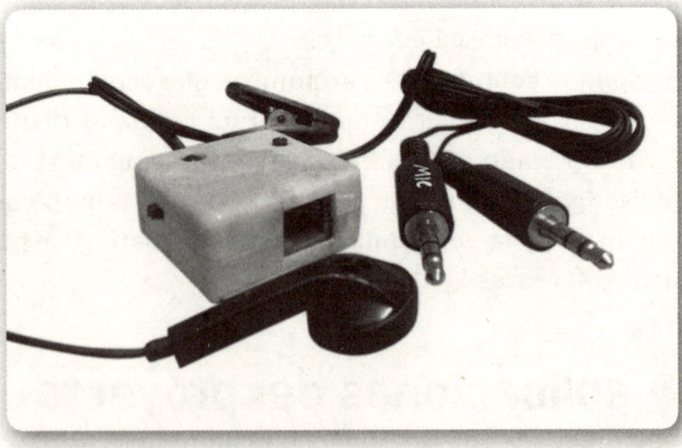

Figura 10. Este producto ya está enfocado a un uso puntual, aunque el circuito sea igual a los demás. Está pensado para un teléfono móvil o fijo.

Continuando con las llamadas, podemos utilizar este sistema para modificar nuestra voz en una llamada con un teléfono fijo o móvil. También se puede usar para añadirle fácilmente efectos a nuestra voz cuando cantamos en una banda, logrando un estilo similar a los postprocesos de voz que usan bandas como Skrillex. Si entre los lectores se encuentra un DJ, podría usar este circuito para modular su voz, conectándolo directamente a la consola. También podemos encontrarle uso en el teatro a la hora de narrar una obra con voz en off.

Figura 11. Otro caso de uso puntual de nuestro circuito: un megáfono con la particularidad de que puede emitir la voz con las modificaciones que se le configuren.

Un último uso común que vale mencionar es en **cosplay**. Estos circuitos suelen integrarse en los disfraces para imitar la voz del personaje que está siendo interpretado.

Figura 12. Un ejemplo de cómo es utilizado este circuito en cosplay. Aunque no esté visible, el dispositivo se encuentra dentro del casco y va a modificar la voz cuando lo tengamos puesto.

Presentación del circuito

El circuito que vamos a realizar tiene como componente principal un integrado HT8950 desarrollado por la empresa taiwanesa **Holtek**, diseñado específicamente para esta aplicación (fines educativos, juguetes, mezcladoras, grabadoras de sonido o cualquier sistema de audio en general).

TANTO EL HT8950 COMO EL HT8950A SIRVEN PARA ESTE PROYECTO, PERO CON AJUSTES

Existen dos versiones de este mismo integrado, la versión HT8950 y la HT8950A, que si bien cumplen la misma función, tienen una disposición de pines totalmente diferente. La primera versión (HT8950) cuenta con 18 pines, mientras que la otra tiene en total 16 pines. Más adelante en este capítulo daremos una descripción más detallada de la función de cada terminal.

Si en el local de venta de componentes electrónicos donde irán a comprarlo tienen las dos versiones, recomendamos elegir el HT8950, ya que es un poco más completo y será en la versión que nos basaremos para explicar el funcionamiento.

De todas formas, en las siguientes dos imágenes colocamos ambos esquemáticos del circuito por realizar para las versiones HT8950 y HT8950A, respectivamente:

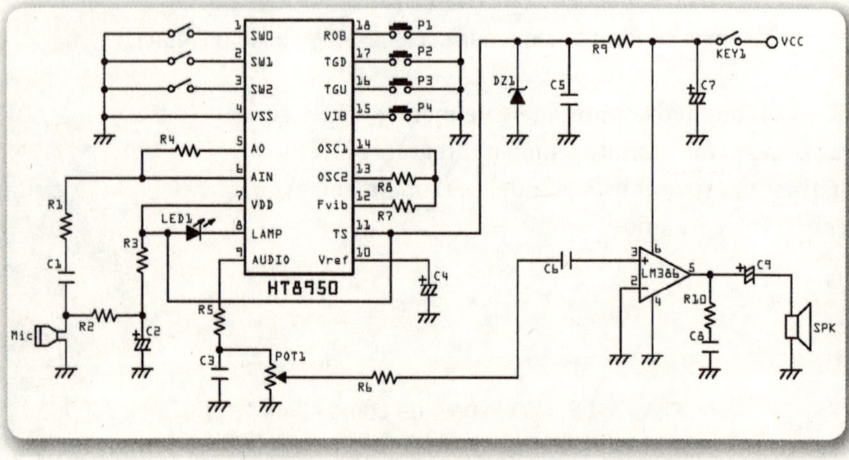

Figura 13. Diagrama esquemático del circuito modificador de voz por implementar con el integrado **HT8950**.

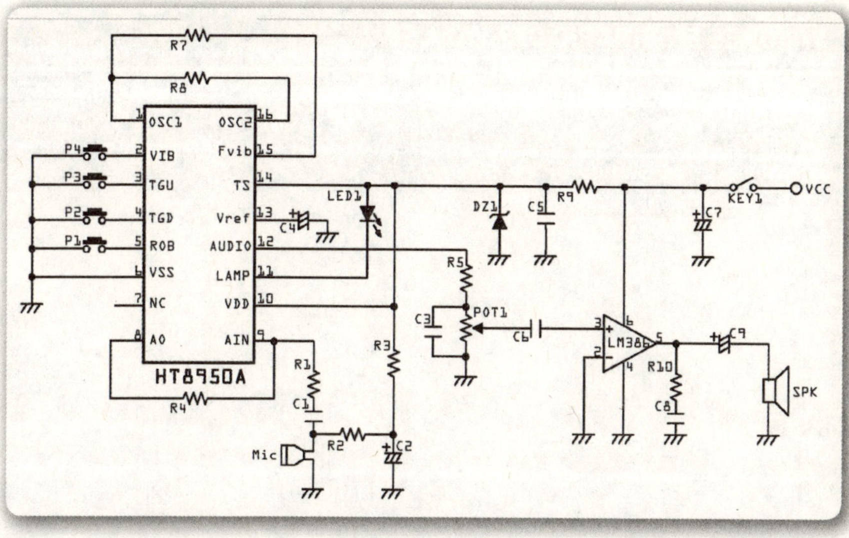

Figura 14. Alternativa del esquemático del circuito modificador de voz implementando el integrado **HT8950A**.

Se puede identificar claramente en la imagen que la señal de audio se incorpora por el micrófono MIC y sale por un parlante, que en el diagrama figura como SPK (de **speaker**).

El HT8950 brinda, a través del pin LAMP, la posibilidad de ver cambios del nivel de brillo de un LED con distintas intensidades de la señal de voz de entrada.

La diferencia principal entre las dos versiones del integrado es que la versión más completa, el HT8950, tiene la posibilidad de establecer digitalmente las frecuencias de voz con unas puertas lógicas, identificadas en el esquema como SW0, SW1 y SW2. Estas representan, en conjunto, un código binario de 3 bits y, a través de las distintas combinaciones, se logra controlar el integrado. Si quisiéramos, por ejemplo, utilizar un **Arduino** para configurar nuestro integrado por software, tendremos que conectar 3 pines digitales a sus correspondientes SWs (recordemos que el Arduino se maneja con 5 V y, como podemos ver en la hoja de datos del HT8950, no debemos superar la tensión VDD+0.3 V, por lo que en este caso deberíamos adaptarlo).

EL HT8950 ESTÁ PREPARADO PARA INTERACTUAR DIRECTAMENTE CON NUESTRO ARDUINO

VALORES EN BINARIO DE SW0 A SW2

ENTRADA			MODO DE SALTO	RAZÓN VELOCIDAD
SW0	SW1	SW2		
1	1	1	Controlado por TGU y TDG	Notas
1	1	0	UP3	2
1	0	1	UP2	8/5
1	0	0	UP1	4/3
0	1	1	Normal	1
0	1	0	DN1	8/9
0	0	1	DN2	4/5
0	0	0	DN3	2/3

Tabla 2. Esta es la tabla de valores en binario de SW0 a SW2 y sus correspondencias funcionales en el **HT8950**.

Cuando SW0, SW1 y SW2 están sin utilizar (en 1 lógico), o si utilizamos el HT8950A, los tonos se determinan con los pulsadores **P1** a **P4**, configurando la salida distorsionada de la siguiente forma:

Presionando **P1**, se activa el efecto **Robot**.

Cuando se presiona **P2**, se baja un tono en frecuencia haciendo que la voz sea más grave.

Cuando se presiona **P3**, se sube un tono en frecuencia haciendo que la voz sea más aguda.

Presionando **P4**, se activa el efecto **Vibrato**.

UTILIZAR ARDUINO

Una vez adaptados los valores de tensión de las salidas de nuestro Arduino (para no dañar el **HT8950**), se pueden reemplazar los números del pin por un nombre relacionado con su función (**SWx**, en este caso) para no tener que recordar qué representa cada número. También la función **UP2**, que equivale a presionar dos veces el botón **TGU (P3)**, puede ser rebautizada y ejecutada a gusto.

La secuencia seguida cada vez que presionamos los botones para subir o bajar tonos es siempre cíclica, como se muestra en la imagen.

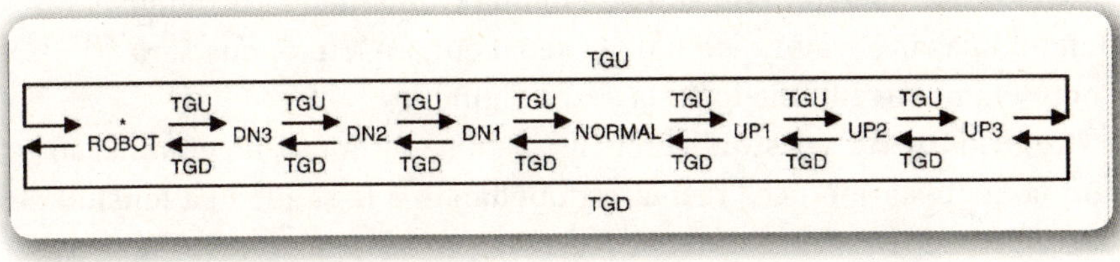

Figura 15. Vemos bien explicado el ciclo a través del cual nos desplazamos cuando pulsamos los botones para subir (P3) o bajar (P2) el tono.

Si solo conseguimos el HT8950A, no hay inconvenientes; este integrado cuenta con todo lo necesario para el proyecto. Solo tendremos que prestar atención al momento de adaptar el circuito, ya que presenta una disposición de pines diferente.

Puede ser que en algunas ocasiones se requiera el uso de la red de alimentación domiciliaria de **220 V**. En esos casos, puede usarse el siguiente circuito para obtener 6 V de corriente continua desde los 220 V de corriente alterna.

Si bien la idea es utilizar el circuito de manera inalámbrica, puede ser que en ocasiones no estén disponibles las pilas o se requiera un uso intensivo y no resulte adecuada la portabilidad. En esos momentos, adaptarlo para funcionar con 220 V de línea puede ser una solución muy eficiente.

Las etapas de la fuente de alimentación son:

Transformador: se encarga de "transformar" la tensión de línea de 220 V eficaces a 9 V eficaces, siempre en corriente alterna.

ALIMENTACIÓN DEL CIRCUITO

Este circuito está pensado para ser alimentado con cuatro pilas AA, que darán los 6 V necesarios para energizarlo. Puede ser necesario utilizar directamente una batería de 9 V; en ese caso, habrá que anteponer al circuito un circuito integrado regulador de tensión **LM7806**, que se encargará de derivar por su pata intermedia la corriente excedente con tal de mantener los 6 V a su salida.

Rectificador: el puente de diodos rectifica la salida del transformador, logrando una salida que no varía entre un valor positivo y otro negativo, sino que es siempre mayor a cero.

Filtro: el capacitor en paralelo elimina componentes armónicos dejando pasar el valor medio de la señal con un "riple" que será completamente eliminado en la etapa siguiente.

Regulador de tensión: con el LM7806 se terminan de eliminar los componentes armónicos restantes, quedando a la salida una tensión de 6 V prácticamente constante.

Si bien no es necesaria una preamplificación de la señal obtenida del micrófono, ya que internamente el integrado la realiza, a la salida del HT8950 se necesitará una etapa de **amplificación** para poder escuchar la voz distorsionada en el parlante. El componente utilizado para esta etapa es un circuito integrado LM386, que es muy utilizado ya que tiene muy buenas prestaciones con un **bajo costo**. Al poder ser alimentado con una tensión entre 4 y 12 V, es perfecto para esta aplicación.

Aunque este integrado es fácil de conseguir, para cuando no sea posible puede usarse el siguiente esquema solo con transistores, funcionando como amplificadores clase A-B.

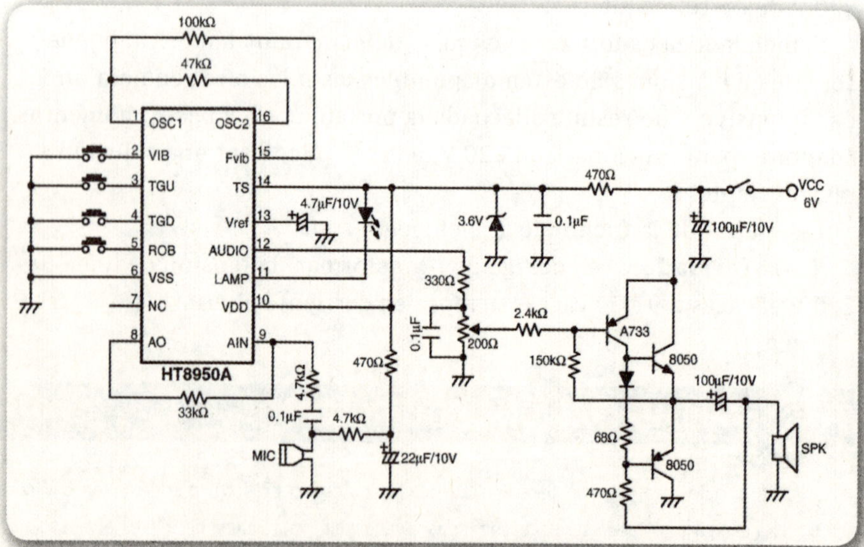

Figura 16. Esquema de ganancia de tensión con transistores, sin el **LM386**, donde la etapa de ganancia de tensión se realiza con amplificadores A-B.

Materiales necesarios

A continuación, damos una lista de los materiales y componentes necesarios para armar el circuito, junto con una descripción de cada uno.

Resistores

R1=R2=R8= 4.7 kΩ

R3=R9= 470 Ω

R4= 33 kΩ

R5= 330 Ω

R6= 2.2 kΩ

R7= 100 kΩ

R10= 10 Ω

Todas las resistencias están ajustadas a valores comerciales. Pueden tener un 10 % de tolerancia sin problemas. Ninguna resistencia deberá soportar una cantidad muy grande de corriente, por lo tanto, pueden ser utilizadas las convencionales de ¼ W.

Potenciómetro

POT1= 1 kΩ

Un potenciómetro es un resistor de tres terminales que nos permite variar la resistencia resultante entre el terminal común (que sería el del medio) y los otros terminales. Lo vamos a utilizar para regular el volumen de la salida, implementando fácilmente un divisor de tensión ajustable y limitando la intensidad a la entrada del LM386.

Capacitores cerámicos

C1=C3=C5=C6= 0.1 μF

C8= 47 nF

Estos capacitores carecen de polaridad, por lo que pueden conectarse en ambos sentidos. Principalmente, los usamos para filtrar ruido o señales no deseadas, externas a nuestro circuito. Para leer los capacitores de cerámico, estos se especifican con un número de tres cifras: las primeras dos son un número significativo y el tercer dígito, el multiplicador. La unidad de medida es el pF. Por ejemplo, si el número es 104, esto equivale a 10x10^4 pF o, lo que es equivalente, 0.1 μF.

EL CIRCUITO PERMITE HACER MODIFICACIONES EN LA ETAPA DE AMPLIFICACIÓN

Capacitores electrolíticos (polares)

C2= 22µF/10V

C4= 4.7µF/10V

C7= 100µF/10V

C9= 220µF/10V

En este tipo de capacitores, el valor viene directamente impreso en el borde del capacitor. Recordemos que los **capacitores electrolíticos** tienen **polaridad**, la cual se halla indicada con una franja (-) que señala la pata negativa. Conectarlo de manera incorrecta provocaría su ruptura; también pueden despedir gases tóxicos y malolientes (esto aplica a capacitores de mayor capacidad). Para especificarlos, siempre vienen acompañados de una tensión, que es la máxima aceptable. Como usaremos una alimentación de alrededor de 6 V, los que vienen de hasta 10 V serán los elegidos.

UN ERROR ES NO CONTROLAR LAS POLARIDADES EN LOS CAPACITORES ELECTROLÍTICOS

Diodos LED

Del color que guste, siempre y cuando sea de tipo indicador, ya que un LED de alta luminosidad necesita mayor potencia de la que el integrado le va a proporcionar. Además, sería un despropósito ya que solo se usará para indicar la intensidad de señal de voz entrante.

Los diodos LED tienen una polaridad establecida, y atravesarlos con una corriente en sentido contrario provocaría que se rompan y no iluminen más. Para identificar cuál es el terminal positivo y cuál es el negativo, se puede proceder de dos maneras:

Si el LED es nuevo, siempre el terminal más corto es el negativo.

En caso de que se hayan cortado los terminales y no se pueda distinguir el terminal negativo por su extensión, se puede observar "desde arriba" al LED y ver que el lado del cual sale la pata negativa está como cortado; esto indica la pata negativa o cátodo.

Diodo Zener

Cualquier diodo normal responde al estar polarizado en directa (es decir, la tensión en el ánodo mayor que en el cátodo) a una curva exponencial que, a fines prácticos, se aproxima con un valor fijo llamado $V\gamma$ de 0,6 a 0,7 V. Si a este diodo se le aplica una tensión inversa, es decir, una tensión mayor en el cátodo que en el ánodo, se considera que la corriente que circula es prácticamente nula.

Esto es correcto siempre que no se supere cierta tensión máxima inversa VK. En caso de superarse, se rompe esta barrera de potencial y, por efecto avalancha, comienza a circular cada vez más corriente hasta que el diodo se destruye. El diodo Zener es un diodo de cromo creado para funcionar en esta zona de ruptura, aprovechando el efecto avalancha. Recibe este nombre por su inventor, el Dr. Clarence Melvin Zener. Constitye la parte esencial de los reguladores de tensión casi constantes con independencia de grandes variaciones de la tensión, de la resistencia de carga y temperatura.

UN LED DE ALTA LUMINOSIDAD REQUIERE MAYOR POTENCIA QUE LA QUE BRINDA EL INTEGRADO

En nuestro circuito, utilizaremos un diodo Zener DZ1=3.6 V. A partir de la tensión Vzk, comienza a producirse el efecto avalancha y la corriente empieza a aumentar casi sin variar la tensión; por eso, usamos el diodo Zener como regulador de tensión a Vz=3,6 V.

Micrófono de electret (MIC)

Los **micrófonos de electret** son una variante de los micrófonos de capacitor, tienen dos placas paralelas separadas por un material aislante; una de ellas es fija y la otra varía según el sonido.

Esta posibilidad de variar la carga estática almacenada entre las placas paralelas es lo que genera los cambios en la tensión y produce la señal de audio. Las placas paralelas vienen polarizadas de fábrica por lo que no se requiere energía adicional para eso, aunque sí se necesita que circule una corriente para su funcionamiento. El micrófono es el mismo que utilizamos para nuestro **transmisor FM** (ver capítulo en la web), en caso de querer acoplar los dispositivos para que trabajen juntos, no necesitamos uno adicional.

Parlante (SPK)

Un parlante común de 8 Ω y 1 W funciona sin problemas, aunque podemos usar cualquiera que dispongamos de tamaño pequeño (el LM no podría mover un triaxial de 80 Wrms). Tampoco se necesita que reproduzca todas las frecuencias que escucha el oído humano, ya que la señal de voz ronda entre los 100 Hz y los 4 kHz.

Circuitos integrados

HT8950 (voice modulator)

Si bien más adelante se detalla su funcionamiento, en esta sección hablaremos de detalles físicos y técnicos. Se puede obtener la siguiente información de la hoja del fabricante:

La tensión de alimentación debe ser típicamente de 3 V, con un rango mínimo de 2.4 V y un máximo de 4 V. Estos son los valores recomendados para su correcto funcionamiento. Además, se aclara que una tensión mayor a 6 V en el pin VDD provocaría un daño irreversible en el componente.

La temperatura de funcionamiento debe estar entre los -20 ºC y los 70 ºC. Dentro de estos rangos, el integrado funcionará sin problemas, pero la exposición del dispositivo en tiempos prolongados fuera de este rango térmico provocaría, en primer lugar, el mal funcionamiento y, si se excede aún más, la ruptura total del integrado.

Para detectar un "1 lógico" (V "High"), necesita como mínimo un 70 % de la tensión provista en VDD. Para detectar un "0 lógico" (o V "Low"), necesita una tensión menor a un 30 % de VDD.

En la imagen, podemos observar cómo se ve físicamente, cómo leer su patillaje y qué debemos conectar en cada uno de los pines.

Figura 17. La numeración de los pines se realiza a partir del primero, a la izquierda de la muesca, en el extremo izquierdo del integrado.

Zócalos integrados

Zócalo de 16 pines en caso de tener el HT8950A.
Zócalo de 18 pines en caso de tener el HT8950.
Zócalo de 8 pines para el LM386.

LM386 (*Low Voltage Audio Power Amplifier*)

Con una función más básica pero no menos importante para lograr nuestro cometido, necesitaremos ahora a un **amplificador** muy utilizado por su eficiencia y bajo costo, que nos va a permitir escuchar las modificaciones de voz. Presentamos cómo deben leerse sus pines y que función cumple cada uno de ellos.

EL HT8950 PUEDE NO SER TAN FÁCIL DE CONSEGUIR EN UNA CIUDAD PEQUEÑA

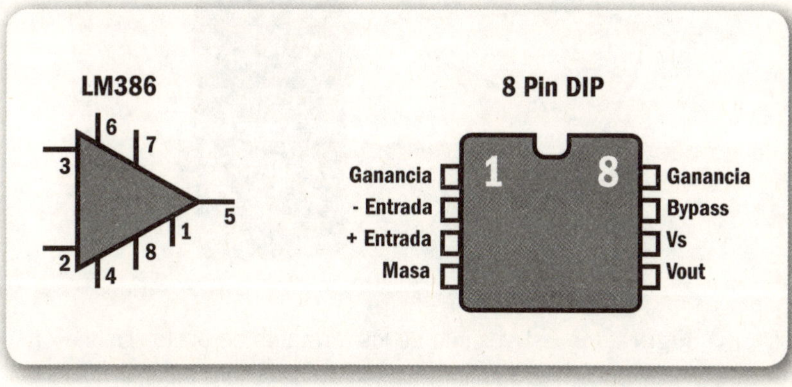

Figura 18. Detalle del patillaje y su analogía con el símbolo que lo representa en el esquemático, agregando, además, la función de cada uno.

En cuanto a las consideraciones eléctricas, podemos decir lo siguiente:

Existen distintas versiones que varían principalmente en su potencia de salida y, por ende, en su tensión de alimentación. Para esta aplicación, las versiones que más se adecuan a nuestro proyecto son las que tienen una tensión de alimentación entre 4 y 12 V, con una potencia de salida entre 250 y 500 mW.

El rango de temperaturas al cual funciona sin problemas es entre 0 ºC y 70 ºC, muy amplio, al igual que el HT8950.

Soporta un máximo de más/menos 0.4 V de tensión de audio para amplificar.

La PSRR (relación de rechazo a la fuente de alimentación) es de -50 dB. Esto mide la capacidad del dispositivo de rechazar el ruido o riple de la fuente de alimentación. En este caso, -50 dB significa que atenuaría 100.000 veces esta variación.

Portapilas de cuatro unidades y cuatro pilas AA

El portapilas es una estructura con contactos que nos permite colocar las cuatro pilas y que, además de quedar fijadas, queden conectadas en serie, entregándonos los 6 V que necesitamos mediante un cable positivo y su negativo.

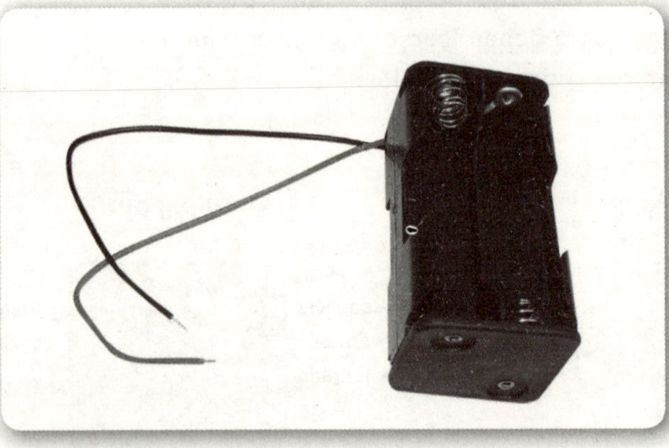

Figura 19. Este es uno de los formatos de portapilas que podemos adquirir en caso de no tener ninguno. Vienen con distintas alineaciones pero igual función.

Interruptores y pulsadores

KEY1

Utilizaremos este switch como ON/OFF, es decir, para prender o apagar el circuito entero. El formato queda a elección del lector, cualquiera es válido.

Cable adicional o jack (opcionales)

Se recomienda, en lugar de soldar el micrófono directamente al circuito impreso, soldar unos cables para utilizar la entrada de voz de forma más cómoda.

También se puede usar un conector jack hembra de 3,5 mm y dejar el circuito listo para conectar un micrófono externo como, por ejemplo, los típicos que utilizamos en la PC o el de un **headset**. También es posible conectar un jack hembra plug de 3,5 mm para la salida, en lugar de soldar los cables del parlante.

P1, P2, P3 y P4

Nos permitirán manejar las variaciones del integrado sobre la voz original.

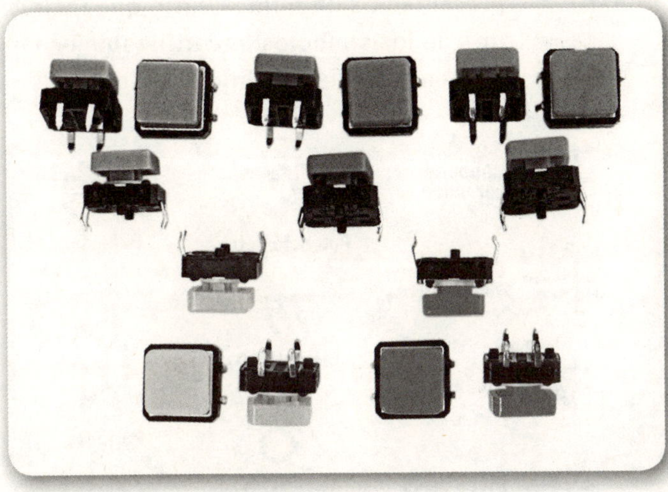

Figura 20. Con estos pulsadores construiremos la botonera para el control manual del modificador de voz (**TGU**, **TGD**, **VIB** y **ROBOT**).

Simbología de los componentes

Para comprender un **esquemático** (y, en particular, el que presentamos en este proyecto), necesitamos descifrar la información

USO DE ZÓCALOS

Se debe tener mucho cuidado al momento de soldar los integrados, ya que no deben ser expuestos a demasiada temperatura. Para solucionar esto, es conveniente el uso de zócalos. De esta manera, tenemos más libertad al soldar, ya que el zócalo es ahora el que va soldado a la placa y el que recibe la temperatura del soldador. Sus ventajas no terminan ahí, ya que en caso de que alguno de los integrados se dañe, podremos reemplazarlo por otro fácilmente sin tener que recurrir al soldador.

> EL TRANSDUCTOR ELECTROACÚSTICO MIC TRANSFORMA EL SONIDO DE LA VOZ EN SEÑAL DE TENSIÓN

que viene representada en forma de símbolos. Esto es vital para su correcta interpretación, y se le debe prestar especial atención debido a que a veces las diferencias "gráficas" son más bien sutiles, pero representan físicamente distintos componentes con diferentes características y funciones. Para garantizar esto, presentamos un miniglosario que incluye cada uno de los símbolos que utilizamos en el esquemático del modificador de voz.

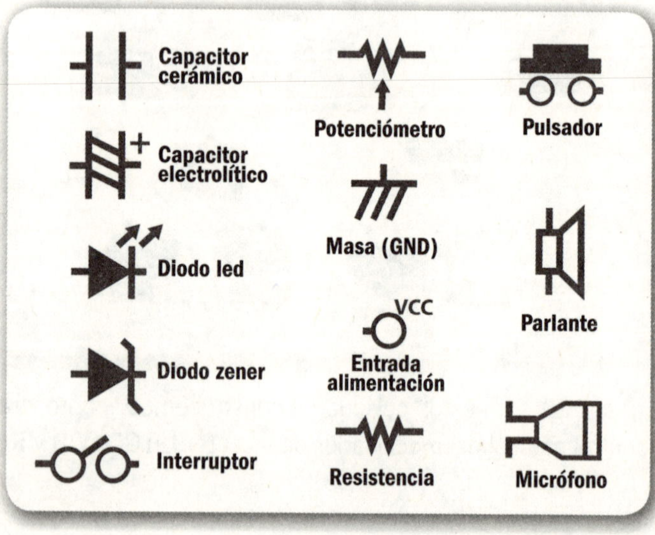

Figura 21. El glosario de los símbolos y sus correspondientes significados, que veremos en el esquemático del circuito.

Funcionamiento del circuito

Un análisis por etapas nos ayudará a entender cómo funciona el circuito. Para hacerlo, podemos diferenciar las siguientes etapas:

Entrada de audio a través del **micrófono** de electret.
Procesamiento de la señal a través del **HT8950**.
Amplificación del audio procesado con el **LM386**.
Salida de la voz distorsionada en el **parlante**.

Entrada de audio

El transductor electroacústico MIC que se observa en el diagrama esquemático es el encargado de transformar el sonido de la persona que habla en una señal de tensión. Para su funcionamiento, es necesario darle energía; por eso, se colocan las resistencias R2 y R3, junto con el capacitor C2 que filtra ruido proveniente de la fuente de alimentación. La señal de voz generada por el micrófono entra al pin AIN del integrado HT8950, pasando por el capacitor C1 y la resistencia R1. El capacitor C1 filtra el valor medio, y la R1 establece, junto con la resistencia de realimentación R4, la ganancia del preamplificador interno del circuito integrado.

Procesamiento de la señal

Para entender cómo se distorsiona la voz, se debe comprender cómo funciona por dentro el HT8950. En la siguiente figura, tenemos una mirada al interior de este chip:

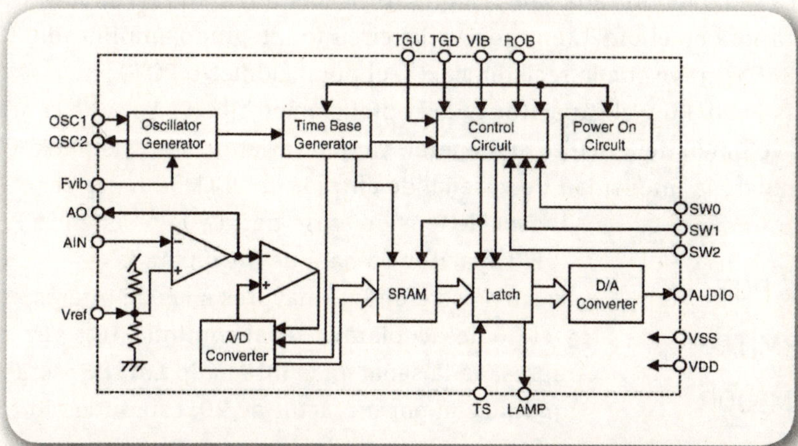

Figura 22. Diagrama de bloques interno del **HT8950**. De esta manera, podemos comprender mejor el funcionamiento que lleva a cabo.

Al entrar la señal de voz, se preamplifica por el valor dado por el cociente entre R4 y R1, que rondará los 7,02. Luego, un **conversor analógico-digital** de 8 bits muestreará la señal a una tasa de 8 kHz. Si bien la voz humana puede llegar a tener componentes armónicos de hasta 5 kHz, los armónicos fundamentales no superan los 1000 Hz;

por lo tanto, esta tasa de muestreo será más que suficiente.
La resistencia R8 con un valor de 47 kΩ fijará una frecuencia del **oscilador interno** a 512 kHz, que será usada para el generador de base tiempo, para realizar el muestreo y la reconstrucción de la señal.

La frecuencia del vibrato se puede cambiar con la resistencia R7=100 kΩ. Aunque, en principio, la colocamos fija, podríamos utilizar un potenciómetro que nos permita ajustarla luego. Las muestras digitales se guardan en una celda de **memoria RAM estática**, para después enviarlas a un registro (**latch**) cuando lo solicite la **unidad de control**. Desde este registro, se transfieren a un **conversor digital-analógico** para reconstruir la señal de audio en su forma original modificada o con su espectro desplazado, según lo determine la unidad de control. En definitiva, cuando el usuario presione los pulsadores TGU, TGD, VIB o ROB, la señal de audio estará disponible en el pin AUDIO.

Amplificación de la señal

La señal modificada sale del pin AUDIO del integrado HT8950 y se incorpora en el pin 3 (entrada +) del circuito integrado amplificador LM386, a través de la resistencia R5, el potenciómetro POT1, la resistencia R6 y el capacitor C6. El potenciómetro POT1 hará de control del volumen del circuito en general, ya que variando su resistencia cambiará la intensidad de la señal de entrada en el LM386, por ser divisor de tensión entre tierra y la resistencia R6.

UN ANÁLISIS POR ETAPAS PERMITE ENTENDER MEJOR CÓMO FUNCIONA EN REALIDAD EL CIRCUITO

El capacitor C3 hará de filtro para las frecuencias grandes, mayores a las de interés, y el C6 desacoplará la señal continua. Una vez ingresada la señal en el integrado **LM386**, será amplificada por un factor de 20. Este integrado cuenta con la posibilidad de cambiar el valor de la ganancia colocando un capacitor en serie con una resistencia (o no) entre los pines 1 y 8.
Para esta aplicación no es necesario una ganancia mayor; si se desea, se puede consultar la hoja de datos de este integrado para obtener más información. Este circuito integrado toma la alimentación directamente de los 6 V proporcionados por las pilas y brinda una **potencia de salida** con esta tensión de alimentación de aproximadamente **300 mW**.

Salida de la señal de audio

Un capacitor C9 se encarga de desacoplar la señal de salida para no tener un valor medio en el parlante. Se recomienda que el **parlante** tenga la capacidad de reproducir frecuencias bajas (entre 50 y 700 Hz) y medias (de 700 a 4 kHz) para poder escuchar, de la mejor manera, la voz distorsionada. Puede utilizarse un parlante "convencional" de bajo costo, que no requiera una potencia alta. Podrían usarse, por ejemplo, parlantes para computadoras, que suelen ser de 8 Ω de impedancia y alrededor de 1 W.

ESTE CIRCUITO ESTÁ DISEÑADO PARA FUNCIONAR CON UN PARLANTE DE BAJO COSTO

Si se busca alimentar un circuito de mayor potencia, se puede pensar en agregar luego una nueva etapa de amplificación que logre la potencia necesaria, aunque obviamente se necesitará modificar la fuente de alimentación, ya que con cuatro pilas AA no se puede obtener una potencia muy elevada. Si desde el inicio se sabe que será necesario agregar esta etapa de mayor potencia, elegir desde un principio la fuente de alimentación tomada directamente de la tensión de línea detallada anteriormente puede ser una buena opción.

Alimentación de los integrados

Luego de haber explicado las distintas etapas que atravesará la señal de audio, pasaremos a revisar la parte de alimentación del integrado HT8950 y del amplificador de audio LM386.

Como ya aclaramos antes, se puede alimentar el circuito con cuatro pilas AA, aunque en general puede elegirse cualquier combinación de pilas que den como resultado una tensión entre 5 y 6 V, aproximadamente. El integrado HT8950 necesita para funcionar, como se detalló en las características eléctricas de la lista de materiales, una tensión entre 2.4 y 4 V.

Como la alimentación de nuestro circuito es de alrededor de 6 V, se ha colocado el diodo Zener DZ1 para que en el pin VDD de alimentación del integrado disminuyan 3.6 V. La resistencia R9 se encarga de que, en condiciones de carga mínima del HT8950, se limite la corriente máxima que circula por el Zener para no dañarlo. El capacitor C5 filtra ruidos provenientes de la fuente de alimentación. El integrado LM386 funciona con una tensión en su pin 6 o VS entre 4 y 12 V, que será tomado directamente de las pilas.

En definitiva, no es estrictamente necesario que nuestra combinación de pilas sea de 6 V ni que sean AA, pero sí se recomienda que esté cerca de este valor. Podrían usarse, por ejemplo, cuatro pilas A, AA o AAA, que son todas de 1.5 V, pero de distinta capacidad energética. O bien podrían usarse pilas recargables, que suelen ser de 1.2 V, u otro tipo de pilas o baterías, siempre teniendo en cuenta la suma de la tensión resultante.

> **LA ALIMENTACIÓN DEL CIRCUITO ES FLEXIBLE A LA QUE RESULTE LA ADECUADA**

Montaje del circuito

Para montar el circuito, será necesario prestar particular atención a algunos detalles que describiremos a continuación.

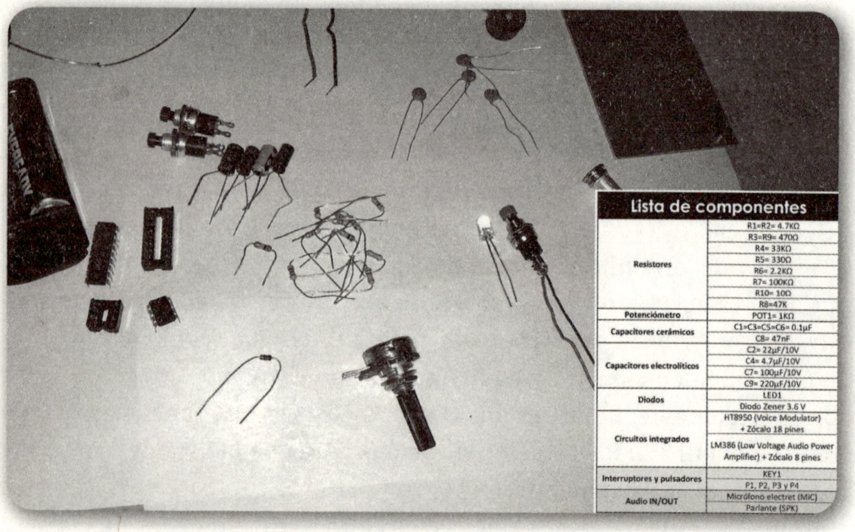

Lista de componentes	
Resistores	R1=R2= 4.7KΩ
	R3=R9= 470Ω
	R4= 33KΩ
	R5= 330Ω
	R6= 2.2KΩ
	R7= 100KΩ
	R10= 10Ω
	R8=47K
Potenciómetro	POT1= 1KΩ
Capacitores cerámicos	C1=C3=C5=C6= 0.1µF
	C8= 47nF
Capacitores electrolíticos	C2= 22µF/10V
	C4= 4.7µF/10V
	C7= 100µF/10V
	C9= 220µF/10V
Diodos	LED1
	Diodo Zener 3.6 V
Circuitos integrados	HT8950 (Voice Modulator) + Zócalo 18 pines
	LM386 (Low Voltage Audio Power Amplifier) + Zócalo 8 pines
Interruptores y pulsadores	KEY1
	P1, P2, P3 y P4
Audio IN/OUT	Micrófono electret (MIC)
	Parlante (SPK)

Figura 23. Lista de materiales y su imagen con la mayoría de los componentes necesarios.

Siempre, antes de armar el circuito impreso, se recomienda probar el circuido diseñado en un **protoboard**, ya que puede ser que algún componente no responda de manera adecuada y necesite ser cambiado, y tal vez ese cambio implique una nueva adaptación del circuito. Esto se complicará si se tiene que hacer con los componentes ya soldados en un circuito impreso. Para usar el protoboard, necesitamos unos cables con punta, muy útiles, que se consiguen en tiendas electrónicas (si son muy caros, en eBay y DealExtreme se venden por un par de dólares). También se puede utilizar un cable de teléfono.

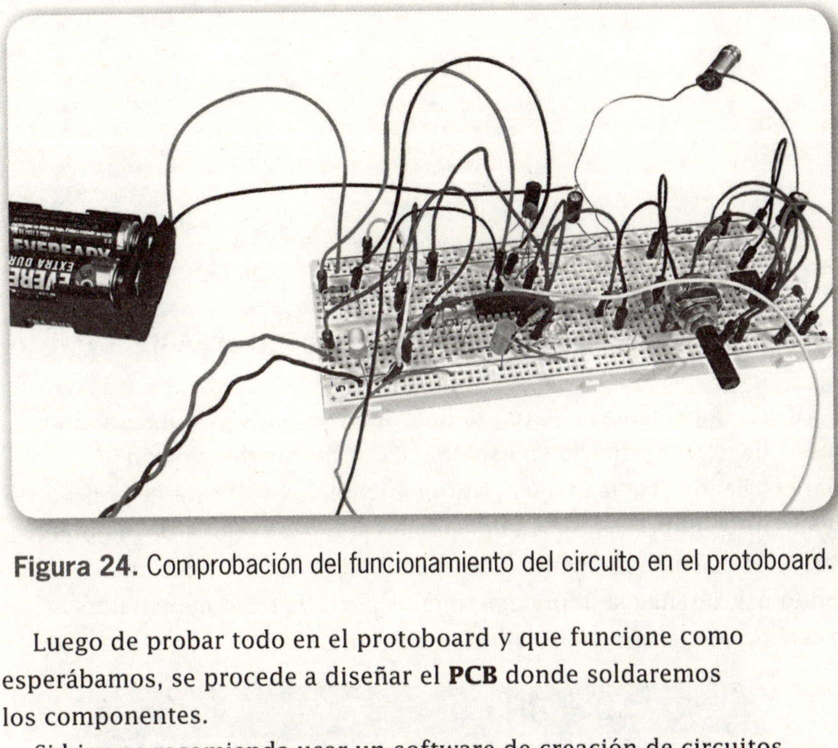

Figura 24. Comprobación del funcionamiento del circuito en el protoboard.

Luego de probar todo en el protoboard y que funcione como esperábamos, se procede a diseñar el **PCB** donde soldaremos los componentes.

Si bien se recomienda usar un software de creación de circuitos, se puede optar por dibujarlo a mano con alguna herramienta de diseño

DISEÑO DEL CIRCUITO IMPRESO

El diseño del PCB (**Printed Circuit Board**) está pensado para realizarse en una sola capa. Se imprime con una impresora láser y luego se lo adhiere a una lámina de cobre virgen con el método del planchado. Son dos los programas más utilizados para diseñar circuitos impresos: **EAGLE** (de **Easily Applicable Graphical Layout Editor**) y **Altium**.

gráfico como Corel, Photoshop o Gimp. Incluso se podría trazar, aunque no se obtendrán muy buenos resultados, con un marcador indeleble sin necesidad de imprimir y planchar.

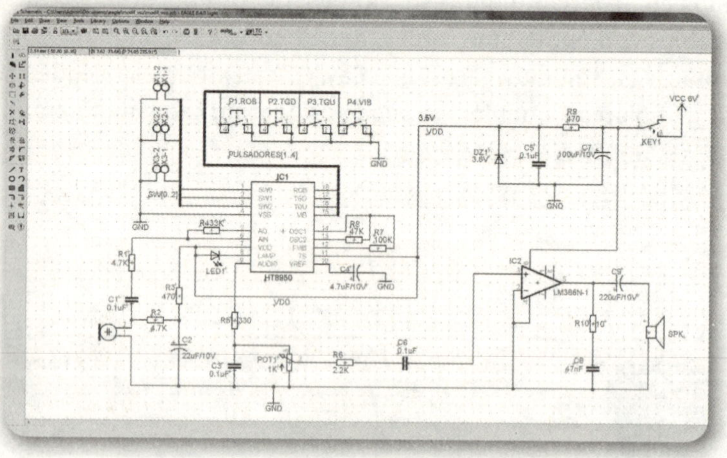

Figura 25. Diagrama esquemático del PCB en **EAGLE**.

Luego, imprimimos el circuito que vamos a transferir. Recordemos que debemos imprimirlo en espejo, ya que al transferirlo con la plancha se invierte la imagen. Normalmente, los software de creación de circuitos impresos tienen en cuenta esto, pero es una buena práctica verificarlo en este momento. Otro detalle de interés es que cuanto más fondo negro tenga la impresión, menos percloruro se necesitará, al tener que atacar menos cantidad de cobre.

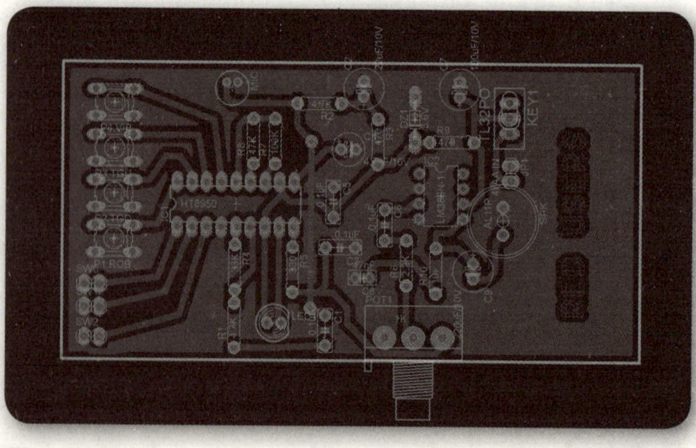

Figura 26. Layout del circuito impreso diseñado en **EAGLE**.

Mientras se calienta la plancha, limpiamos la placa de cobre virgen con una lana de acero para quitar restos de grasa y demás impurezas. Luego se coloca la impresión en la lámina de cobre virgen, se fija con cinta para que no se mueva y se aplica calor con la plancha durante alrededor de 10 minutos. Más tarde, quitamos con agua los restos de papel y sumergimos la lámina en percloruro férrico. Esto produce un ataque químico en las zonas donde no existe nada impreso, y se quita el cobre. Es decir, lo que imprimimos son las zonas de cobre que no van a ser removidas por el cloruro, ya que la tinta impresa hace de "aislante". Luego de un tiempo, retiramos la placa (si se hace a baño María, se acelera el proceso).

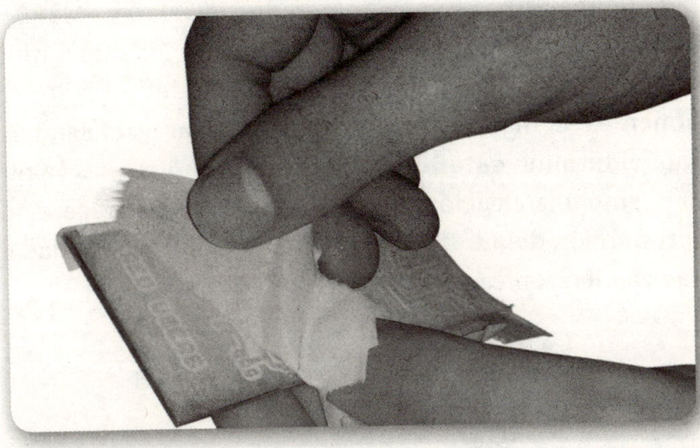

Figura 27. Después de planchar, se debe dejar reposando en agua y luego despegar suavemente el papel. Después, limpiar con agua.

Figura 28. Si es necesario, se deberá rellenar con marcador indeleble donde no haya quedado bien adherido el tóner.

Luego de retirar el percloruro, se prosigue con el agujereado de la placa. Debemos tener en cuenta los diferentes diámetros de los componentes al agujerear.

Una vez lista la placa, se comienza la soldadura de los componentes, donde uniremos estos con los caminos de cobre que creamos en el circuito impreso.

Para este circuito, al no tener la necesidad de soldar componentes de montaje superficiales ni muy sensibles al calor, se puede utilizar un soldador convencional para realizar todas las soldaduras. Los componentes más críticos a la hora de soldar (en los que se debe tener en cuenta la temperatura) son los integrados HT8950 y LM386, pero, como aclaramos antes, si soldamos **zócalos** para los integrados al circuito impreso, evitaremos el contacto directo del soldador con los componentes. El material utilizado para soldar es el estaño. En realidad, el término **estaño** se usa de forma impropia, ya que no es solo estaño, sino una aleación de este metal con plomo, generalmente con una proporción del 60 % y 40 % respectivamente, adecuada para las soldaduras en electrónica.

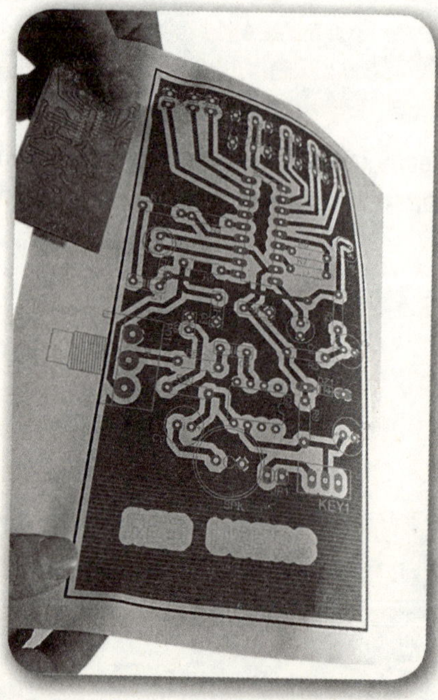

Figura 29. Para ubicar los componentes, se recomienda ayudarse con el PCB diseñado en **EAGLE**.

Antes de soldar, deber verificarse que:

> SI SE ALIMENTA EL CIRCUITO CON UNA FUENTE DE 220 V, DEBEMOS TENER MUCHO CUIDADO

- La punta del soldador esté limpia, frotándola suavemente con una esponja humedecida (la esponja suele venir en el soporte).
- No se debe nunca raspar o limar la punta del soldador con una tijera o cuchillo, ya que se le quitará la capa de plomo que tiene y se acortará su vida útil.
- Las partes por soldar también deben estar limpias y, si es posible, preestañadas. A veces conviene raspar un poco los contactos metálicos de los componentes con un cúter para facilitar la soldadura en casos donde tenga suciedad o restos de aislantes.
- Se recomienda utilizar soldadores de entre 15 y 30 W para los componentes de electrónica. Una mayor potencia podría emitir más calor y dañarlos, si no se utiliza de manera correcta.

Para lograr soldar las dos partes que se van a unir, estas deben adquirir la temperatura adecuada, haciendo contacto con el soldador durante 3 segundos. Se suele comenzar calentando la pista con la punta del soldador y, luego, el contacto del dispositivo con la parte triangular de la punta del soldador. Una vez calientes ambas partes, se agrega el estaño a la pista, evitando tocar el soldador. Después se retira el soldador, sin mover las partes por unir, y se espera un momento a que se enfríe la soldadura. Esto lleva algunos segundos.

Cuando se obtiene la alimentación para un circuito desde los tomacorrientes hogareños, se deben tener los recaudos necesarios, ya que una conexión incorrecta no solo podría dañar los componentes sino producir en nuestro cuerpo descargas nocivas para la salud.

BUENAS SOLDADURAS

Las soldaduras bien hechas no quedan sueltas ni se debe escuchar ruido al mover el componente soldado. Si la soldadura se realizó de manera correcta, debe hundirse y no quedar en relieve alrededor del contacto del dispositivo. Se puede medir la continuidad con un multímetro para corroborar la conexión, aunque esto normalmente no alcanza.

PAP: MONTAJE DEL CIRCUITO

01 Primero, para evitar problemas futuros, pruebe el circuito en un protoboard y, si es necesario, haga las modificaciones pertinentes.

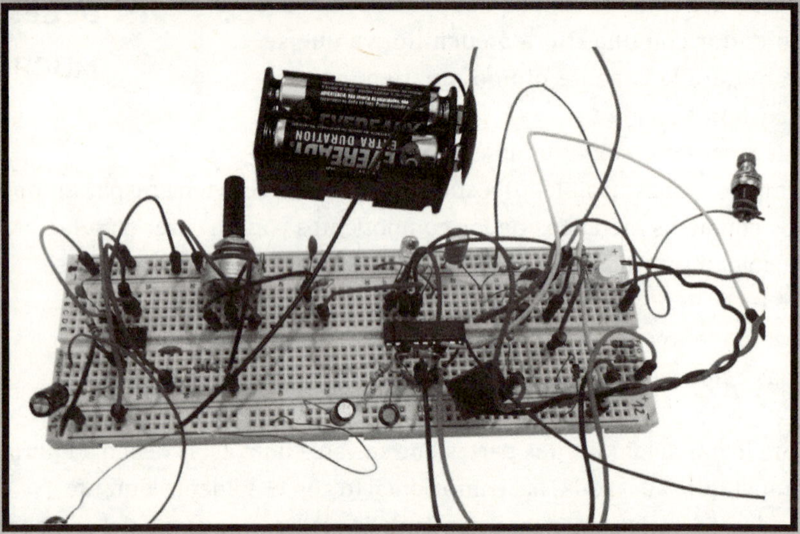

02 Mediante algún software de creación de circuitos impresos, diseñe el circuito para luego imprimirlo y adherirlo a la placa de cobre virgen.

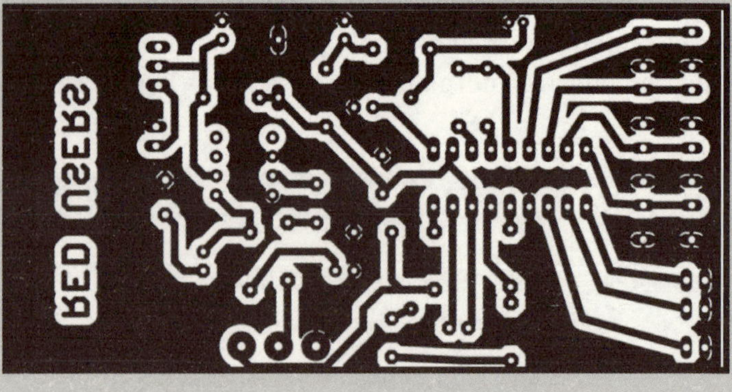

03 Con una impresora o fotocopiadora láser (no de chorro de tinta), imprima el PCB diseñado (espejado) y transfiéralo a una lámina de cobre virgen a través de calor (plancha).

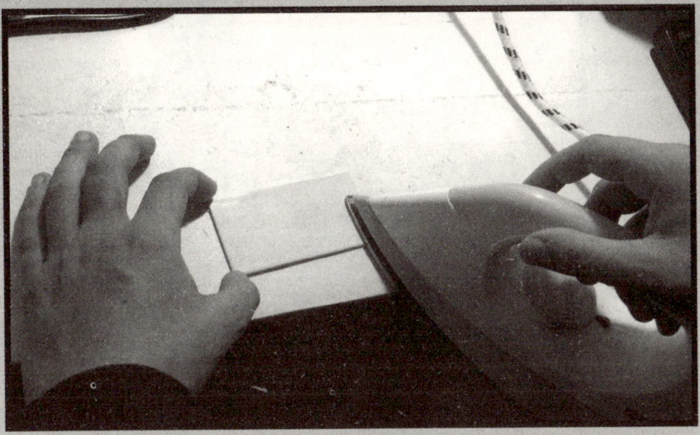

04 Una vez adherido el tóner "aislante", limpie los restos de papel y sumerja la placa en percloruro durante 15-20 minutos para crear las pistas de cobre.

05 Limpie correctamente los restos de tóner y otras impurezas con una lana de acero y proceda a agujerear la placa, teniendo en cuenta los distintos diámetros de los componentes.

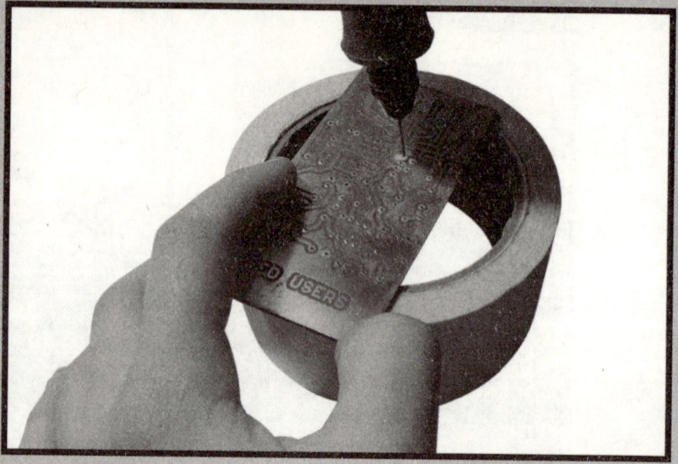

06 Suelde cada componente con su respectiva polaridad y realice las mediciones finales para comprobar que todo quedó montado correctamente.

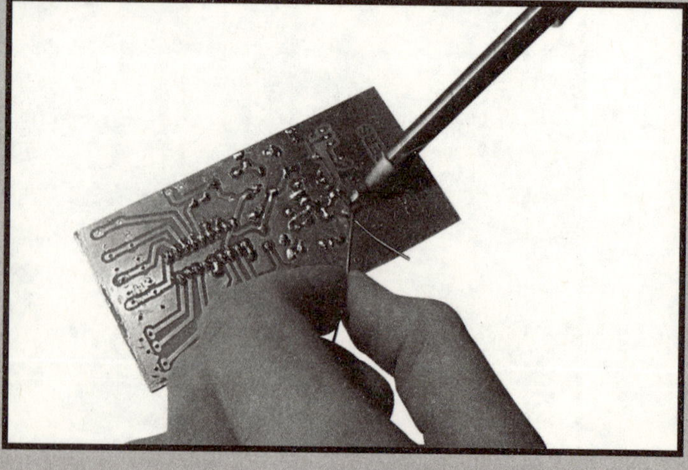

Detalles prácticos para tener en cuenta

Para probar el circuito en un **protoboard** no es necesario usar todos los pulsadores, ya que, al ser cíclica la manera con la cual pasa de un modo a otro, solo basta con un solo pulsador y, en todo caso, uno más para testear el vibrato. También puede usarse directamente un cable y conectarlo a masa cuando se desee emular lo que sería presionar el pulsador.

A la hora de diseñar en **EAGLE** o cualquier otro software, se debe tener en cuenta que, en la mayoría de los casos, el tamaño de los **pads** (los círculos de pista creados alrededor del componente para soldar) es muy chico. Si se piensa crear el PCB con el método de la plancha, no es recomendable utilizar pistas de menos de 0.6 mm y pads de 1.2 mm, ya que luego será muy difícil que quede bien definida la pista. Recomendamos usar pads, en la medida de lo posible, de 2 mm de diámetro, pistas de alrededor de 1 mm, y que la separación entre pistas y pads no sea menor a 0.7 mm.

AL DISEÑAR CON UN SOFTWARE, HAY QUE TENER EN CUENTA EL TAMAÑO DE LOS PADS

El EAGLE tiene la opción de crear un polígono cerrado y, al asignarle como nombre algún nodo de interés, unirá todas las pistas a ese plano. Esto es ideal para crear un **plano de tierra** (GND) alrededor de todo el circuito, ya que, además de ser mejor constructivamente porque define más las pistas, luego nos ahorra tiempo y percloruro por tener que corroer menos cobre.

El circuito impreso que diseñamos en EAGLE se debe imprimir en una hoja de papel fotográfico o encerado para que luego se pueda traspasar a la lámina de cobre. Debemos tener en cuenta las dimensiones de la lámina de cobre cuando creamos el layout, y luego, al imprimir, **no redimensionar** la imagen, ya que se agrandarían o achicarían todas las pistas y pads. Si bien puede parecer obvio, el software de impresoras modernas lo hace automáticamente para ubicar la imagen en los márgenes y este es un detalle importante. Siempre, antes de imprimir en el papel de ilustración o fotográfico, se recomienda hacer varias pruebas en hoja normal y corroborar que esté todo correcto, incluso el espejado.

Otro error frecuente es colocar el **potenciómetro** al revés. Por lo general, uno desea que cuando se gire hacia la derecha, aumente el volumen de la señal de audio; si queda colocado al revés, va a generar el efecto opuesto. Para no equivocarnos, debemos tener en cuenta que cuando giramos la perilla del potenciómetro hacia la derecha o izquierda, bajamos la resistencia entre el terminal del centro y el contacto hacia donde giramos.

Puede probarse con **distintos parlantes** colocando el jack de audio y corroborar, de esta manera, diferentes calidades de audio. Si el parlante no está lo suficientemente lejos del micrófono, se producirá una realimentación no deseada y se acoplarán los parlantes, generando un ruido molesto.

Alternativas digitales

Gracias a la computación, hoy en día es posible encontrar alternativas al proyecto que hemos efectuado, implementadas por software, para funcionar en cualquier PC o smartphone, cuya potencia es destacable.

PODEMOS ENCONTRAR IMPLEMENTACIONES DE SOFTWARE COMO ALTERNATIVAS A LOS PROYECTOS

Con una oferta muy variada, nos vamos a centrar en una alternativa que da muy buenos resultados: el **MorphVOX** para Windows (esta explicación se basa en la versión 7 del sistema operativo; aunque la aplicación funciona casi bajo cualquiera, habrá detalles de estos pasos que diferirán según la versión). Si bien es posible utilizar una versión premium que ofrece una amplia variedad de presets y configuraciones, vamos a utilizar la versión gratuita, **MorphVOX Junior**, que nos permitirá igualmente apreciar con qué calidad logra su cometido, y también ver si nos resulta cómoda su interfaz.

Como primer paso, para tener funcionando este modificador de voz, nos dirigimos a la página web de su desarrollador para descargarlo: **www.screamingbee.com/product/MorphVOXJunior.aspx**.

Una vez en la página, hacemos clic en el botón azul **Try** para comenzar la descarga de la aplicación. Terminada la descarga, ejecutamos el instalador y seguimos los pasos.

Una vez finalizada la instalación, debemos configurar la placa de sonido. Para acceder a ella, debemos hacer un clic derecho sobre el icono de volumen que se encuentra en la esquina inferior derecha de la pantalla (el que se encuentra al lado del reloj).

En ese momento, se abre un menú desplegable; hacemos clic en la opción **Dispositivos de Grabación** y se abrirá una pantalla. En esa pantalla podemos ver el dispositivo físico real (el micrófono) y, además, un driver que permite la instalación de la aplicación, que es por donde va a mandar los filtros.

Debemos seleccionar el dispositivo **Screaming Bee Audio** (quedará resaltado en color celeste en la imagen, aunque dependerá del tema configurado) y luego, hacer un clic sobre el botón **Predeterminar**.

Para confirmar que quedó como debe ser, debemos ver la tilde verde sobre el dispositivo virtual. Luego, hacemos clic en **Aceptar** para cerrar la ventana.

Solo nos queda ejecutar la aplicación. Aparecerá un calibrador de voz, que solo sirve para ajustar el volumen del micrófono. Si no se desea utilizarlo, siempre se puede ajustar de manera manual, por lo que no es estrictamente necesario.

Con el programa plasmado en nuestra pantalla, solo nos queda utilizarlo. Disponemos de tres presets para convertir nuestra voz: **Hombre**, **Mujer** y **Duende**, que seleccionamos mediante un clic. Las dos botoneras de arriba tienen las siguientes funciones: **Morph** activará o desactivará la modificación de voz, y **Listen** reproducirá en tiempo real, ya sea por parlantes o auriculares, nuestra voz modificada mientras hablamos. Ambas emulan tener un LED de encendido color verde, que hace de indicador ON/OFF.

MORPHVOX TIENE INTERFAZ SOBRIA PERO MUY CÓMODA; MINIMALISTA, PERO FUNCIONAL

La primera función, **Morph**, será útil, por ejemplo, si queremos pausar temporalmente los efectos añadidos a nuestra voz, sin cerrar el programa.

La segunda, **Listen**, sirve para diferenciar rápidamente el uso que le queremos dar a la aplicación. Si, por ejemplo, estamos utilizando Skype y queremos usar los efectos, dejaremos el **Listen** en **OFF**, ya que no nos interesa escucharnos a nosotros mismos.

Sin embargo, la otra persona escuchará nuestra voz con todos los detalles que añadimos. Ahora, si lo que queremos es escuchar nuestra propia voz, en ese caso pulsamos **ON**.

Figura 30. Esta es la interfaz del software que tratamos en esta sección. Observamos que posee un estilo minimalista y sencillo.

El último detalle que nos ofrece este software es un pequeño banco de efectos de sonido, como una alarma de reloj, etcétera. Los efectos primero se seleccionan con un clic y luego se ejecutan presionando el icono del portavoz, que se encuentra a la derecha del menú desplegable para seleccionar los efectos especiales.

DELAY

Con determinadas placas de sonido (**Realtek**, por ejemplo), **Windows 7** presenta un delay al reproducir el sonido que estamos capturando con el micrófono. Este problema fue bastante popular ya que, para quienes graban música en la computadora, fue realmente una complicación para trabajar. Si buscamos sobre este problema en internet, encontraremos varias posibles soluciones.

Al llegar hasta acá, deberíamos tener todo funcionando. Aplicaciones similares a esta hay muchas, probablemente mejores e incluso gratis; presentamos esta porque podemos garantizar que tiene buena fidelidad.

Conclusiones finales

A través de este proyecto, intentamos unir los conceptos adquiridos hasta el momento y, junto con algunos detalles nuevos, armar y poder entender un circuito entero.

Figura 31. El circuito finalizado debería parecerse al de la figura.

En la primera parte teórica, explicamos conceptos de potencia, energía y valor medio de una señal, útiles para trabajar no solo con señales de voz sino para cualquier señal en general. Luego, dimos una idea de cómo la Transformada de Fourier y el espectro de una señal pueden ser útiles para obtener información muy valiosa de cualquier señal y, en particular, de las de audio. Vimos, por ejemplo, el espectro de la señal de voz humana con los distintos tonos del habla. Esta parte teórica puede resultar al principio tediosa o aburrida; a todos siempre nos gusta más la parte práctica y el armado de los circuitos.

HAY APLICACIONES QUE CUMPLEN ESTA FUNCIÓN PARA LAS DISTINTAS PLATAFORMAS

Sin embargo, entender cómo funciona el circuito y el objetivo de cada bloque es lo que marcará la diferencia entre saber analizar en detalle un circuito propuesto por otra persona, y que sea la otra persona la encargada de analizar nuestros diseños.

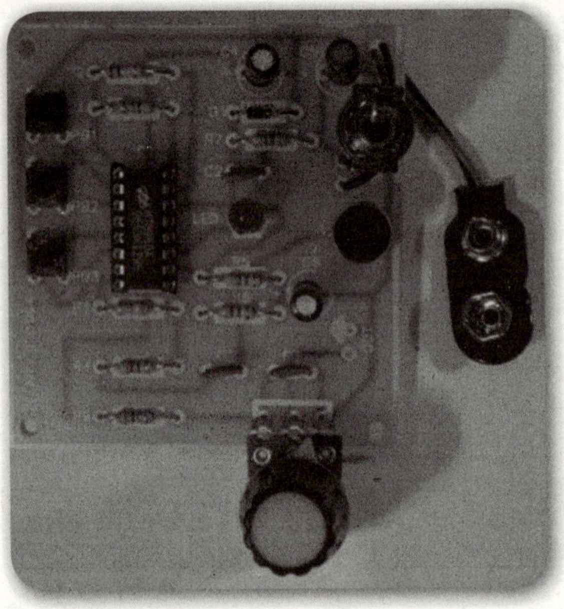

Figura 32. Variante del circuito con el **HT8950A**.

Este proyecto intenta ser un primer paso en ese camino: no trabajamos con un circuito definido y único, sino que presentamos variantes (por ejemplo, en la forma de alimentar el circuito) para que cada uno pueda **decidir** cuál es la más conveniente para la aplicación buscada y actuar en consecuencia. También es necesario aprender que, aunque tengamos el diseño en papel o en la computadora, conseguir exactamente los mismos materiales no siempre es posible, y muchas veces esto puede ser significativo.

Cuando necesitamos comprar componentes electrónicos, debemos conocer qué es lo que estamos comprando y, para eso, tenemos que revisar las hojas de datos o **datasheets** de los dispositivos. La mayoría de las hojas de datos de cualquier dispositivo siguen un esquema similar, lo que nos permite facilitar la lectura de los parámetros de interés. En nuestro caso, las hojas de datos más relevantes fueron las de los integrados HT8950 y LM386, donde obtuvimos detalles de la alimentación máxima y recomendada, la impedancia de entrada, el diagrama en bloques y demás especificaciones técnicas.

Vimos que siempre conviene hacer **análisis por etapas** de los distintos bloques de un circuito. En este caso, estaban bien definidas y no presentaban mucha dificultad, pero en un circuito más complejo el éxito de un correcto análisis puede deberse al hecho de distinguir perfectamente las etapas que lo componen.

Los detalles de diseño del PCB de los pads y las consideraciones o pistas prácticas, como soldar zócalos para no dañar los integrados con calor, son precauciones que vamos a adquirir, en realidad, con la **experiencia** de armar y desarmar circuitos electrónicos. En ese sentido, la única forma de aprender es mediante **prueba y error**. Cuando armamos un circuito impreso, tenemos la esperanza y la expectativa de que, una vez que esté terminado, funcione correctamente. Lamentablemente, esto no sucede en la mayoría de los casos, cuando nos estamos iniciando en el ámbito de la electrónica. Puede llegar a desalentarnos, pero no será así si lo tomamos de otra manera y pensamos diferente.

Cuando armamos todo y funciona, estaremos contentos y orgullosos de nosotros mismos, es verdad. Pero, si no funciona, nos pondremos a buscar el error, revisaremos la alimentación, las polaridades de los componentes y demás cuestiones constructivas. Luego, probablemente encontremos dónde cometimos el error, y después de corregirlo, habremos aprendido mucho más que si hubiese funcionado la primera vez, con el agregado de haber fijado conocimientos a través de nuestra propia experiencia.

RESUMEN

En este segundo apéndice, mostramos el diagrama esquemático de un modificador de voz, junto con la lista de todos los materiales que son necesarios para hacerlo realidad. Asimismo, se realizó una descripción bien detallada del funcionamiento de todo el circuito y se llevó a cabo una explicación teórica acompañada de otra, desarrollada paso a paso, acerca de cómo armar físicamente este modificador de voz. Para terminar, también se mencionaron las alternativas digitales actuales.

Actividades

TEST DE AUTOEVALUACIÓN

1	Defina la voz humana desde una perspectiva física.
2	¿Qué significa que una señal es de potencia y cuál es un ejemplo característico en electrónica?
3	¿Cómo se define el valor medio de una señal?
4	Defina la frecuencia de una señal.
5	¿Cómo podemos obtener información sobre la velocidad de vibración de nuestras cuerdas vocales?
6	¿Qué características tiene el integrado HT8950 para nuestro proyecto?
7	¿Cuáles son las etapas que podemos identificar para comprender el funcionamiento del circuito?
8	¿Qué se recomienda hacer siempre antes de montar el circuito?
9	¿Cuáles son las cosas que debemos verificar antes de soldar?
10	¿Cómo se realiza el montaje del circuito?

Luces audiorrítmicas

En este proyecto, construiremos un circuito de luces audiorrítmicas de tres canales, para utilizarlas en espacios donde se quiera lograr que un conjunto de luces se encienda y se apague al ritmo de un sonido determinado. Este efecto luminoso es ideal para acompañar la música en distintos eventos.

- **Introducción al proyecto.......290**
- **Aplicación de las luces audiorrítmicas 293**
- **Funcionamiento del circuito..296**
  - Micrófono.......................................297
  - Amplificación..................................298
  - Sistema de canales........................298
- **Montaje y ensamblado...........302**
- **Resumen.................................310**

Introducción al proyecto

La función principal de este proyecto es lograr accionar unas luces (en nuestro caso, LEDs) al ritmo de la música. El término de tres canales hace referencia a que este proyecto tiene la capacidad de accionar las luces dependiendo de la señal de audio, y las divide así en tres tonos: una para los tonos graves, otra para los tonos medios y una más para los tonos agudos.

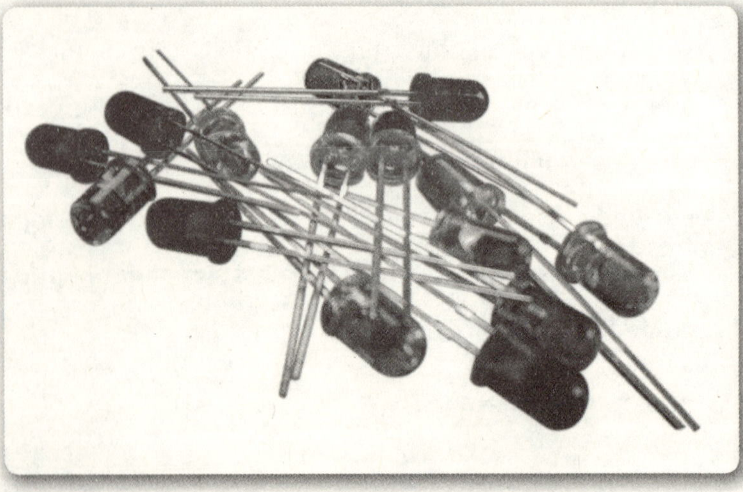

Figura 1. Los LEDs o diodos emisores de luz serán los encargados de mostrar visualmente la señal de audio de salida que produce el circuito.

Para entender un poco más sobre la señal de audio que el circuito electrónico maneja, revisaremos algunos conceptos importantes referentes al audio:

- **Tono**: se refiere a una sensación auditiva que va relacionada con una propiedad física llamada **frecuencia**. Se puede catalogar como agudo o grave.
- **Frecuencia**: es una magnitud que mide el número de repeticiones de un suceso por unidad de tiempo de algún suceso periódico. Su unidad de medida, según el Sistema Internacional, es el Hercio (Hz), en honor a Heinrich Rudolf Hertz.
- **Espectro audible**: se refiere a toda la gama de frecuencias que pueden ser percibidas por el oído humano. En una persona joven,

el espectro audible puede ir desde los 20 Hz hasta los 20 kHz; se detectan variaciones que dependen de la edad de la persona, ya que con el tiempo existe una pérdida de audición.

En los valores mencionados antes, existen algunas otras frecuencias fuera del espectro audible humano: el ultrasonido, ondas acústicas mayores a los 20 kHz, y el infrasonido, con ondas acústicas menores a los 20 Hz.

Existe otro concepto importante, la **octava**, que es un término musical referido al intervalo que separa dos sonidos cuyas frecuencias fundamentales tienen una relación de dos a uno. Esta escala corresponde a ocho notas. Por ejemplo: si comenzamos con la nota musical do, la octava completa constaría de ocho notas: do, re, mi, fa, sol, la, si, do; pasando de un do grave a un do más agudo.

El espectro audible se puede dividir de acuerdo a los tonos que percibe el ser humano, que son los siguientes:

LOS LEDS CUENTAN CON INTENSIDAD SUFICIENTE PARA ILUMINAR INTERIORES

- **Tonos graves**: corresponden a las primeras cuatro octavas (16 Hz a 256 Hz).
- **Tonos medios**: corresponden de la quinta a la séptima octava (256 Hz a 2 kHz).
- **Tonos agudos**: corresponden a las tres últimas octavas (2 kHz a 16 kHz aproximadamente).

Habiendo revisado los conceptos referentes a la acústica, ahora hablaremos de manera general sobre el proceso que sigue el circuito electrónico para llevar a cabo su función; luego, analizaremos de una manera más detallada el funcionamiento técnico del circuito.

El circuito electrónico cuenta con varias etapas: la entrada del circuito, la preamplificación, el acondicionamiento y filtrado de la señal y el accionamiento de las luces.

Para la entrada del circuito, nuestro circuito contará con un dispositivo llamado **micrófono electret**. Este tipo de micrófono es una variante de un micrófono de condensador, el cual utiliza una lámina de plástico polarizada. Esto quiere decir que no necesita alimentarse, ya que dicha placa está cargada desde su fabricación.

Debido a que el peso del diafragma es menor en comparación con otros tipos de micrófonos, la respuesta en frecuencia del micrófono electret se asemeja más a la respuesta de un micrófono de bobina móvil que a uno de condensador. En cuanto a la directividad del micrófono electret, estos pueden ser direccionales (captan el sonido de una sola dirección) u omnidireccionales (pueden captar sonidos provenientes de diferentes direcciones).

Figura 2. Un micrófono es un transductor eléctrico que convierte una señal de audio del ambiente en una señal analógica.

Cabe mencionar que existen dos tipos de filtros: filtros pasivos (constan de componentes como resistencias, inductores y capacitores) y filtros activos (se utilizan, además, transistores y amplificadores operacionales).

Los dispositivos utilizados en la etapa de preamplificación, acondicionamiento y filtrado de la señal son conocidos como **amplificadores operacionales** o como OpAmp u OPAM. Consisten

LEDS COMO FUENTE DE ILUMINACIÓN

Los **LEDs** (**Light Emitting Diode**) o diodos emisores de luz se utilizan como indicadores en varios dispositivos y en iluminación. Son una fuente lumínica económica, en cuanto a consumo; no generan calor en comparación con otras fuentes de iluminación y poseen un tiempo de encendido corto. En la actualidad, se están desarrollando luminarias más eficientes con este tipo de tecnología.

en un circuito integrado, que consta de dos entradas y una salida; la salida es el resultado de la diferencia de las dos entradas multiplicadas por un factor conocido como **G** (**gain**) o **ganancia**.

Los amplificadores operacionales brindan varias ventajas en proyectos como el nuestro, ya que, en sus distintas configuraciones, pueden actuar como amplificadores de señales y como filtros, que es justo lo que nos interesa.

A continuación, se menciona el comportamiento de los amplificadores en corriente continua (DC):

- **Lazo abierto**: en este caso, al no existir una configuración de realimentación, la salida resultante en el circuito será la resta de las dos entradas multiplicadas por un factor de ganancia.
- **Lazo cerrado**: existe el comportamiento de lazo cerrado o realimentado cuando hay una realimentación negativa; en este caso, se tendrá una impedancia mayor a la entrada del circuito y una impedancia menor a la salida. Además, la dirección de la señal de salida es opuesta a la de entrada, por la realimentación negativa.

Algunas configuraciones que se pueden realizar con amplificadores operacionales: comparador, seguidor, no inversor, sumador inversor, restador inversor, integrador y derivador.

Aplicación de las luces audiorrítmicas

Mencionaremos algunas aplicaciones que se le pueden dar a las luces audiorrítmicas de tres canales. Debido a la gran cantidad de aplicaciones posibles, nos limitaremos a describir las más importantes:

Bares y lugares para bailar: en este tipo de lugares, es común encontrarse con elementos afines que crean un buen ambiente y diversión. Por este motivo, cada vez más bares y lugares de baile están invirtiendo en elementos novedosos que ayuden a las personas a obtener una experiencia única y que hagan que regresen a ese mismo lugar en otra ocasión. En nuestro caso, el elemento llamativo podrían ser unas luces que prendan y apaguen al ritmo de la música, dependiendo de la frecuencia del sonido (si el tono es más agudo o más grave, ciertas luces se accionan y otras no).

Figura 3. El circuito electrónico no utiliza mucho espacio, por lo que se puede reducir para montajes en aplicaciones en ambientes pequeños.

Fiestas: En el caso de la música, un elemento que ayuda a llevar más allá de una experiencia convencional en la pista de baile o en algún otro acto para presentar a los invitados son estas luces. No necesitan de un usuario encargado de accionarlas, ya que ellas mismas tienen la capacidad de activarse de acuerdo con los tonos de la melodía que se esté reproduciendo en ese instante.

Proyectos escolares: este proyecto tiene la ventaja de ser también un modelo para estudiantes, ya que, al utilizar elementos de electrónica analógica, resulta ideal para ser armado y analizado en un curso escolar o en un taller técnico. De esta manera, los estudiantes pueden observar claramente las configuraciones que se realizan con los amplificadores operacionales, cómo se pueden realizar procesos de filtrado de señales para su posterior uso. Asimismo, se puede combinar este proyecto con otro para un sistema más complejo que utilice la señal de salida del circuito electrónico para que sea tomada como señal de entrada en otro circuito electrónico.

Medición de audio: una aplicación más del proyecto sería la de medición de audio, pero no medición de audio profesional, sino una manera más sencilla y más visual de medir los tonos de una señal de audio y su intensidad ya que, con este proyecto, se puede ver, literalmente, la intensidad de las ondas sonoras de una canción, así como también su tono grave, medio o agudo.

Iluminación para habitaciones: es posible personalizar también un espacio con un elemento no muy común, como lo son las luces audiorrítmicas. Se puede realizar desde un montaje sencillo hasta otro que abarque toda la habitación, para crear un ambiente tecnológico único.

Lentes: en la Web existe una gran variedad de artículos que las personas han creado como diversión; es el caso de unos lentes curiosos que se pueden utilizar cuando se va de fiesta. Estos lentes cuentan con unas rejillas en el visor, en las que se alojan algunos focos LEDs de pequeño tamaño, los cuales tienen la función de bailar al ritmo de la música gracias a un circuito electrónico como el de nuestro proyecto, pero de un tamaño reducido, para acoplarse al tamaño de los lentes sin aumentar demasiado su peso.

LA VARIEDAD DE APLICACIONES ES CONSIDERABLE: SOLAMENTE SE NECESITA IMAGINACIÓN

Otras aplicaciones: después de haber comentado sobre las principales aplicaciones de nuestro proyecto de luces audiorrítmicas de tres canales, solo resta decir que la variedad de aplicaciones es muy grande, y que solamente se necesita imaginación para seguir ampliando los ejemplos, ya que también se puede combinar este

LUCES AUDIORRÍTMICAS EN LA ESCUELA

Los estudiantes de electrónica pueden conocer, con este proyecto, los fundamentos de la electrónica digital por medio del diseño de circuitos con filtros activos. De esta forma, se entenderán los fundamentos del diseño y la configuración de cada tipo de filtro, llevándolos a la práctica de una manera divertida.

proyecto con algún otro para crear sistemas más complejos que realicen otras tareas.

Figura 4. Un proyecto curioso y original es el de los lentes con LEDs integrados y un circuito de luces audiorrítmicas.

Funcionamiento del circuito

El circuito electrónico consta de tres partes principales para llevar a cabo su funcionamiento, las cuales se presentan a continuación.

UNA HERRAMIENTA ÚTIL PARA EL ANÁLISIS DE SEÑALES ES EL OSCILOSCOPIO

Cada circuito requiere de un micrófono, como un transductor, para convertir el sonido del ambiente en una señal eléctrica analógica.

Esta, a su vez, se va a amplificar por medio de otro circuito electrónico que preparará esta señal de salida como una señal de entrada para la etapa posterior, la de los sistemas de canales.

Allí, un sistema de filtros activos seleccionará cuál es la frecuencia que dejará pasar de acuerdo a su configuración y diseño, para así prender y apagar unos LEDs.

Micrófono

El micrófono se utilizará como sistema de entrada de información, y será de tipo electret el que usaremos para este proyecto. Este tipo de micrófonos es poco sensible a la humedad y a los cambios en la temperatura, por lo que se puede utilizar en exteriores.

El voltaje típico de salida es aproximadamente 1 mV. La alimentación de voltaje para el micrófono es la misma que la salida de la señal de audio, por lo que es necesario aislar la señal de corriente continua para obtener la señal analógica captada por el micrófono. Esta alimentación del micrófono es necesaria porque el micrófono electret ya posee un sistema de preamplificación integrado en el encapsulado y, sin esta etapa de preamplificación interna, la señal proveniente del micrófono sería muy pequeña y difícil de manejar.

El capacitor que se integra en la etapa del micrófono se encarga de dejar pasar solamente la señal proveniente de la salida del micrófono; esta pasa por el capacitor, el potenciómetro y la resistencia, para llegar finalmente al amplificador operacional.

El capacitor C solo deja pasar la señal de CA generada por el micrófono, mientras que la señal de CD, que es alimentada por la resistencia R creada por la fuente, se encarga de desacoplar o separar las señales, acción que realiza el mismo capacitor.

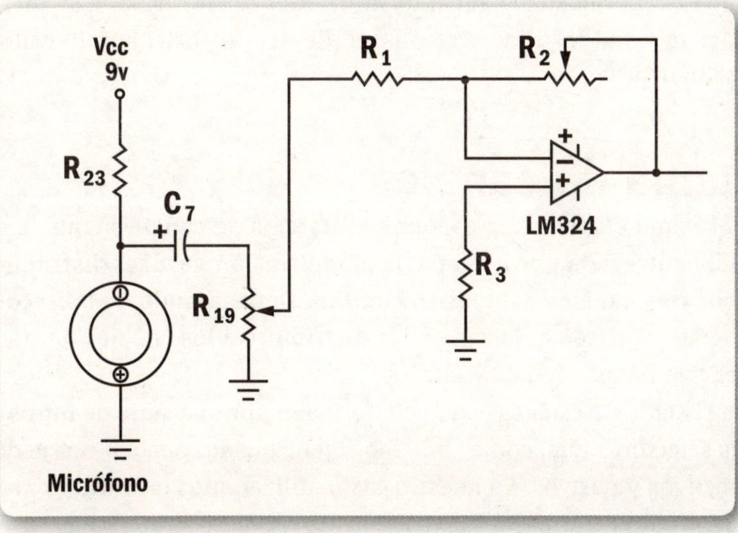

Figura 5. Esta imagen muestra el esquema de amplificación, las partes electrónicas que lo componen y su configuración.

Amplificación

Ahora pasamos a la etapa de amplificación, donde se produce, justamente, la amplificación inicial de la señal de salida del micrófono. Se llamará **ganancia** a la cantidad de veces que es amplificada la señal; también se denomina **sensibilidad**. La ganancia de la señal es ajustada por el potenciómetro de esta etapa, el cual funciona como un regulador de retroalimentación en el amplificador operacional. Esta etapa de amplificación prepara la señal para ser entregada a la siguiente etapa.

La función de la resistencia R3 es la de permitir corregir el desvío que se origina cuando la corriente de polarización de CD que está ingresando a la terminal (+) no lo hace a través de un componente de resistencia. La corriente que ingresa a la terminal (-) lo hace a través de la combinación Ri y Rf. Por lo tanto, una de las corrientes de polarización (a la terminal -) produce una caída de voltaje, y la otra (a la terminal +), no.

Esto da como resultado que se aplique, al amplificador operacional, un voltaje pequeño de entrada más negativo que la terminal inversora. Este voltaje es amplificado para crear un voltaje de desvío de CD positivo en la salida.

Es decir que, Vout está a un valor de CD positivo, aunque el voltaje de entrada de la señal sea 0.

Una vez amplificada la señal lo suficiente, se entrega a la siguiente etapa, cuya señal resultante será la salida del pin 1 del amplificador operacional.

Sistema de canales

La próxima etapa le corresponde al sistema de canales: aquí, la señal de salida entregada por la etapa de amplificación va a ser distribuida entre los tres canales de nuestro circuito. Dependiendo de la frecuencia de la señal, el sistema de canales la distribuirá a los canales de frecuencias bajas, medias y altas.

Este sistema de canales estará conformado por una serie de filtros activos selectores que, como ya hemos mencionado, pueden ser de dos tipos: activos y pasivos. En nuestro caso, utilizaremos los filtros activos, diseñados para dejar pasar la señal correspondiente a cada canal.

A continuación, veremos el diseño de los filtros activos selectores, para entender cómo funcionan y cómo se aplican a nuestro circuito.

Los filtros son circuitos que seleccionan un grupo de señales según su frecuencia. En nuestro caso, cada grupo se llama **pasa bandas**, y está formado por un amplificador operacional, capacitores, resistencias y potenciómetros, encargados de ajustar la sensibilidad del circuito.

La señal de entrada llega a los tres filtros activos y, según la posición de cada uno de ellos, pasa más o menos señal a cada uno de los canales.

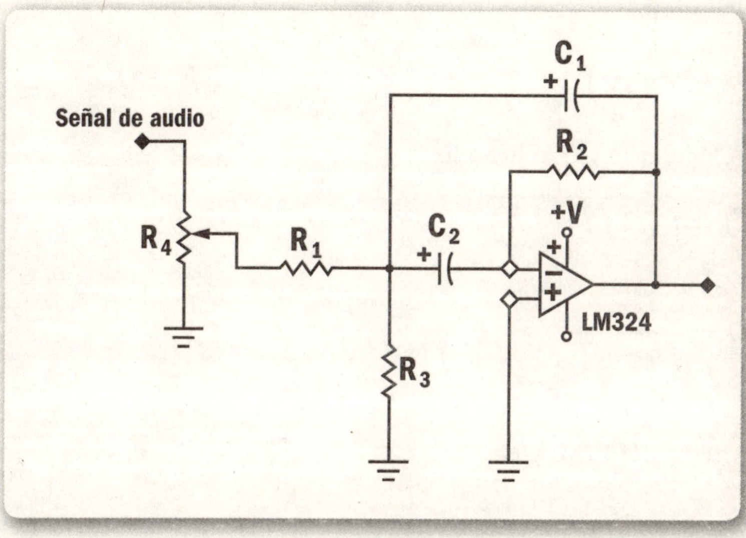

Figura 6. El esquema del filtro activo pasa bandas se muestra en esta imagen; se observan las partes electrónicas que lo componen y su configuración.

Cada uno de los filtros seleccionará un grupo de frecuencias dividido de acuerdo con el espectro de audio del que ya hablamos antes, que se dividirá en tres bandas: sonidos bajos, sonidos medios y sonidos altos.

Cada canal toma la señal proveniente del amplificador operacional, más específicamente del pin 1 del circuito integrado LM324. La señal viene con una frecuencia diferente y, mediante el diseño del filtro correspondiente, deja pasar la señal al siguiente circuito, que en nuestro caso son unos focos LED.

Dentro de nuestro circuito electrónico de la etapa de sistema de canales, existen dos tipos de filtros: filtro con retroalimentación múltiple y filtro pasa altas.

Para el diseño del filtro con retroalimentación múltiple, se tiene en cuenta que es un filtro pasa bandas, sencillo y de buen funcionamiento, el cual funciona bien para las frecuencias bajas y medias.

De acuerdo con el esquema definido del circuito, se puede observar que la retroalimentación proviene del capacitor C y de la resistencia R; por este motivo, el filtro adquiere el nombre de **retroalimentación múltiple**.

A continuación, conoceremos el procedimiento de cálculo para los canales 1 y 2.

1. Seleccionar f_L y f_H.

2. Calcular fc y Q aplicando:

$$fc = \sqrt{(fl)(fh)}$$

$$Q = \frac{fc}{fh - fl}$$

3. Elegir C1=C2=C y encontrar:

$$R1 = \frac{Q}{2\pi fcCAv}$$

$$R2 = \frac{Q}{2\pi fcC(2Q^2 - Av)}$$

$$Q = \frac{Q}{2\pi fcC}$$

En donde:

fc es: frecuencia de corte;
f_L y f_H son: frecuencia baja y frecuencia alta;
Q es el valor de la banda (en este caso, la banda es estrecha);
Av es la ganancia del amplificador operacional retroalimentado;
C es el valor del capacitor;
R son las resistencias;

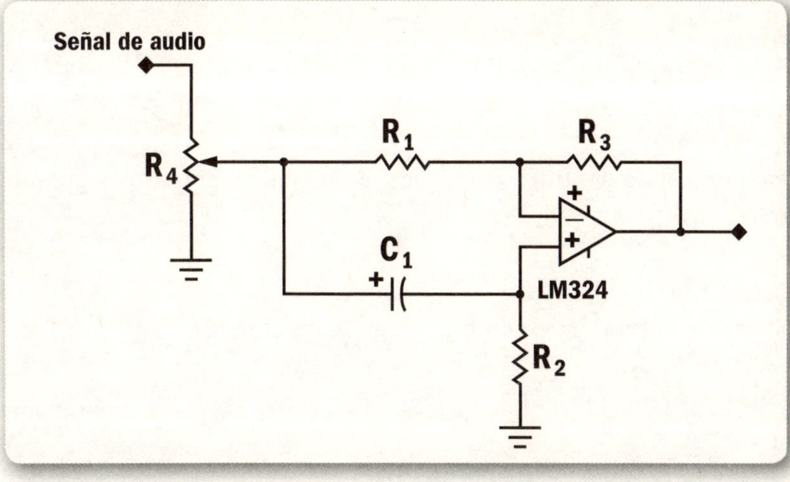

Figura 7. En esta imagen observamos el esquema de filtro activo pasa altas.

Ahora, encontraremos los valores necesarios para el filtro de cada uno de los canales.

Filtro pasa bandas para frecuencias bajas (canal 1):
fL = 360 Hz, fH= 510 Hz
fC = 432 Hz, B = 150 Hz, Q = 2.98
Seleccionar C1 = C2 = 0,22 mF
Con el potenciómetro = 0
R1 = 390 Ω, R2 = 1 KΩ, R3 = 10 kΩ, Av = 13

Filtro pasa bandas para frecuencias medias (canal 2):
fL = 3000 Hz, fH = 4500 Hz
fC = 3670 Hz, B = 1500 Hz, Q = 2,45
Seleccionar C1 = C2 = 0,01 mF
Con el potenciómetro = 0
R1 = 1 kΩ, R2 = 5,4 KΩ, R3 = 22 kΩ, Av = 8

Diseño del filtro pasa altas
La frecuencia de corte Wc está dada por la siguiente expresión:

$$Wc = \frac{1}{RC} = 2\pi f c$$

$$R = \frac{1}{WcC} = \frac{1}{2\pi fcC}$$

Para el diseño del filtro pasa altas, debemos respetar los siguientes pasos:

Escoger la frecuencia de corte Wc o fC.
Elegir un valor conveniente de C, en general, entre 0,001 y 0,1 mF.
Calcular R.
Filtro pasa altas (canal 3):
fL = 7200 Hz
Wc = 45k rad/seg, fC = 7200 Hz
Seleccionar C1 = 0,01 mF, con el potenciómetro = 0
R1 = 2.2 KΩ, R2 = 10 KΩ, R3 = 220 KΩ, Av = 8,4

Montaje y ensamblado

Ahora veremos el montaje correspondiente al circuito electrónico, ensamblado en una placa para soldar, parecida a un protoboard o tableta de prototipos. Este tipo de placa se usa para realizar cambios en el circuito electrónico y, en general, es utilizada por estudiantes de electrónica.

En nuestro caso, se utilizará este tipo de tableta, pero con la diferencia de que el tipo de tableta mostrada contendrá soldados los componentes. De esta manera, se podrá realizar el montaje en una tableta de prototipos, para realizar algunos cambios si es necesario

MICRÓFONO

El micrófono electret consta de: A) Cubierta metálica que protege y aisla el dispositivo; B) Aislante que se coloca entre las partes D y E; C) Estructura de plástico; D) Material electret, dieléctrico con carga permanente; E) Placa de metal que conecta con el FET; F) FET 2SK596 diseñado para el micrófono; y G) Placa del circuito impreso, donde van soldados los componentes.

o para corroborar que el circuito funcione en forma adecuada. Luego se pasará el circuito, tal cual como se construyó, a este tipo de tabletas, con la misma disposición de orificios y continuidades que la tableta de prototipos. De esta manera, se asegura el correcto funcionamiento del circuito previamente probado.

Figura 8. Tableta tipo protoboard para soldar. Similar a una de prototipos, hace más fácil el montaje de un circuito ya probado.

Si se requiere el circuito electrónico en una tableta para soldar diseñada específicamente para este proyecto, se podrá realizar el modelado del circuito electrónico con ayuda del software específico que el estudiante prefiera; este colaborará para realizar un modelado de la disposición de los elementos e imprimirlo para confeccionar dicha placa.

Antes de entrar de lleno en el montaje del circuito electrónico, es necesario comentar la manera correcta en que se debe soldar un componente electrónico.

Es necesario calentar tanto la pista en donde se van a soldar el componente y el alambre como la parte del componente por soldar, pero no por mucho tiempo, solo el necesario para que, al acercar la soldadura de estaño, se forme una especie de pirámide entre la pista y el componente soldado.

Si el estaño queda en la pista y no en el componente, quiere decir que la pista se calentó de más; si el estaño queda en el componente y no en la pista, también se debe a que este se calentó demasiado y la pista no; si queda una esfera de estaño, quiere decir que la pista y el componente aún estaban fríos.

En el caso de que la soldadura quede incorrecta, se puede retirar con ayuda de un succionador de estaño o por medio de una malla que lo absorba. Para llevar a cabo estas dos maneras de retirar la soldadura, es necesario calentar de nuevo el estaño.

El proyecto será alimentado con una batería de 9 voltios, suficiente para alimentar todos los componentes del circuito electrónico.

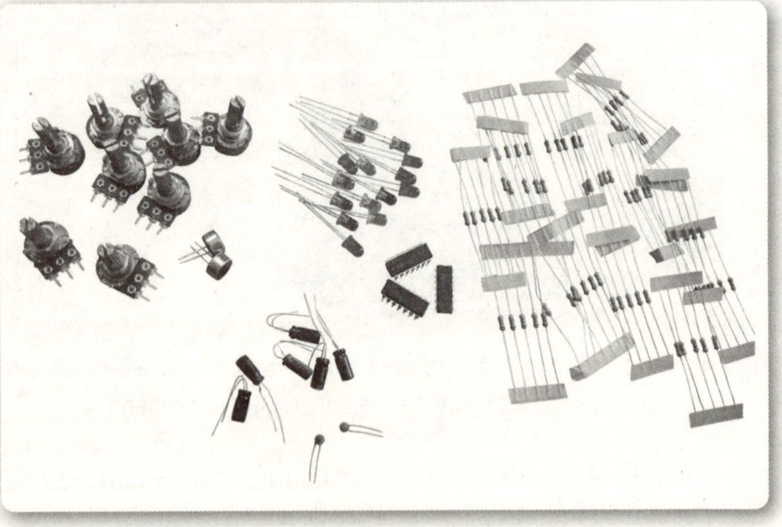

Figura 9. Componentes electrónicos necesarios para armar el circuito. Los componentes son accesibles y fáciles de conseguir.

El material necesario para llevar a cabo el montaje y ensamblado se enumera a continuación:

- Cautín.
- Soldadura de estaño 60/40.
- Pinzas de punta.
- Pinzas de corte.
- Pelador de cables (en caso de no contar con uno, se pueden pelar los extremos del cable con tijeras o con un cortador retráctil).
- Multímetro (para probar continuidades, voltaje, corriente y resistencias).

- Dos metros de alambre (aproximado). Se puede utilizar el alambre que viene en el cable telefónico.
- Tableta de prototipos.

En la **Tabla 1**, se muestra la lista de componentes electrónicos necesarios para el proyecto.

COMPONENTES ELECTRÓNICOS PARA EL PROYECTO

COMPONENTE	VALOR	CANTIDAD
Resistencias 1/4 o 1/2 W, 5 %	330 Ω	1
	220 Ω	1
	1k Ω	4
	1,5 kΩ	1
	2,2 kΩ	3
	3 kΩ	1
	5,1 kΩ	1
	6,8 kΩ	1
	10 kΩ	2
	22 kΩ	2
	30 kΩ	1
	60 kΩ	1
	220 kΩ	3
	390 kΩ	1
Potenciómetros	100 k	6
Capacitores	10 μF	2
	0,1 μF	2
	0,22 μF	2
	0,01 μF	7
Circuitos integrados	LM324 OpAmp	2
Micrófono electret		1

COMPONENTES ELECTRÓNICOS PARA EL PROYECTO	
Circuito impreso	1
Cables (metro)	2
LEDs	3
Batería 9 V	1

Tabla 1. Componentes electrónicos que necesitaremos para abordar la construcción de luces audiorrítmicas de tres canales.

Para mantener siempre un orden en el momento de realizar proyectos de electrónica, es recomendable acomodar los componentes de manera que las conexiones sean fáciles de realizar, que los cables sigan un cierto orden, sin cruzarse entre ellos, o cuidando que se crucen lo mínimo posible. Hay que tratar siempre de sujetar adecuadamente los cables y los componentes, de modo que no se desprendan de la tabla de prototipos. Esto asegurará un proyecto pulcro y ordenado, que mostrará al técnico como una persona organizada y calificada para el trabajo.

Una vez armado el circuito electrónico en la tabla de prototipos y asegurado su correcto funcionamiento, es hora de trasladar el circuito a la tableta para soldar. Esta, como ya hemos mencionado, es idéntica en la disposición de conexiones a una tabla de prototipos, con la excepción de que, en la tabla para soldar, los componentes quedarán fijos.

Esta tabla funciona para trasladar, de una manera sencilla, el proyecto ya probado desde una tableta de prototipos, y asegura que el circuito seguirá funcionando, aun soldado. Si se requiere de una tabla a medida, se deberán seguir los pasos necesarios para realizarla.

SOLDADURA CON CAUTÍN DE LÁPIZ

Una herramienta imprescindible para la práctica de la electrónica es el **cautín tipo lápiz**. La soldadura que se utilizará en los circuitos electrónicos debe ser de estaño 60/40 (60 % de estaño y 40 % de plomo). Además de este material, es necesario contar también con pasta para hacer soldaduras, la cual facilita la distribución uniforme de estaño sobre la superficie por soldar.

Procederemos a montar el circuito electrónico, primero en una tabla de prototipos, y después en la tabla para soldar. Esto servirá para que el lector pueda ejercitarse en el armado y ensamblado del circuito y, posteriormente, practicar la soldadura de los componentes en la placa.

PAP: MONTAJE Y ENSAMBLADO

01 Identifique los componentes electrónicos que se utilizarán; acomódelos por valores y por tipo de componente para facilitar la tarea de selección de componentes en el momento de montar el circuito.

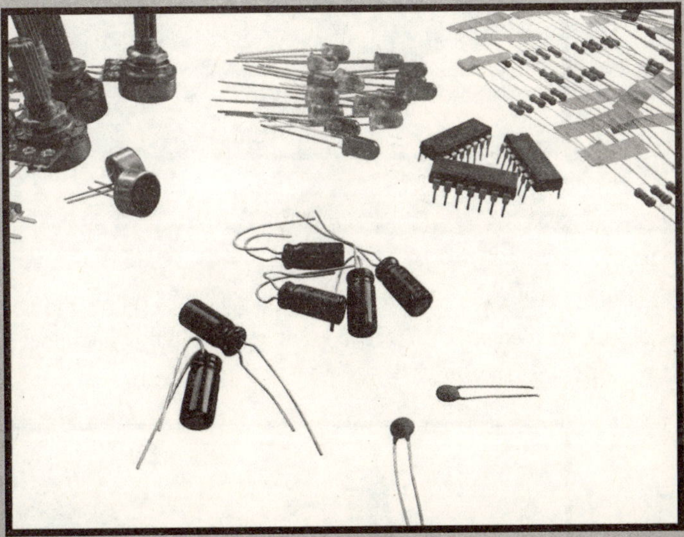

MULTÍMETRO

El multímetro permite la detección de fallos dentro del circuito, además de comprobar la teoría de la electrónica. Permite, también, la identificación de valores de resistencia del circuito. Hay algunos modelos que ofrecen más funciones específicas, por lo que es recomendable conseguir un multímetro de acuerdo a las necesidades del proyecto electrónico.

▶

02 El circuito será armado en la tableta para pruebas. Arme el circuito electrónico correspondiente al micrófono, que corresponde a la primera etapa para la obtención de la señal acústica.

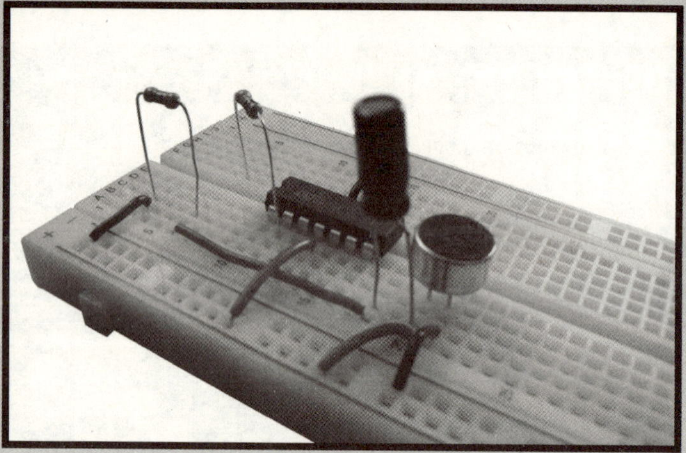

03 Ensamble el circuito electrónico relacionado con la segunda etapa del proyecto, que consiste en la amplificación de la señal obtenida por el micrófono, para que después se pueda manipular.

▶

04 Luego, ensamble la etapa correspondiente a los sistemas de canales, conformados por los filtros activos, pasa bandas y pasa altas. Arme primero los canales 1 y 2; después, el canal 3.

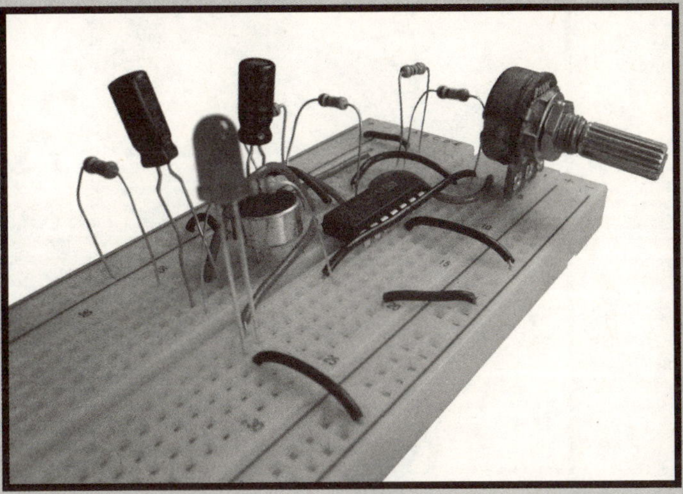

05 Prepare los materiales para soldar los componentes; para ello, es necesario preparar el cautín tipo lápiz, la soldadura y la pasta para soldar.

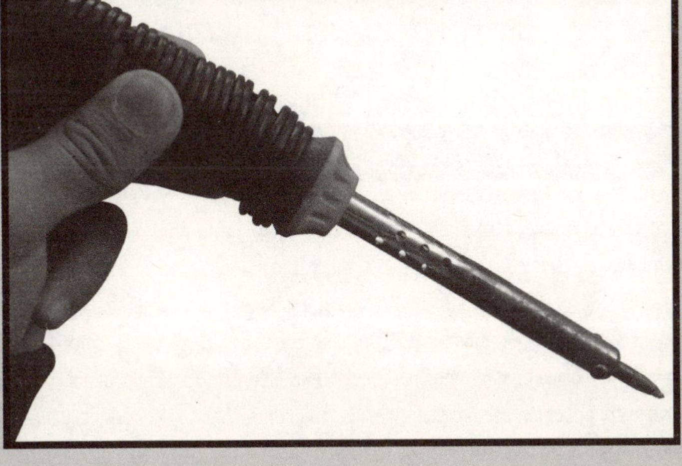

06 A continuación, pase los componentes electrónicos a la placa de cobre, tal como se posicionaron en la tabla de prototipos, para soldar cada uno con cuidado.

RESUMEN

Las luces audiorrítmicas se suelen utilizar en distintos entornos, donde lo que se busca lograr es que un conjunto de luces, blancas o de distintos colores, se enciendan y se apaguen produciendo una especie de parpadeo. Este efecto no se produce aleatoriamente, sino al ritmo de un sonido determinado, como, por ejemplo, el de una canción. Se lo utiliza como efecto luminoso para acompañar la música en diferentes acontecimientos. En esta sección final del libro, nos pusimos como objetivo la construcción de un circuito de luces audiorrítmicas para poder utilizarlas en espacios donde se quiera lograr este vistoso y rítmico efecto.

Servicios al lector

A continuación, presentamos un índice temático que nos será de gran ayuda a la hora de buscar información en este manual, de manera rápida y precisa.

▾ Índice temático........................312

Índice temático

#

74C ... 43
74HCT ... 43
74LSxxx ... 42
74Sxxx ... 42

A

AE ... 229, 232
Álgebra ... 21
Álgebra de Boole ... 24, 26
Amplificación ... 298
Amplificador operacional ... 209
Analizador de espectro ... 198, 200
Analizador vectorial de señal ... 198
Arduino ... 257
Arduino DUE ... 146
Arquitectura de computadoras ... 128
Arquitecturas x86 ... 137
Axiomas ... 24

C

Calculadora científica ... 23
Circuito electrónico ... 59
Circuitos combinacionales ... 44
Circuitos digitales ... 26
Circuitos secuenciales ... 62
CISC ... 131
Conversor de códigos ... 51
Codificador ... 50
Código Gray ... 20
Código hexadecimal ... 149
Comparadores ... 52
Compuertas lógicas ... 33
Conjunto de compuertas ... 34
Contador ... 63
Contadores asincrónicos ... 66
Contadores sincrónicos ... 65
Control remoto ... 116
Conversores AD ... 69
Corriente continua ... 245

C

CPU ... 143
Crocodile Clips ... 85

D

Decodificador ... 49
Demultiplexor ... 48
Detector de metales ... 68
Dominio de la frecuencia ... 252
dsPIC ... 202, 217, 237

E

Eagle ... 221, 281
Energía ... 243
Estado metaestable ... 56
Estructura de computadoras ... 129

F

Familia TTL ... 41
Familias lógicas ... 40
FilterLab ... 207, 211
Filtro de Butterworth ... 209
Filtros activos ... 214
Flip-flop ... 56
Flip-flop D ... 60
Flip-flop JK ... 60
Flip-flop T ... 60
Flip-flops síncronos ... 58
FPGA (Field Programmable Gate Array) ... 88
Frecuencia ... 245, 290
Frecuencia fundamental ... 251
Full Adder ... 43

I

IDA Debugger ... 153
Integrado 555 ... 79

L

Leds ... 292
Lenguaje ensamblador ... 149, 193
Livewire ... 85
Lógica programable ... 82
Logicly ... 85

L

LVDT (transformador diferencial de variación lineal) ... 113

M

Mapas de Karnaugh (MK) ... 27, 86
Máquina de Mealy ... 67
Máquina de Moore ... 67
Máquina de Turing ... 36, 38
Medidor de distancias ... 122
Memoria ... 56
Metrónomo ... 75
Microcontroladores ... 135, 140, 148
Micrófono ... 297, 302
Microprocesadores ... 135
Modificador de voz ... 242
MorphVOX ... 282
MPLAB ... 194, 203
Multímetro ... 307
Multiplexor ... 47
Multivibrador astable ... 59
Multivibrador biestable ... 56
Multivibrador T ... 61

O

OllyDbg ... 153
Operación binaria ... 21
Operación unitaria ... 21
Operaciones lógicas ... 21
Operaciones nulas ... 22
Operador booleano ... 38
Oscilador ... 78, 190
Oscilador RC ... 59

P

PIC ... 160, 164
PIC 16 ... 173, 186
PIC 18 ... 179
PIC 32 ... 188
PIC16F84 ... 141
PIC16F84A ... 142
PICmicro ... 160, 164
Potencia instantánea ... 243
Potencia media ... 244
Procesamiento digital de señales (DSP) ... 216
Programador de PIC ... 169
Promedio temporal ... 244, 248
Puertos I/O ... 192

R

Registro de desplazamiento ... 61, 63
Resolvers ... 100
RISC ... 131
ROM (Read Only Memory) ... 145
RVDT (transformador diferencial de variación rotacional) ... 113

S

Sensor acústico ... 109
Sensor de aceleración ... 104
Sensor de caudal ... 106
Sensor de deformación ... 102
Sensor de posición ... 98
Sensor de presión ... 105
Sensor de proximidad ... 108
Sensor de temperatura ... 107
Sensor de velocidad ... 103
Sensor electrónico ... 94
Sensor lumínico ... 111
Sensor táctil ... 113
Señal periódica ... 247
Sistema binario ... 14, 19
Sistema binario reflejado ... 20
Sistema decimal ... 14
Sistema hexadecimal ... 15
Sistema octal ... 15

T

Tabla de verdad ... 23
Tabla de verdad bidimensional ... 27
Tarjeta de adquisición de datos (DAQ) ... 123
Telemetría ... 115
Temporizador ... 63
Transductor ... 94
Transformada inversa de Fourier ... 200, 250
Transformada rápida de Fourier .. 201, 218, 250

V

Valor medio ... 244, 248
Virtual Breadboard (VBB) ... 87

Descargue un capítulo gratuito
Entérese de novedades y lanzamientos

Compre los libros desde su casa y con descuentos

Conozca claves y herramientas más potentes de esta nueva versión de Excel y logre el máximo de efectividad en sus planillas

→ 320 páginas / ISBN 978-987-1949-18-2

Consejos y secretos indispensables para ser un técnico profesional e implementar la solución más adecuada a cada problema

→ 320 páginas / ISBN 978-987-1949-17-5

Simplifique tareas cotidianas de la mane ra más productiva y obtenga informació clave para la toma de decisiones.

→ 320 páginas / ISBN 978-987-1949-09-0

→ 320 páginas / ISBN 978-987-1949-19-9

Acceda a consejos indispensables y aproveche al máximo el potencial de la última versión del sistema operativo más utilizado.

→ 320 páginas / ISBN 978-987-1949-04-5

La mejor guía a la hora de generar piezas de comunicación gráfica, ya sean para web, dispositivos electrónicos o impresión.

→ 320 páginas / ISBN 978-987-1949-08-3

Aprenda a simplificar su trabajo, convirtie do sus datos en información necesaria pa solucionar diversos problemas cotidianc

→ 320 páginas / ISBN 978-987-1949-02-1

Acceda a consejos útiles y precauciones a tener en cuenta al afrontar cualquier problema que pueda presentar un equipo.

→ 352 páginas / ISBN 978-987-1949-01-4

El libro indicado para enfrentar los desafíos del mundo laboral actual de la mano de un gran sistema administrativo-contable.

→ 320 páginas / ISBN 978-987-1857-99-9

Un libro ideal para ampliar la funcionalid de las planillas de Microsoft Excel, desarr llando macros y aplicaciones VBA.

→ 320 páginas / ISBN 978-987-1857-95-1

+ 54 (011) 4110-8700 usershop@redusers.com

usershop.redusers.com → Obtenga información detallada →

Un libro para maestros que busquen dinamizar su tarea educativa integrando los diferentes recursos que ofrecen las TICs.

→ 352 páginas / ISBN 978-987-1857-74-6

Libro ideal para introducirse en el mundo de la maquetación, aprendiendo técnicas para crear verdaderos diseños profesionales.

→ 320 páginas / ISBN 978-987-1857-81-4

Esta obra reúne todas las herramientas de programación que ofrece Unity para crear nuestros propios videojuegos en 3D.

→ 320 páginas / ISBN 978-987-1857-72-2

Esta obra nos enseña sobre el diseño y prueba de circuitos electrónicos, sin necesidad de construirlos físicamente.

→ 320 páginas / ISBN 978-987-1857-71-5

Obra imperdible para crear infraestructura virtual con las herramientas de Vmware según los requerimientos de cada empresa.

→ 320 páginas / ISBN 978-987-1857-70-8

Esta obra reúne todos los conocimientos teóricos y prácticos para convertirse en un técnico especializado en Windows.

→ 384 páginas / ISBN 978-987-1857-69-2

Libro ideal para iniciarse en el mundo de la programación y conocer las bases necesarias para generar su primer software.

→ 352 páginas / ISBN 978-987-1857-68-5

Presentamos una obra fundamental para aprender sobre la arquitectura física y el funcionamiento de los equipos portátiles.

→ 320 páginas / ISBN 978-987-1857-65-4

Una obra ideal para aprender todas las ventajas y servicios integrados que ofrece Office 365 para optimizar nuestro trabajo.

→ 320 páginas / ISBN 978-987-1857-61-6

+ 54 (011) 4110-8700 usershop@redusers.com